数据科学与工程技术丛书

DATA ANALYTICS WITH SPARK USING PYTHON

Spark数据分析

基于Python语言

[澳] 杰夫瑞 · 艾文（Jeffrey Aven）著

王道远 译

机械工业出版社
China Machine Press

图书在版编目（CIP）数据

Spark 数据分析：基于 Python 语言 /（澳）杰夫瑞·艾文（Jeffrey Aven）著；王道远译．
—北京：机械工业出版社，2019.3
（数据科学与工程技术丛书）
书名原文：Data Analytics with Spark Using Python

ISBN 978-7-111-62272-7

I. S… II. ①杰… ②王… III. 数据处理软件 IV. TP274

中国版本图书馆 CIP 数据核字（2019）第 050791 号

本书版权登记号：图字　01-2018-8487

本书重点关注 Spark 项目的基本知识，从 Spark 核心开始，然后拓展到各种 Spark 扩展、Spark 相关项目、Spark 子项目，以及 Spark 所处的丰富的生态系统里各种别的开源技术，比如 Hadoop、Kafka、Cassandra 等。针对 Python 用户，介绍了如何使用 Spark 进行数据分析，涵盖了 RDD 编程、SQL 编程、流式数据处理、机器学习等内容，是一本非常好的入门指南，而作者对 Spark 的架构和大数据理解颇深，让资深用户也能梳理知识点并从中获益。

出版发行：机械工业出版社（北京市西城区百万庄大街 22 号　邮政编码：100037）
责任编辑：张梦玲　　责任校对：李秋荣
印　刷：北京诚信伟业印刷有限公司　　版　次：2019 年 4 月第 1 版第 1 次印刷
开　本：185mm×260mm　1/16　　印　张：15.5
书　号：ISBN 978-7-111-62272-7　　定　价：69.00 元

凡购本书，如有缺页、倒页、脱页，由本社发行部调换
客服热线：(010)) 88378991　88379833　　投稿热线：(010) 88379604
购书热线：(010) 68326294　　读者信箱：hzjsj@hzbook.com

译 者 序

作为一门备受欢迎的语言，Python让编程不再是程序员的专属。Python丰富的第三方类库和胶水语言的特性，使其能够满足各种领域的需求；同时，它简洁易读的语法，让各行各业的人都能轻松上手。上至人工智能，下至幼儿编程，Python都是风头无两。数据分析领域中也当然少不了Python的身影，而随着大数据的崛起，使用Python处理大规模数据的需求就自然而然地出现了。尽管Python的性能有限，似乎与大规模数据分析绝缘，但Spark所提供的Python API，借助底层充分优化，使得Python真正有了处理大规模数据的能力。而Spark的Python接口也扩展了其用户群体。这本书针对Python用户，介绍了如何使用Spark进行数据分析，涵盖了RDD编程、SQL编程、流式数据处理、机器学习等内容，是一本非常好的入门指南，而作者对Spark的架构和大数据理解颇深，让资深用户也能梳理知识点并从中获益。

近几年来，大数据这个词的热度似乎已经被人工智能盖过。但是实际上，大数据的真正应用在这几年才开始走进各行各业。而Spark的接口非常简单易用，对于广大Python爱好者来说，Spark是投身大数据革命的最佳选择。如今，Spark的用户越来越多，其中使用PySpark的人也不在少数，越来越多的组织通过大数据技术创造出属于自己的价值。希望本书读者也能成为大数据的弄潮儿。

尽管译者已经结合自身多年的Spark开发经验对本书内容做了一定修正，但由于自身水平和所投入的时间精力有限，本书难免会有疏漏之处。欢迎读者朋友们雅正，我的电子邮箱是 me@daoyuan.wang。

感谢我的家人在翻译期间对我的支持，让我在这几个月将不多的空闲时间用于翻译，并享受着无须做家务也能过得井井有条的生活。

王道远

2018年冬

前　言

Spark 在这场由大数据与开源软件掀起的颠覆性革命中处于核心位置。不论是尝试 Spark 的意向还是实际用例的数量都在以几何级数增长，而且毫无衰退的迹象。本书将手把手引导你在大数据分析领域中收获事业上的成功。

本书重点

本书重点关注 Spark 项目的基本知识，从 Spark 核心技术开始，然后拓展到各种 Spark 扩展技术、Spark 相关项目及子项目，以及 Spark 所处的丰富的生态系统里各种别的开源技术，比如 Hadoop、Kafka、Cassandra 等。

本书所介绍的 Spark 基本概念（包括运行环境、集群架构、应用架构等）与编程语言无关且非常基础，而大多数示例程序和练习是用 Python 实现的。Spark 的 Python API（PySpark）为数据分析师、数据工程师、数据科学家等提供了易用的编程环境，让开发者能在获得 Python 语言的灵活性和可扩展性的同时，获得 Spark 的分布式处理能力和伸缩性。

本书所涉及的范围非常广泛，涵盖了从基本的 Spark 核心编程到 Spark SQL、Spark Streaming、机器学习等方方面面的内容。本书对于每个主题都给出了良好的介绍和概览，足以让你以 Spark 项目为基础构建出针对任何特定领域或学科的平台。

目标读者

本书是为有志进入大数据领域或已经入门想要进一步巩固大数据领域知识的数据分析师和工程师而写的。当前市场非常需要具备大数据技能、懂得大数据领域优秀处理框架 Spark 的工程师。本书的目标是针对这一不断增长的市场需求培训读者，使得读者获得雇主急需的技能。

对于阅读本书来说，有 Python 使用经验是有帮助的，没有的话也没关系，毕竟 Python 对于任何有编程经验的人来说都非常直观易懂。读者最好对数据分析和数据处理有一定了解。这本书尤其适合有兴趣进入大数据领域的数据仓库技术人员阅读。

如何使用本书

本书分为两大部分共 8 章。第一部分“Spark 基础”包括 4 章，会使读者深刻理解

Spark 是什么，如何部署 Spark，如何使用 Spark 进行基本的数据处理操作。

第 1 章概要介绍大数据生态圈，包括 Spark 项目的起源和演进过程。讨论 Spark 项目的关键属性，包括 Spark 是什么，用起来如何，以及 Spark 与 Hadoop 项目之间的关系。

第 2 章展示如何部署一个 Spark 集群，包括 Spark 集群的各种部署模式，以及调用 Spark 的各种方法。

第 3 章讨论 Spark 集群和应用是如何运作的，让读者深刻理解 Spark 是如何工作的。

第 4 章介绍使用弹性分布式数据集（RDD）进行 Spark 初级编程的基础知识。

第二部分“基础拓展”包括后 4 章的内容，扩展到 Spark 的 core 模块以外，包括 SQL 和 NoSQL 系统、流处理应用、数据科学与机器学习中 Spark 的使用。

第 5 章讲解用来扩展、加速和优化常规 Spark 例程的高级元件，包括各种共享变量和 RDD 存储，以及分区的概念及其实现。

第 6 章讨论 Spark 与 SQL 的整合，还有 Spark 与非关系型数据库的整合。

第 7 章介绍 Spark 的 Streaming 子项目，以及 Streaming 中最基本的 DStream 对象。该章还涵盖 Spark 对于 Apache Kafka 这样的常用消息系统的使用。

第 8 章介绍通过 R 语言使用 Spark 建立预测模型，以及 Spark 中用来实现机器学习的子项目 MLlib。

本书代码

本书中各个练习的示例数据和源代码可以从 http://sparkusingpython.com 下载。也可以从 https://github.com/sparktraining/spark_using_python 查看或者下载。

引　言

Spark 是优秀的大数据处理平台和编程接口，与大数据技术浪潮密不可分。在本书撰写时，Spark 是 Apache 软件基金会（ASF）框架下最活跃的开源项目，也是最活跃的开源大数据项目。

数据分析、数据处理以及数据科学社区都对 Spark 有着浓厚兴趣，因而理解 Spark 是什么，Spark 能干什么，Spark 的优势在哪里，以及如何利用 Spark 进行大数据分析都是很重要的。这本书涵盖了上述内容的方方面面。

与其他介绍 Spark 的出版物不同，多数书籍主要介绍 Scala API，而本书专注于 Spark 的 Python API，也就是 PySpark。选择 Python 作为本书基础语言是因为 Python 是一门直观易懂的解释型语言，广为人知而且新手也极易上手。更何况 Python 对于数据科学家而言是一门非常受欢迎的编程语言，而数据科学家在 Spark 社区也是相当大的一个群体。

本书会从零开始讲大数据和 Spark，因此无论你是从未接触 Spark 和 Hadoop，还是已经有所接触但正在寻求全面了解 Spark 的运作方式和如何充分利用 Spark 丰富的功能，这本书都是合适的。

本书还会介绍一些相近的或者相互协作的平台、项目以及技术，比如 Hadoop、HBase、Kafka 等，并介绍它们如何与 Spark 交互与集成。

过去的几年中，我的工作都集中在这个领域，包括讲授大数据分析课程，以及为客户提供咨询服务。我经历了 Spark 和大数据乃至整个开源运动的出现和成熟，并且参与到了开源软件融入企业使用的进程中。我尽量把个人的学习历程总结到了本书中。

希望这本书能助你成为大数据和 Spark 从业人员。

目　　录

第一部分

Spark 基础

第 1 章

大数据、Hadoop、Spark 介绍

在古代，人们使用牛来拉重物，而当一头牛拉不动的时候，人们并不会尝试把牛养得更壮。我们也不应该尝试使用更强大的计算机，而应该尝试使用更多的计算机。

——美国计算机科学家，海军准将格蕾丝 · 穆雷 · 赫柏[⊖]

本章提要

- 大数据与 Apache Hadoop 项目简介
- Hadoop 核心组件（HDFS 和 YARN）概览
- Apache Spark 简介
- PySpark 编程所需的 Python 基础，包括函数式编程基础知识

Hadoop 和 Spark 项目都和大数据运动密不可分。从项目早期主要用于搜索引擎厂商和学术界，到现在用于从数据仓库到复杂事件处理（Complex Event Processing，CEP）再到机器学习的各种各样的应用中，Hadoop 和 Spark 已经在数据格局中做出了不可磨灭的贡献。

本章会介绍一些基本的分布式计算概念、Hadoop 项目和 Spark 项目、Python 函数式编程，为你后续的学习打下坚实的基础。

1.1 大数据、分布式计算、Hadoop 简介

在讨论 Spark 之前，有必要回顾并理解所谓“大数据”的历史。要想成为精通 Spark 的专家，你不仅需要理解 Hadoop 以及 Spark 对它的用法，还要理解 Hadoop 项目的一些核心概念，比如数据本地化、无共享和映射 - 归约（MapReduce），因为它们对于 Spark 而言都适用且不可或缺。

1.1.1 大数据与 Hadoop 简史

我们常说的“大数据”是一套数据存储和处理的方法论，它最早在本世纪初出现于搜索

⊖ 格蕾丝 · 穆雷 · 赫柏（Grace Murray Hopper），COBOL 语言主要设计者，本书原文为海军少将（Rear Admiral），美国 1983 年将原海军准将（Commodore）军衔改称为一星少将（Rear Admiral lower half，RDML），自此美国一星准将和二星少将（Rear Admiral，RADM）都被称为少将（Rear Admiral），而其他使用类似军衔体系的国家中少将仍仅指二星少将，格蕾丝属于一星少将，因此此处译文中仍使用“准将”一词。——译者注

引擎厂商，主要是谷歌和雅虎。搜索引擎厂商是第一批遇到互联网规模（Internet-scale）问题的，主要问题是如何处理与存储互联网世界里所有文件的索引。尽管现在互联网的体量比起当初早已翻了数倍，但上述问题在当时依然是一个巨大的挑战。

雅虎和谷歌分别独立入手开发解决这一挑战的方法。在 2003 年，谷歌发表了一篇题为《The Google File System》的白皮书。紧接着，在 2004 年，谷歌又发布了另一篇题为《MapReduce: Simplified Data Processing on Large Clusters》的白皮书。差不多在同一时间，Doug Cutting（公认的 Hadoop 项目创始人）和 Mike Cafarella 正在忙于一个名为 Nutch 的网络爬虫项目，该项目基于 Cutting 的开源项目 Lucene（现在是 Apache Lucene）。谷歌发布的白皮书启发了 Cutting，他将 Nutch 项目中做的一些工作与这些白皮书中列出的存储和处理原理进行了整合。整合的成果就是如今的 Hadoop。后来在 2006 年，雅虎决定接受 Hadoop，并雇佣 Doug Cutting 让他全职开展该项目的相关工作。Hadoop 在 2006 年成为 Apache 软件基金会的一员。

Apache 软件基金会

Apache 软件基金会（ASF）是 1999 年成立的非营利性组织，为开发者提供向开源项目做贡献的开源软件结构与框架。ASF 鼓励合作与社区参与，保护志愿人员免于相关诉讼。ASF 以精英管理的概念为前提，意味着项目受到绩效的支配。

贡献者（contributor）是对项目贡献了代码或者文档的开发人员。他们通常活跃于邮件组和答疑论坛，对项目缺点提出意见和建议，或是提出解决问题的代码补丁。

提交者（committer）是因专业绩效突出而获得一个项目主代码仓库的代码提交权限的开发人员。提交者需要签署贡献者许可协议（Contributor License Agreement，CLA），会拥有一个 apache.org 后缀的电子邮箱地址。提交者形成一个委员会来做项目相关的一些决策。

访问 http://apache.org/ 可以获取更多关于 Apache 软件基金会的信息。

差不多在 Hadoop 项目诞生的同时，还有一些其他的技术革新也在进行中，包括如下几项：

- 电子商务的疾速扩张
- 移动互联网的诞生与迅速成长
- 博客与用户驱动的网络内容
- 社交媒体

这些革新累积导致所生成的数据量指数级增长。数据的洪流加速了大数据运动的扩张，进而导致了其他相关项目的出现（如 Spark），还有开源消息系统（如 Kafka），NoSQL 平台（如 HBase 和 Cassandra），这些都会在本书后续内容中进行讨论。

但这一切都从 Hadoop 开始。

1.1.2　Hadoop 简介

Hadoop 是一个数据存储与数据处理平台，项目起源于数据本地化的核心概念。**数据本**

地化（data locality）指在数据存储的地方处理数据，让计算靠近数据，而不是像数据库管理系统那样向数据存储请求数据，发到远端数据处理系统或者主机进行计算。

由于网络应用快速发展导致大数据的出现，在计算时通过网络传输大量数据的传统方式不再高效、实用，有时甚至无法实现。

Hadoop 让大型数据集可以在各节点上通过**无共享**（shared nothing）的方式在本地处理，每个节点可以独立处理比整个数据集小得多的一个子集，而无须与其他节点通信。这种特性是通过分布式文件系统实现的。

Hadoop 在执行写操作时是没有结构信息的。这就是所谓的**读时模式**（schema-on-read）系统。这意味着 Hadoop 可以存储和处理各种各样的数据，无论是无结构的文本文档，还是半结构化的 JSON（JavaScript Object Notation）文档或 XML 文档，又或是从关系型数据库中提取的完全结构化的数据。

读时模式系统和我们所熟知的关系型数据库有着本质区别。关系型数据库通常被认为属于**写时模式**（schema-on-read），数据一般具有强结构性，表结构是预定义的，并且在 INSERT、UPDATE 和 UPSERT 等操作时要求结构完全匹配。

类似 HBase 或者 Cassandra 这样的 NoSQL 平台也属于读时模式系统。你会在第 6 章了解到更多 NoSQL 平台相关的内容。

由于在 Hadoop 的写操作时并没有明确的结构信息，所以写出的文件并没有索引、统计信息，或是数据库系统常用的其他一些用于优化查询操作、筛选或减少返回到客户端的数据量的数据结构。这进一步凸显了数据本地化的必要性。

Hadoop 的设计思路是通过对大型问题分而治之的方法，运用数据本地化与无共享的概念，将大型问题切分成一系列小规模的问题，实现“大海里捞针”。Spark 也使用了非常相似的概念。

1. Hadoop 核心组件

Hadoop 包含两个核心组件：HDFS（Hadoop 分布式文件系统）和 YARN（Yet Another Resource Negotiator，另一个资源协调器）。HDFS 是 Hadoop 的存储系统，而 YARN 可以当作 Hadoop 处理或者资源调度的子系统（如图 1.1 所示）。

图 1.1　Hadoop 核心组件

这两个组件相互独立，可以各自运行在自己的集群上。当 HDFS 集群和 YARN 集群部署在一起时，我们把这两个系统的组合称为一个 Hadoop 集群。Hadoop 的这两个核心组件都可以被 Spark 利用起来，本章的后续部分会进一步讨论。

> **集群术语**
>
> 集群（cluster）指一组协同工作执行诸如计算或处理功能的系统。集群中的单个服务

器称为节点（node）。

集群可以有多种拓扑和通信模型。其中一种模型为主 – 从模型。主 – 从模型是由一个进程控制其他至少一个进程的通信方式。在某些系统中，直到运行时或处理任务时，主节点才从一组可用的进程中选出来的。但在其他情况下，比如 HDFS 集群或者 YARN 集群里，主进程和从进程的角色都是预先分配好的，在集群整个生命周期里不会发生变化。

任何以某种方式与 Hadoop 交互或者整合的项目都称为 Hadoop“生态圈”项目，比如 Flume、Sqoop 等数据接入项目，或者 Pig、Hive 等数据分析工具。Spark 可以当作一个 Hadoop 生态圈项目，不过这有一些争议，因为 Spark 无须 Hadoop 也能运行。

2. HDFS：文件、数据块、元数据

HDFS 是一种虚拟文件系统，其中的文件由分布在集群中至少一个节点上的**数据块**（block）组成。在把文件上传到文件系统的时候，文件会按照配置好的数据块大小进行分割，这样的过程称为数据接入（ingestion）。分割后得到的数据块分布在整个集群的节点上，每个数据块会重复出现在几个节点上，以此实现容错，并提高本地处理数据的概率（设计目的是“让计算靠近数据”）。HDFS 数据块由 HDFS 集群从节点的 DataNode 进程存储和管理。

DataNode 进程是 HDFS 从节点守护进程，运行在 HDFS 集群中至少一个节点上。DataNode 负责管理数据块存储和数据读写访问，还有数据块复制，这也是数据接入过程的一部分，如图 1.2 所示。

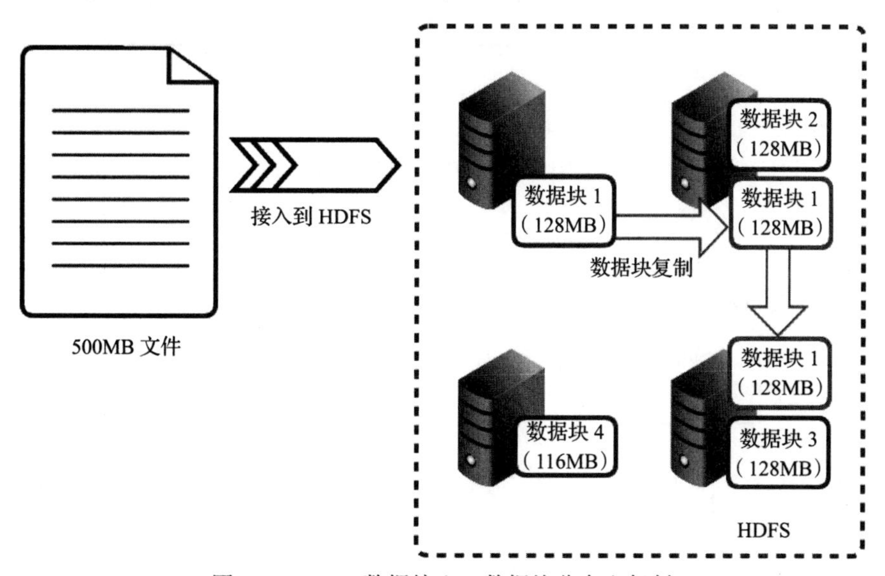

图 1.2　HDFS 数据接入、数据块分布和复制

在一个完整的分布式 Hadoop 集群中，通常有许多主机运行着 DataNode 进程。后面你会看到 DataNode 以数据分区的形式为部署在 Hadoop 集群上的 Spark 应用的分布式 Spark 工作者进程提供输入数据。

文件系统的元数据中存储着文件系统的信息，还有其中的目录、文件信息，以及组成文件的物理数据块信息。HDFS 的主节点进程称为 NameNode，文件系统元数据就存储在

NameNode 进程的常驻内存里。HDFS 集群的 NameNode 通过类似于关系型数据库事务日志的日志功能为元数据提供持久性。NameNode 负责为 HDFS 客户端提供读写数据块的具体位置，这样客户端就可以直接和 DataNode 通信并进行数据操作。图 1.3 呈现了 HDFS 读操作的示意图，而图 1.4 解析了 HDFS 写操作的过程。

3. 用 YARN 进行应用调度

YARN 管理并协调着 Hadoop 里的数据处理。在这种场景下，数据一般都以 HDFS 作为输入输出源。YARN 集群架构使用的是与 HDFS 类似的主从集群框架，主节点守护进程称为 ResouceManager，而从节点守护进程称为 NodeManager，至少有一个，运行在集群的从节点上。

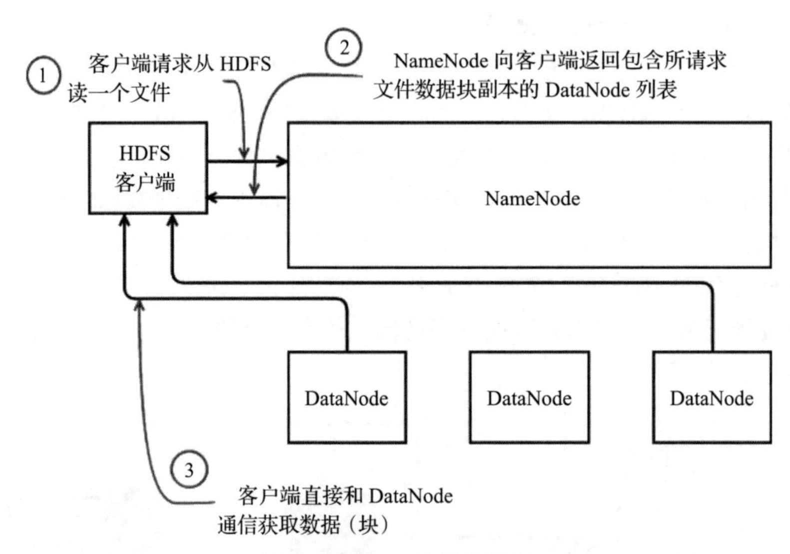

图 1.3　HDFS 读操作解析

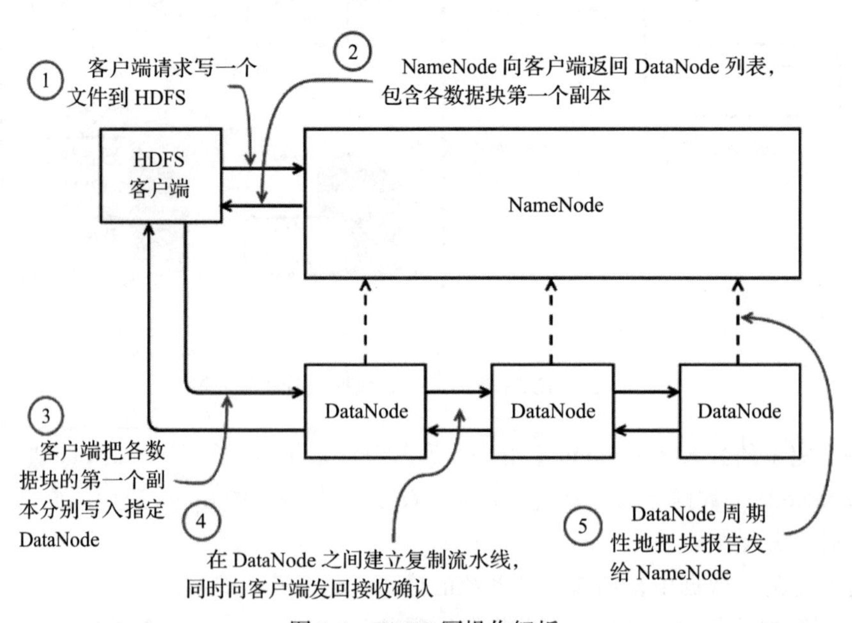

图 1.4　HDFS 写操作解析

ResourceManager 负责为集群上运行的应用分配集群计算资源。资源以容器作为单位分配，容器有预定义好的 CPU 核心数和内存限制。容器分配的最大最小阈值等都可以在集群中进行配置。使用容器可以保障进程间的资源隔离。

ResourceManager 也会在随应用退出并释放所占资源时维护集群剩余可用的资源量，同时还跟踪集群上当前运行的应用的状态。ResourceManager 默认会在所运行主机的 8088 端口上提供内嵌的网页版用户交互界面，这对于查看应用状态很有用，无论应用正在运行、运行完成或是运行失败，如图 1.5 所示。这个用户界面在管理 YARN 集群上运行的 Spark 应用状态时需要经常用到。

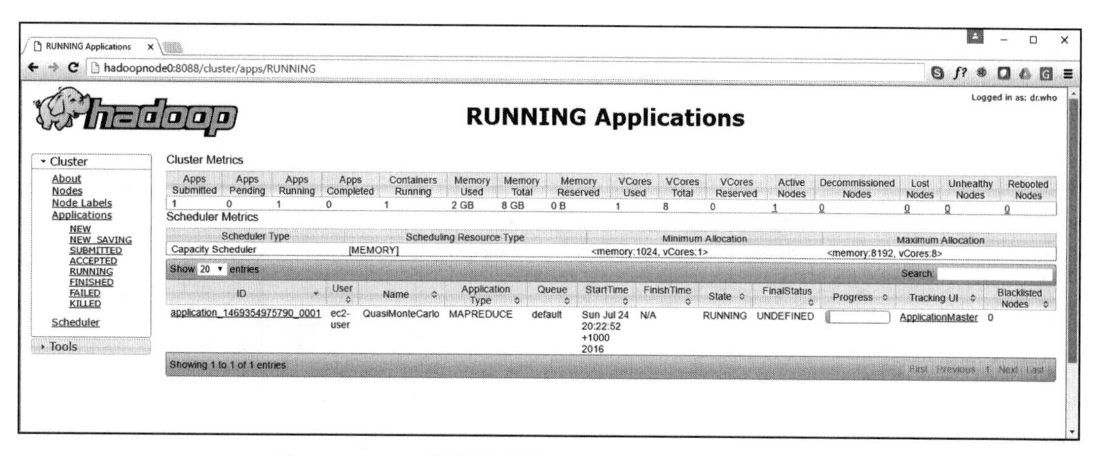

图 1.5　YARN 资源管理器 ResourceManager 用户界面

客户端把应用（比如一个 Spark 应用程序）提交到 ResourceManager，然后 ResourceManager 首先从集群中一个可用的 NodeManager 里分配出应用的第一个容器，作为应用的委托进程，这个进程就是 ApplicationMaster。然后 ApplicationMaster 继续为应用申请运行任务所需的其余容器。

NodeManager 是 YARN 从节点守护进程，管理从节点主机上运行的容器。容器用于执行应用里的任务。回想一下无共享的概念，Hadoop 解决大规模问题的思路是“分而治之”，大规模问题被分解为一堆小规模任务，很多任务可以并发执行。这些任务都运行在容器里，该容器由运行着 NodeManager 进程的主机分配。

大多数容器只是运行任务。不过，ApplicationMaster 会额外负责管理整个应用。前面介绍过，ApplicationMaster 是由 ResourceManager 从 NodeManager 上分配的第一个容器。它的任务是规划整个应用，包括决定需要什么资源（通常基于要处理多少数据）以及为应用的各阶段（稍后会介绍）安排资源。ApplicationMaster 代表应用向 ResourceManager 申请这些资源。ResourceManager 从 NodeManager 上（可以是同一个 NodeManager，也可以是其他的 NodeManager）给 ApplicationMaster 分配资源以供该应用使用，直到该应用退出。后面会详细介绍，对于 Spark 而言，ApplicationMaster 会监控任务、阶段（一组可以并发执行的 Spark 任务）还有依赖的进度。综述信息会传给 ResouceManager，展示在前面介绍过的用户界面中。图 1.6 展示了 YARN 应用提交、调度和执行的过程的概况。

图 1.6 描述的过程如下所述：

1）客户端把应用提交给 ResourceManager。

2）ResourceManager 在一个拥有足够容量的 NodeManager 上分配出一个 ApplicationMaster 进程。

3）ApplicationMaster 向 ResourceManager 申请容器用于在 NodeManager 上运行任务（运行着 ApplicationMaster 的 NodeManager 也可以再分配任务容器），并且把应用的处理任务分发到这些 NodeManager 提供的任务容器里。

4）各 NodeManager 把任务尝试的状态和进度汇报给 ApplicationMaster。

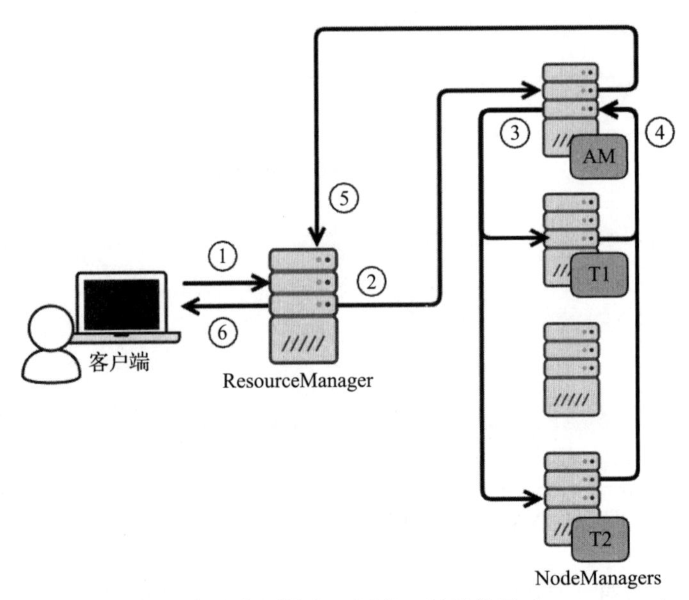

图 1.6　YARN 中的应用提交、调度，以及执行（Hadoop 2.6）

5）ApplicationMaster 向 ResourceManager 汇报应用的进度和状态。

6）ResourceManager 向客户端汇报应用进度、状态以及执行结果。

我们会在第 3 章中探索如何利用 YARN 来调度和协调运行在 Hadoop 集群上的 Spark 程序。

Hadoop MapReduce（映射－归约）

谷歌在 2003 年发布的白皮书《The Google File System》影响了 HDFS 项目，紧接着谷歌又在 2004 年 12 月发布了题为《MapReduce: Simplified Data Processing on Large Clusters》的白皮书。MapReduce 的白皮书从高层描述了谷歌的数据处理方式，尤其是搜索引擎中的海量文本数据的索引和排位。MapReduce 成为了 Hadoop 的核心编程模型，最终也启发并影响了 Spark 项目。

1.2　Spark 简介

Apache Spark 是为了提升 Hadoop 中 MapReduce 的效率而创建的。Spark 还提供了无可匹敌的可扩展性，是数据处理中高效的瑞士军刀，提供 SQL 访问、流式数据处理、图计算、NoSQL 处理、机器学习等功能。

1.2.1 Spark 背景

Apache Spark 是开源的分布式数据处理项目，由 Matei Zaharia 在 2009 年创建于加州大学伯克利分校 RAD 实验室[1]。Spark 是作为科研项目 Mesos 的一部分创建出来的，设计初衷是寻找作为 MapReduce 的替代品来进行资源调度和系统协调。（关于 Mesos 的更多信息可以参考 http://mesos.apache.org/）

Spark 成为了在 Hadoop 上使用传统 MapReduce 的一种替代品，因为传统 MapReduce 并不适合交互式查询，或者实时的低延迟的应用等场景。Hadoop 的 MapReduce 实现的主要缺点是映射阶段和归约阶段之间的中间数据始终都会持久化到硬盘上。

作为 MapReduce 的替代品，Spark 实现了一个分布式的容错性内存结构，名为弹性分布式数据集（RDD）。Spark 在多节点上尽可能多地使用内存，显著提高了整体性能。Spark 可以复用这些内存结构，使得 Spark 不仅适用于交互式查询，也能适用于迭代型机器学习应用。

Spark 是用 Scala 编写的，而后者是基于 Java 虚拟机（JVM）和 Java 运行时构建的。因此 Spark 成为了跨平台应用，既能运行在 Windows 上也能运行在 Linux 上。很多人认为 Spark 会是 Hadoop 数据处理的未来。

Spark 让开发者可以创建复杂的多阶段数据处理流程，提供了高级 API 和容错的框架，这样开发者可以专注于逻辑，而不用分心于硬件故障这样的基础架构或环境方面的问题。

Spark 是 Apache 软件基金会的顶级项目，拥有来自 Facebook、雅虎、英特尔、Netflix、Databricks 等公司和其他一些公司的超过 400 名代码贡献者和代码提交者。

1.2.2 Spark 的用途

Spark 支持广泛的应用类型，包括如下类别：

- 抽取 - 转化 - 加载（ETL）操作
- 预测分析和机器学习
- 数据访问操作，比如 SQL 查询和可视化
- 文本挖掘和文本处理
- 实时事件处理
- 图应用
- 模式识别
- 推荐引擎

在本书写作的时候，全球有超过 1500 家机构在生产环境中使用 Spark，有些机构甚至在几十万节点的集群上运行 Spark，操作 PB 级的数据。

Spark 包含许多扩展功能，比如 Spark SQL、Spark Streaming（流计算）、SparkR 等，这进一步提高了 Spark 的速度和通用性。

1.2.3 Spark 编程接口

如上节所述，Spark 是用 Scala 编写的，它在 JVM 中运行。Spark 为如下编程接口提供原生支持：

[1] RAD 实验室是如今的 RISElab 的前身 AMPLab 的前身。——译者注

- Scala
- Python（使用 Python 的函数式编程操作符）
- Java
- SQL
- R

另外，Spark 还扩展支持了 Clojure 等一些其他的编程语言。

1.2.4　Spark 程序的提交类型

Spark 程序可以交互式运行，也可以以批处理的方式运行，包括小型批和微型批。

1. 交互式提交

Spark 提供了 Python 和 Scala 语言的交互式编程 shell。PySpark 和 Scala shell 分别如图 1.7 和图 1.8 所示。

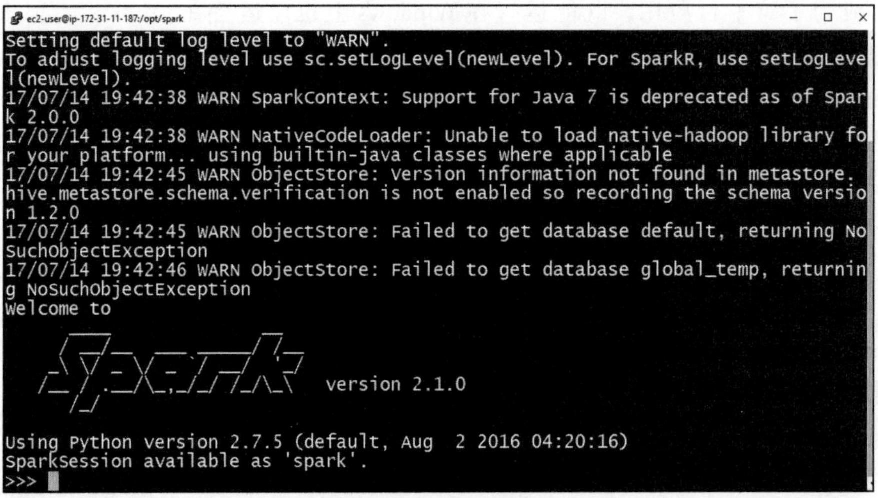

```
ec2-user@ip-172-31-11-187:/opt/spark
Setting default log level to "WARN".
To adjust logging level use sc.setLogLevel(newLevel). For SparkR, use setLogLevel(newLevel).
17/07/14 19:42:38 WARN SparkContext: Support for Java 7 is deprecated as of Spark 2.0.0
17/07/14 19:42:38 WARN NativeCodeLoader: Unable to load native-hadoop library for your platform... using builtin-java classes where applicable
17/07/14 19:42:45 WARN ObjectStore: Version information not found in metastore. hive.metastore.schema.verification is not enabled so recording the schema version 1.2.0
17/07/14 19:42:45 WARN ObjectStore: Failed to get database default, returning NoSuchObjectException
17/07/14 19:42:46 WARN ObjectStore: Failed to get database global_temp, returning NoSuchObjectException
Welcome to
                                   version 2.1.0

Using Python version 2.7.5 (default, Aug  2 2016 04:20:16)
SparkSession available as 'spark'.
>>>
```

图 1.7　PySpark shell

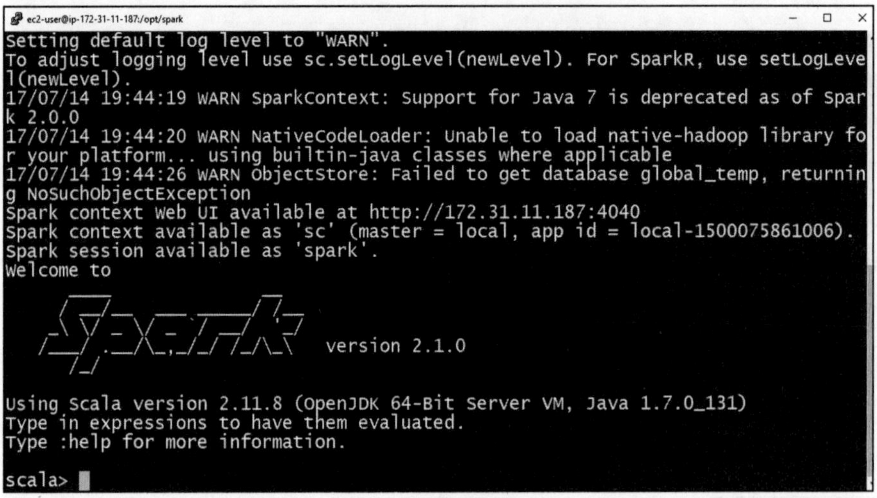

```
ec2-user@ip-172-31-11-187:/opt/spark
Setting default log level to "WARN".
To adjust logging level use sc.setLogLevel(newLevel). For SparkR, use setLogLevel(newLevel).
17/07/14 19:44:19 WARN SparkContext: Support for Java 7 is deprecated as of Spark 2.0.0
17/07/14 19:44:20 WARN NativeCodeLoader: Unable to load native-hadoop library for your platform... using builtin-java classes where applicable
17/07/14 19:44:26 WARN ObjectStore: Failed to get database global_temp, returning NoSuchObjectException
Spark context Web UI available at http://172.31.11.187:4040
Spark context available as 'sc' (master = local, app id = local-1500075861006).
Spark session available as 'spark'.
Welcome to
                                   version 2.1.0

Using Scala version 2.11.8 (OpenJDK 64-Bit Server VM, Java 1.7.0_131)
Type in expressions to have them evaluated.
Type :help for more information.

scala>
```

图 1.8　Scala shell

Spark 中还包含交互式的 R shell 和 SQL shell。

2. 非交互式 / 批式提交

非交互式应用程序可以通过 spark-submit 命令提交，如程序清单 1.1 所示。

程序清单 1.1　使用 spark-submit 以非交互式的方式运行 Spark 应用程序

```
$SPARK_HOME/bin/spark-submit \
--class org.apache.spark.examples.SparkPi \
--master yarn-cluster \
--num-executors 4 \
--driver-memory 10g \
--executor-memory 10g \
--executor-cores 1 \
$SPARK_HOME/examples/jars/spark-examples*.jar 10
```

1.2.5　Spark 应用程序的输入 / 输出类型

虽然大多数时候 Spark 是用在 Hadoop 生态中处理数据，但是 Spark 其实支持很多其他的数据源和目标系统，如下所示：

- 本地文件系统和网络文件系统。
- 对象存储，如 Amazon S3 或者 Ceph。
- 关系型数据库系统。
- 包括 Cassandra、HBase 等系统的 NoSQL 存储。
- 消息系统，如 Kafka。

1.2.6　Spark 中的 RDD

整本书都会涉及 Spark 的弹性分布式数据集（RDD），因此有必要现在介绍它。Spark 里的 RDD 是 Spark 应用的基本的数据抽象结构，是 Spark 与其他计算框架的主要区别之一。Spark 里的 RDD 可以看作集群上的分布式内存数据集。使用 Spark core API 编写的 Spark 程序包括如下过程：读取输入数据到 RDD 中，把 RDD 转化为后续 RDD，然后从产出的最终 RDD 中获取应用的最终输出，并存储或者展示出来。（看不明白的话也不必担心……本书后面几章会有很详细的介绍！）

1.2.7　Spark 与 Hadoop

如前所述，Hadoop 和 Spark 两者是紧密关联的，它们有共同的历史，核心的并行处理概念也有共通之处，比如无共享和数据本地化。下面我们了解一下 Hadoop 和 Spark 一般是如何共同使用的。

1. 以 HDFS 作为 Spark 的一种数据源

Spark 可以用作 Hadoop 平台上的数据，也就是 HDFS 上数据的处理框架。Spark 为读写 HDFS 上的多种文件格式的数据提供了内建支持，包括如下所列：

- 原生文本文件格式

- SequenceFile 格式
- Parquet 格式

此外，Spark 还支持 Avro、ORC 等文件格式。用 Spark 从 HDFS 上读取一个文件非常简单，如下所示：

```
textfile = sc.textFile("hdfs://mycluster/data/file.txt")
```

从 Spark 应用向 HDFS 写数据也很简单，如下所示：

```
myRDD.saveAsTextFile("hdfs://mycluster/data/output")
```

2. 以 YARN 作为 Spark 的一种资源调度器

YARN 是 Spark 应用最常用的进程调度器。因为在 Hadoop 集群里，YARN 通常和 HDFS 部署在一起，所以使用 YARN 作为平台管理 Spark 应用很方便。

同时，因为 YARN 管理着 Hadoop 集群里各节点的计算资源，所以它能在任何可用的地方并发调度 Spark 的处理任务。这样，当使用 HDFS 作为 Spark 应用的输入数据源时，YARN 可以调度映射任务以充分保证数据本地化，以此在关键的初始处理阶段最大程度地减小需要跨网传输的数据量。

1.3 Python 函数式编程

Python 是一门非常有用的语言，涵盖了从自动化到网络服务再到机器学习的方方面面应用。如今 Python 已经上升为最广为使用的编程语言之一。

作为一种多范式编程语言，Python 结合了命令式编程和面向过程的编程范式，也对面向对象和函数式编程范式提供了完整支持。

接下来将介绍 Python 里的函数式编程的概念和要素，这些内容对于使用 Spark 的 Python 编程接口（PySpark）是不可或缺的，也是本书主要内容 Spark 编程的基础。具体内容包括匿名函数、常见的高阶函数以及不可变和可迭代的数据结构等。

1.3.1 Python 函数式编程中的数据结构

Spark 里的 Python RDD 表示的就是 Python 对象的分布式集合，因此理解 Python 中各种可用的数据结构尤为重要。

1. 列表

Python 中的**列表**（list）是值可变的序列，第一个元素下标为 0。可以删除或替换列表中的元素，也可以在列表末尾添加元素。程序清单 1.2 是 Python 中列表的一个简单示例。

程序清单 1.2 列表

```
>>> tempc = [38.4, 19.2, 12.8, 9.6]
>>> print(tempc[0])
38.4
>>> print(len(tempc))
4
```

如程序清单 1.2 所示，可以访问列表中的每个元素，将元素的序号放在方括号内即可。

重点来了，列表支持函数式编程的三个重要的函数 map()、reduce() 和 filter()，还支持其他一些内建函数，比如 count() 和 sort() 等。在本书中，我们会花相当一部分时间和 Spark RDD 打交道，它本质上就是 Python 列表的一种表示。程序清单 1.3 提供了使用 Python 列表的 map() 函数的一个基本示例，操作一个输入列表，返回一个新列表。稍后会进一步介绍这个函数。这个示例是用纯 Python 编写的。PySpark 里面等价的操作的语法略有不同。

程序清单 1.3 Python 中的 map() 函数

```
>>> tempf = map(lambda x: (float(9)/5)*x + 32, tempc)
>>> tempf
[101.12, 66.56, 55.040000000000006, 49.28]
```

尽管在 Python 里，列表默认是值可变的，然而在 Spark 里面，Python RDD 所包含的列表对象是值不可变的，这一点和 Spark RDD 里面的其他对象都是一样的。

集合是 Python 中一种类似于列表的对象类型，只不过集合是基于数学里的集合概念的抽象。集合是无序且无重复的数据集，支持数学中常见的集合操作，比如 union() 和 intersection() 等。

2. 元组

元组（tuple）是由对象组成的一个不可变的序列，尽管元组包含的对象本身可以是不可变的，也可以是可变的。元组可以包含不同类型的对象，比如混合字符串、整型和浮点型对象，也可以包含其他的序列类型，比如集合或者另一个元组。

为了便于理解，不妨把元组看作近似于不可变列表。不过，元组和列表其实是完全不同的底层结构，使用场景也不一样。

元组和关系型数据库里数据表的记录类似，每条记录都有结构，而这个结构里每个序号的位置对应的字段都有固定的含义。而列表对象内部的顺序则很单纯，因为列表的值是可变的，列表内部的顺序和列表结构没有直接的关系。

元组是把至少一个以逗号分隔的值用圆括号包起来。访问 Python 元组中的元素和访问列表中的元素是相似的：在方括号内通过具体元素对应的从零开始数的下标来访问。

元组对象提供了和别的元组对象进行比较的方法，还有返回元组长度（元组中元素的个数）的方法。在 Python 中，你可以使用 tuple(list) 函数把列表转为元组。

程序清单 1.4 展示了原生 Python 中元组的创建和使用。

程序清单 1.4 元组

```
>>> rec0 = "Jeff", "Aven", 46
>>> rec1 = "Barack", "Obama", 54
>>> rec2 = "John F", "Kennedy", 46
>>> rec3 = "Jeff", "Aven", 46
>>> rec0
('Jeff', 'Aven', 46)
>>> len(rec0)
3
>>> print("first name: " + rec0[0])
first name: Jeff
```

```
# 创建由元组组成的元组
>>> all_recs = rec0, rec1, rec2, rec3
>>> all_recs
(('Jeff', 'Aven', 46), ('Barack', 'Obama', 54),
('John F', 'Kennedy', 46), ('Jeff', 'Aven', 46))
# 创建由元组组成的列表
>>> list_of_recs = [rec0, rec1, rec2, rec3]
>>> list_of_recs
[('Jeff', 'Aven', 46), ('Barack', 'Obama', 54),
('John F', 'Kennedy', 46), ('Jeff', 'Aven', 46)]
```

如程序清单 1.4 所示，分清楚方括号和圆括号很重要，因为它们代表着截然不同的数据结构。

元组是 Spark 中不可或缺的对象，它们通常用于表示键值对，而键值对是 Spark 编程中数据的基本单位。

3. 字典

Python 里的**字典**（Dictionary 或者 dict）是由键值对组成的无序集合。字典对象通过花括号（{}）表示，比如如果要创建一个空的字典，只需执行 my_empty_dict = {} 这样的一条命令。与列表和元组不同的是，列表和元组内的元素可以通过它在原始顺序中的位置（下标）进行访问，而字典中的元素要通过键进行访问。键和对应值之间用冒号（:）分隔，而字典里的不同的键值对之间用逗号进行分隔。

字典的用处在于，字典中的元素都是自描述的，无需依赖预先定义的结构或者顺序。字典对象通过键进行访问，如程序清单 1.5 所示。这个清单还展示了如何对字典添加或者删除元素，还有其他一些字典方法，包括 keys()、values()、cmp() 和 len()。

程序清单 1.5　字典

```
>>> dict0 = {'fname':'Jeff', 'lname':'Aven', 'pos':'author'}
>>> dict1 = {'fname':'Barack', 'lname':'Obama', 'pos':'president'}
>>> dict2 = {'fname':'Ronald', 'lname':'Reagan', 'pos':'president'}
>>> dict3 = {'fname':'John', 'mi':'F', 'lname':'Kennedy', 'pos':'president'}
>>> dict4 = {'fname':'Jeff', 'lname':'Aven', 'pos':'author'}
>>> len(dict0)
3
>>> print(dict0['fname'])
Jeff
>>> dict0.keys()
['lname', 'pos', 'fname']
>>> dict0.values()
['Aven', 'author', 'Jeff']
# 比较字典
>>> cmp(dict0, dict1)
1 ## 键一样但是值不相同
>>> cmp(dict0, dict4)
0 ## 所有的键值对都一样
>>> cmp(dict1, dict2)
-1 ## 部分键值对一样
```

字典可以在 Python RDD 中作为不可变对象使用。

1.3.2 Python 对象序列化

序列化（serialization）是对象的一种转化过程，转化后的结构可以在之后的某个时候在同一个系统或者另一个系统中恢复原样（反序列化）。

序列化，或者说对数据进行序列化和反序列化的功能，是任何分布式处理系统都离不开的，也是在 Hadoop 和 Spark 这些项目中频繁使用的。

1. JSON

JSON（JavaScript Object Notation）是一种常见的序列化格式。JSON 已经扩展到 JavaScript 之外，在多种平台中有使用，能支持几乎所有的编程语言。它也是网络服务常用的用来返回响应数据的结构。

Python 通过 json 包实现了对 JSON 的原生支持。Python 中的包是一组程序库，或者一组模块（本质上就是 Python 文件）。json 包是用来对 JSON 数据进行编解码的。一个 JSON 对象是由键值对（字典）或者数组（列表）组成的，而这两者也可以相互嵌套。Python 里的 JSON 对象包括用于根据键搜索、添加数据、删除数据、更新对应值，以及打印对象的方法。程序清单 1.6 展示了如何在 Python 中创建 JSON 对象，并进行各种操作。

程序清单 1.6 在 Python 中使用 JSON 对象

```
>>> import json
>>> from pprint import pprint
>>> json_str = '''{
... "people" : [
... {"fname": "Jeff",
... "lname": "Aven",
... "tags": ["big data","hadoop"]},
... {"fname": "Doug",
... "lname": "Cutting",
... "tags": ["hadoop","avro","apache","java"]},
... {"fname": "Martin",
... "lname": "Odersky",
... "tags": ["scala","typesafe","java"]},
... {"fname": "John",
... "lname": "Doe",
... "tags": []}
... ]}'''
>>> people = json.loads(json_str)
>>> len(people["people"])
4
>>> print(people["people"][0]["fname"])
Jeff
# 为第一个人添加tag
people["people"][0]["tags"].append(u'spark')
# 删除第四个人
del people["people"][3]
# “优雅打印”JSON对象
```

```
pprint(people)
{u'people': [{u'fname': u'Jeff',
              u'lname': u'Aven',
              u'tags': [u'big data', u'hadoop', u'spark']},
             {u'fname': u'Doug',
              u'lname': u'Cutting',
              u'tags': [u'hadoop', u'avro', u'apache', u'java']},
             {u'fname': u'Martin',
              u'lname': u'Odersky',
              u'tags': [u'scala', u'typesafe', u'java']}]}
```

在 PySpark 中，可以在 RDD 中使用 JSON 对象，本书稍后会详细介绍这种用法。

2. pickle

pickle 是 Python 独有的一种序列化方式。pickle 比 JSON 更快，但是移植性不如 JSON，毕竟 JSON 是通用的序列化格式，可以在不同语言中互读。

Python 的 pickle 模块会把 Python 对象转为字节流，这样就可以传输、存储和恢复对象的状态了。

cPickle，顾名思义，是用 C 实现的 pickle 版本，因此比 Python 的实现要快得多，尽管用起来多了一些限制条件。cPickle 模块不支持子类，而 pickle 模块对此是支持的。在 Python 中用 pickle 进行对象序列化和反序列化非常简单，如程序清单 1.7 所示。注意函数名中的单词“load”（读取）和“dump”（转存）与使用 JSON 进行序列化反序列化时使用的“deserialize”（反序列化）和“serialize”（序列化）是同义的。pickle.dump 把对象保存到文件中，而 pickle.dumps 则返回字符串形式的序列化后的对象。这种设计看起来可能有点奇怪，毕竟设计时并未考虑可读性。

程序清单 1.7　在 Python 中使用 pickle 序列化对象

```
>>> import cPickle as pickle
>>> obj = { "fname": "Jeff", \
... "lname": "Aven", \
... "tags": ["big data","hadoop"]}
>>> str_obj = pickle.dumps(obj)
>>> pickled_obj = pickle.loads(str_obj)
>>> print(pickled_obj["fname"])
Jeff
>>> pickled_obj["tags"].append('spark')
>>> print(str(pickled_obj["tags"]))
['big data', 'hadoop', 'spark']
# 把对象序列化为字符串
>>> pickled_obj_str = pickle.dumps(pickled_obj)
# 把对象序列化后存到pickle文件里
>>> pickle.dump(pickled_obj, open('object.pkl', 'wb'))
```

PySpark 中，序列化和反序列化对象要使用 PickleSerializer 类。这包括从其他系统（比如 Hadoop 的 SequenceFile 文件）中读取序列化好的对象，并且把它们转为 Python 中可用的格式。

PySpark 里有两个分别用来处理 pickle 序列化的输入文件和输出文件的方法：pickleFile 和 saveAsPickleFile。pickleFile 是在 PySpark 进程间存储和传输文件的一种高效的格式。本书会在稍后详细介绍这两个方法。

除了开发者显式调用，许多 Spark 内部进程也会在 Spark 应用执行过程中在 Python 中调用 pickle。

1.3.3　Python 函数式编程基础

Python 的函数式编程包括函数式编程范式中你所期待的全部特性，如下所列：

- 函数是一等公民，是编程的基本单元。
- 函数都是给定一个输入就有一个输出，且输出仅取决于输入的纯函数（不允许使用会产生副作用的语句）。
- 支持高阶函数。
- 支持匿名函数。

接下来的几个小节会介绍一些函数式编程概念及其在 Python 中的实现方式。

1. 匿名函数与 lambda 语法

匿名函数（anonymous function）是 Lisp、Scala、JavaScript、Erlang、Clojure、Go 等函数式编程语言都有的特性。

Python 中的匿名函数使用 lambda 结构定义，而不是使用具名函数的 def 关键字。匿名函数接受任意数目的输入参数，但是只返回一个值。这个返回值可以是另一个函数，一个标量值，也可以是列表等数据结构。

程序清单 1.8 展示了两个相似的函数，一个是具名函数，另一个则是匿名函数。

程序清单 1.8　Python 中的具名函数与匿名函数

```
# 具名函数
>>> def plusone(x): return x+1
...
>>> plusone(1)
2
>>> type(plusone)
<type 'function'>
# 匿名函数
>>> plusonefn = lambda x: x+1
>>> plusonefn(1)
2
>>> type(plusonefn)
<type 'function'>
>>> plusone.func_name
'plusone'
>>> plusonefn.func_name
'<lambda>'
```

如程序清单 1.8 所示，具名函数 plusone 保留了对函数名的引用，而匿名函数 plusonefn

所引用的函数名是 <lambda>。

具名函数可以包含 print 这样的语句，而匿名函数只能包含单条或者复合的表达式，这个表达式也可以调用作用域内的另一个具名函数。具名函数中也可以使用 return 语句，而匿名函数不支持。

当你了解到 map()、reduce() 和 filter() 等高阶函数，并且开始把单用途的函数串在一起形成处理流水线时，匿名函数就有真正的用武之地了，你会在使用 Spark 时经常用到它。

2. 高阶函数

高阶函数接收函数作为参数，并且可以返回函数作为结果。map()、reduce() 和 filter() 都是高阶函数。这些函数接受函数作为参数。

程序清单 1.9 中的 flatMap()、filter()、map() 和 reduceByKey() 等函数都是高阶函数的例子，因为它们预期接受匿名函数作为输入。

程序清单 1.9　Spark 中高阶函数的例子

```
>>> lines = sc.textFile("file:///opt/spark/licenses")
>>> counts = lines.flatMap(lambda x: x.split(' ')) \
... .filter(lambda x: len(x) > 0) \
... .map(lambda x: (x, 1)) \
... .reduceByKey(lambda x, y: x + y) \
... .collect()
>>> for (word, count) in counts:
...     print("%s: %i" % (word, count))
```

以函数作为返回值的函数也被称为高阶函数。异步编程中的回调函数正是使用这种特性定义的。

不要紧张……我们会在第 4 章详细介绍这些函数。目前暂时只需要理解高阶函数的概念就行了。

3. 闭包

闭包（closure）是包含初始化时的环境的函数对象。这个环境可以包括函数创建时的任何外部变量或者用到的函数。闭包通过附带环境，“记住”了这些变量或者函数的值。

程序清单 1.10 是 Python 中闭包的一个简单的例子。

程序清单 1.10　Python 中的闭包

```
>>> def generate_message(concept):
...     def ret_message():
...             return 'This is an example of ' + concept
...     return ret_message
...
>>> call_func = generate_message('closures in Python')
>>> call_func
<function ret_message at 0x7fd138aa55f0>
>>> call_func()
'This is an example of closures in Python'
# 查看闭包
>>> call_func.__closure__
```

```
(<cell at 0x7fd138aaa638: str object at 0x7fd138aaa688>,)
>>> type(call_func.__closure__[0])
<type 'cell'>
>>> call_func.__closure__[0].cell_contents
'closures in Python'
# 删除函数
del generate_message
# 再次调用闭包
call_func()
'This is an example of closures in Python'
# 闭包仍然有用!
```

在程序清单 1.10 中，函数 ret_message() 是闭包，而形参 concept 的值包括在了该函数内。你可以使用 __closure__ 函数的成员来查看闭包的相关信息。这个函数中包含的引用存储在一个由 cell 类型组成的元组中。你可以使用 cell_contents 函数访问 cell 的内容，如本程序清单所示。为了验证闭包的概念，你可以删除外层的函数 generate_message，然后发现引用了它的函数 call_func 仍然可以使用。

掌握闭包的概念很重要，因为闭包在分布式的 Spark 应用程序中可以提供很大的帮助。不过，所用函数的构建和调用方式也会导致闭包拖累应用表现。

1.4　本章小结

本章介绍了 Spark 的历史、动机以及用途，并介绍了与 Spark 密切相关联的项目 Hadoop。你已经学习了 Hadoop 核心组件 HDFS 和 YARN 的基础知识，以及 Spark 对这些组件的使用方式。本章讨论了 Spark 项目的开端，以及 Spark 的使用，还简介了函数式编程的基本概念，以及它们在 Python 和 PySpark 中的实现。本章介绍的很多概念会在后续章节出现。

第 2 章

部署 Spark

可以使用的创意才有价值。

——美国发明家托马斯 A. 爱迪生

本章提要

- 各种 Spark 部署模式概览
- 如何安装 Spark
- Spark 安装所包含的内容
- 各种在云上部署 Spark 的方法概览

本章介绍如何部署 Spark、如何安装 Spark、如何启动和运行 Spark 集群的基础内容。本章介绍 Spark 集群的各种部署模式以及可选的调度器，还有在云上部署 Spark 的方式。如果你完成了本章的安装练习，你就会得到一个功能完整的 Spark 编程和运行环境，可供你在阅读本书后续章节时使用。

2.1 Spark 部署模式

部署 Spark 的方式有很多种，如下所列：

- 本地模式
- Spark 独立集群（standalone）
- 基于 YARN（Hadoop）部署 Spark
- 基于 Mesos 部署 Spark

每种部署模式都实现了 Spark 运行环境架构，第 3 章会详细地介绍，它们的区别仅在于计算集群中一个或者多个节点之间的资源管理方式。

如果要使用 YARN 或者 Mesos 这样的外部调度器来部署 Spark，你需要先部署好这些调度器；如果使用本地模式或者 Spark 独立调度器，就不需要外部依赖了。

每种 Spark 部署模式都可以用于交互式（shell）应用和非交互式（批处理）应用，还有流式计算应用。

2.1.1 本地模式

本地模式允许所有的 Spark 进程运行在单机上，还可以选择使用本地系统中任意数量的 CPU 内核。通常，我们可以使用本地模式来快速测试安装好的 Spark，也可以使用小数据集测试 Spark 脚本。

程序清单 2.1 展示了一个以本地模式提交 Spark 作业的示例。

程序清单 2.1 以本地模式提交 Spark 作业

```
$SPARK_HOME/bin/spark-submit \
--class org.apache.spark.examples.SparkPi \
--master local \
$SPARK_HOME/examples/jars/spark-examples*.jar 10
```

可以在 local 指令后面通过方括号内的数字指定本地模式所使用的 CPU 内核数。例如，要是用两个 CPU 内核，你可以指定 local[2]；要使用系统所有的 CPU 内核，你可以指定 local[*]。

使用本地模式运行 Spark 时，只要本地系统中有正确的配置和库文件，就可以访问本地系统或者 HDFS、S3 等其他文件系统上的任意数据。

尽管使用本地模式可以快速上手并运行程序，但受限于伸缩性和效率，无法用于生产环境的用例。

2.1.2 Spark 独立集群

Spark 独立集群指 Spark 内建的，或者说“独立”的调度器。我们会在第 3 章中进一步了解调度器，也就是集群管理器的功能。

独立（standalone）这个术语有点误导人，“独立”容易被理解为集群的拓扑关系，其实这个“独立”和拓扑关系无关。比如，你完全可以在一个真正的多节点分布式集群上以独立集群模式部署 Spark，在这里“独立”的意思是无需任何外部调度器。

一个 Spark 独立集群内有多个主机进程或者服务在运行，各个服务分别为集群上运行的 Spark 应用提供计划、协调、管理等方面的功能。图 2.1 展示了一个完整的分布式 Spark 独立集群的拓扑结构（第 3 章会详细介绍这些服务提供的功能）。

在提交 Spark 应用时，只要在提交的 URI 中指定 spark 作为协议名，并且设置好 Spark 主进程运行的主机地址和所监听的端口号，就可以把应用提交到 Spark 独立集群上。程序清单 2.2 展示了一个这样的例子。

程序清单 2.2 向 Spark 独立集群提交 Spark 作业

```
$SPARK_HOME/bin/spark-submit \
--class org.apache.spark.examples.SparkPi \
--master spark://mysparkmaster:7077 \
$SPARK_HOME/examples/jars/spark-examples*.jar 10
```

使用 Spark 独立集群，你可以快速上手并且把程序跑起来，因为几乎没有依赖，无需考虑环境。Spark 独立集群中包含各种具体的角色需要主机去充当，而每个正式版的 Spark 里都包含上手所需的全部内容，包括这些主机所需要的二进制文件和配置文件。在本章后续部分中，你会部署你的第一个 Spark 独立模式的集群。

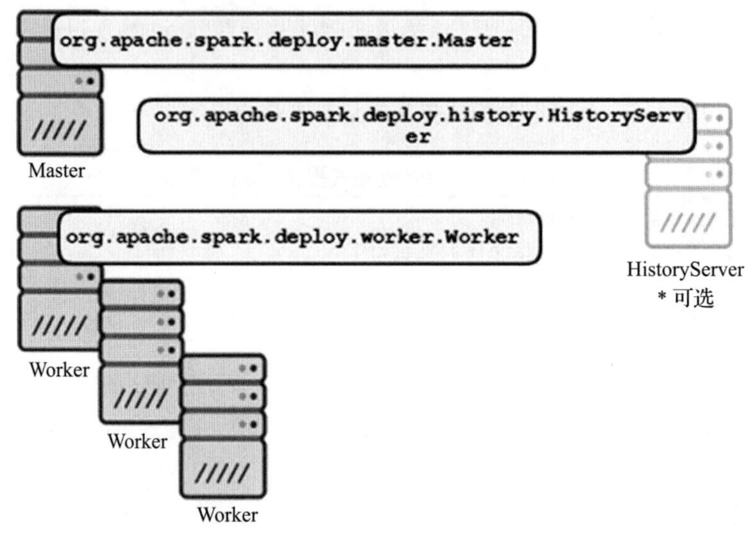

图 2.1　Spark 独立集群

2.1.3　基于 YARN 运行 Spark

如第 1 章所述，最常见的 Spark 部署模式是使用 Hadoop 提供的 YARN 资源管理框架。我们介绍过，YARN 是在 Hadoop 集群上用来调度和管理各种作业的 Hadoop 核心组件。

根据 Databricks 的一项年度调查报告（详见 https://databricks.com/resources/type/infographic-surveys）显示，YARN 模式和独立集群模式不相上下，而 Mesos 稍逊一筹。

作为 Hadoop 生态系统中的一等公民，Spark 应用只需很小的代价就可以轻松地通过 YARN 提交和管理。驱动器进程、主进程和执行器进程等 Spark 进程（会在第 3 章中介绍）由 ResourceManager、NodeManager 和 ApplicationMaster 等 YARN 进程托管。

spark-submit、pyspark 和 spark-shell 程序都包含向 YARN 集群提交 Spark 应用的命令行参数。程序清单 2.3 提供了这样的一个例子。

程序清单 2.3　向 YARN 集群提交 Spark 作业

```
$SPARK_HOME/bin/spark-submit \
--class org.apache.spark.examples.SparkPi \
--master yarn \
--deploy-mode cluster \
$SPARK_HOME/examples/jars/spark-examples*.jar 10
```

使用 YARN 作为调度器时，共有两种集群部署模式：集群模式（cluster）和客户端模式（client）。

第 3 章介绍 Spark 的运行时架构的时候，会对这两种模式进行辨析。

2.1.4　基于 Mesos 运行 Spark

Apache Mesos 是一个开源的集群管理器，由加州大学伯克利分校开发。它和 Spark 项目的创建颇有渊源。Mesos 可以调度不同类型的应用，并且提供细粒度的资源共享，可以获得更高的集群利用率。程序清单 2.4 展示了一个向 Mesos 集群提交 Spark 应用的示例。

程序清单 2.4　向 Mesos 集群提交 Spark 作业

```
$SPARK_HOME/bin/spark-submit \
--class org.apache.spark.examples.SparkPi \
--master mesos://mesosdispatcher:7077 \
--deploy-mode cluster \
--supervise \
--executor-memory 20G \
--total-executor-cores 100 \
$SPARK_HOME/examples/jars/spark-examples*.jar 1000
```

本书主要关注 Spark 独立调度器和 YARN 这两种更常见的 Spark 调度器。不过，如果你对 Mesos 感兴趣，不妨从 http://mesos.apache.org 获取入门指南。

2.2　准备安装 Spark

Spark 是跨平台的应用程序，可以部署在如下操作系统上：

- Linux（所有发行版）
- Windows
- Mac OS X

尽管没有具体的硬件要求，一般的 Spark 节点的推荐硬件配置如下所列：

- 8GB 以上的内存（Spark 是主要基于内存的处理框架，所以内存越多越好）。
- 至少是 8 核 CPU。
- 10GB 以上的网络带宽。
- 如果要用到存储的话，还要有充足的本地磁盘存储空间（RDD 的磁盘存储最好使用 SSD。如果该节点还运行着 HDFS 这样的分布式文件系统，最好为多磁盘使用 JBOD 配置。JBOD 代表“Just a bunch of disks”(磁盘簇)，表示使用没有组成 RAID 阵列（独立冗余磁盘阵列）的独立硬盘的配置方式。）

Spark 是用 Scala 编写的，这是一种编译后运行在 Java 虚拟机（JVM）上的语言。Spark 提供了 Python（PySpark）、Scala 和 Java 的编程接口。安装和运行 Spark 的软件要求如下所列：

- Java（最好是 JDK）。
- Python，如果需要使用 PySpark 的话。
- R，如果想通过 R 语言接口使用 Spark，详见第 8 章。
- Git、Maven 或者 SBT，如果想要从源代码编译构建 Spark，或者编译 Spark 程序，会用到这些工具。

2.3　获取 Spark

要把 Spark 安装到特定系统上，最简单的方式是使用正式版的 Spark 下载包。正式版

Spark 的包可以在 http://spark.apache.org/downloads.html 下载到。这些下载包是跨平台的。Spark 运行在 JVM 环境中，而 JVM 是平台无关的。

你也可以选择使用 Spark 官方网站上提供的编译指令，下载 Spark 源码并自行编译，不过这种方式稍显复杂。

如果你要下载 Spark 的正式版，你应该选择带 Hadoop 支持的编译版本，如图 2.2 所示。为了避免望文生义，需要澄清的是带有 Hadoop 支持的 Spark 并没有包含 Hadoop 本身。这些包里面只是包含了用于集成 Hadoop 集群与所列 Hadoop 发行版的库。不论是否在 Hadoop 上使用 Spark，Hadoop 里的许多类在运行时都是需要的。

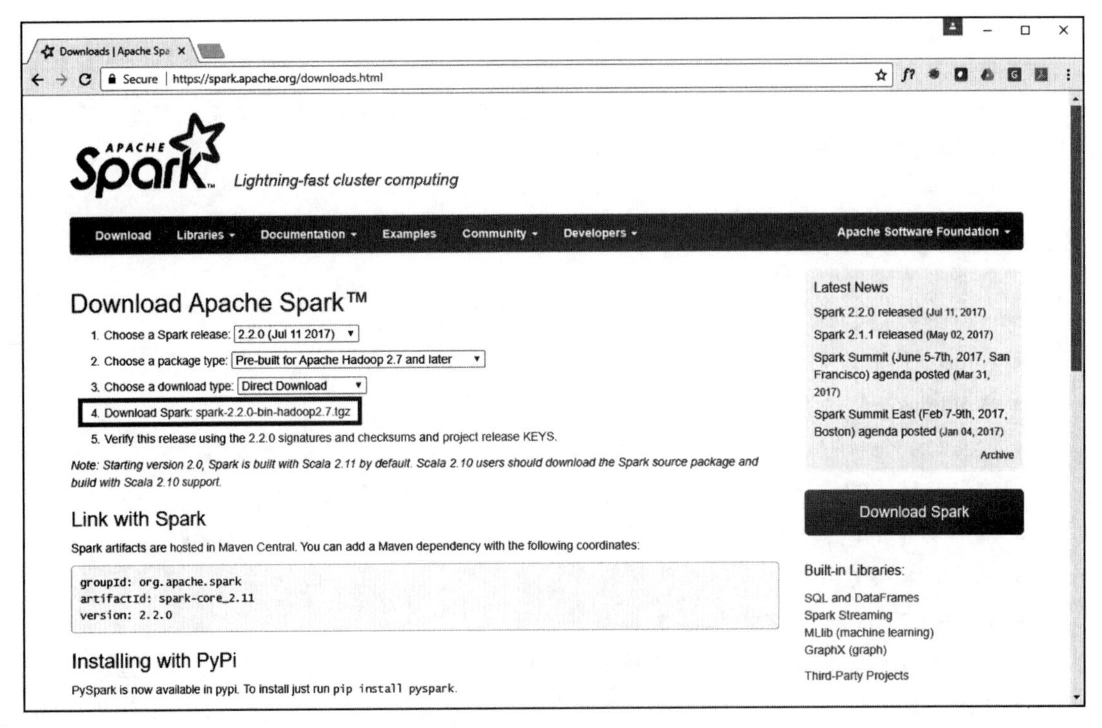

图 2.2　下载正式版的 Spark

> **使用不带 Hadoop 支持的编译版本**
>
> 如果你想以独立集群模式部署 Spark，并且不用 Hadoop 的话，可能会受下载页面误导下载不带 Hadoop 支持的版本，或者用户自行提供 Hadoop 的版本，也就是文件名类似“spark- x.x.x-bin-without-hadoop.tgz”的包。这种命名容易误导人，这种包其实需要很多在 Hadoop 中实现的类已经在系统中存在。总的来说，一般情况下最好还是下载 spark-x.x.x-bin-hadoopx.x 这样的带 Hadoop 编译的包。

Spark 一般也会在 Hadoop 的大多数商业发行版中提供，包括如下所列这些[⊖]：

- Cloudera 的 Hadoop 发行版（CDH）。
- Hortonworks 数据平台（Hortonworks Data Platform，HDP）。

⊖ Cloudera 与 Hortonworks 已经宣布合并，CDH 和 HDP 后续将整合为一个产品。——译者注

- MapR 融合数据平台（MapR Converged Data Platform）。

另外，在主流的云服务厂商提供的托管 Hadoop 架构中都包含 Spark，比如 AWS 的 EMR 服务、谷歌的 Cloud Dataproc 服务，以及微软的 Azure HDInsight。

如果你已有现成的 Hadoop 环境，那么可能已经有了入门所需的一切，可以跳过后面几节关于安装 Spark 的部分。

2.4　在 Linux 或 Mac OS X 上安装 Spark

Linux 是最常用也是最简单的用于安装 Spark 的平台，Mac OS X[⊖]次之。由于这两种平台都属于类 UNIX 系统，并且有类似的 shell 环境，所以在这两种平台上的安装步骤是类似的。下面的练习演示了如何在 Linux 的 Ubuntu 发行版上安装 Spark，其实在其他 Linux 发行版或者 Mac OS X 上的安装步骤也是类似的（只是包管理器软件有所不同，比如 yum）。按照如下步骤在 Linux 上安装 Spark：

1）**安装 Java**。一般安装 JDK（Java Development Kit，Java 开发工具包），它包含 JRE（Java 运行时引擎（Java Runtime Engine））以及用于构建和管理 Java 或 Scala 应用的工具。具体做法如下：

```
$ sudo apt-get install openjdk-8-jdk-headless
```

在终端会话中运行 java -version 来测试安装结果。如果安装成功，你应该会看到如下所示的输出：

```
openjdk version "1.8.0_131"
OpenJDK Runtime Environment (build 1.8.0_131-8u131-b11-2ubuntu1.17.04.3-b11)
OpenJDK 64-Bit Server VM (build 25.131-b11, mixed mode)
```

在 Mac OS 里，安装 Java 的命令如下所示：

```
$ brew cask install java
```

2）**获取 Spark**。使用 wget 和适当的 URL 来下载 Spark 的发布版本。具体的下载地址可以在 http://spark.apache.org/downloads.html 上找到，如图 2.2 所示。虽然当你读到这里的时候，很有可能 Spark 已经发布了更新的版本，下面的例子展示的是 2.2.0 版本的下载。

```
$ wget https://d3kbcqa49mib13.cloudfront.net/spark-2.2.0-bin-hadoop2.7.tgz
```

3）**解压 Spark 包**。解压 Spark 正式版本包到一个共享目录中，比如 /opt/spark：

```
$ tar -xzf spark-2.2.0-bin-hadoop2.7.tgz
$ sudo mv spark-2.2.0-bin-hadoop2.7 /opt/spark
```

4）**设置必要的环境变量**。设置环境变量 SPARK_HOME，并更新环境变量 PATH，具体如下所示：

```
$ export SPARK_HOME=/opt/spark
$ export PATH=$SPARK_HOME/bin:$PATH
```

⊖ Mac OS X 已经改名 MacOS。——译者注

你可能希望这些设置长期有效（比如在 Ubuntu 实例上可以使用 /etc/environment 文件）。

5）**测试安装结果**。以本地模式，运行 Spark 内置的圆周率估算例程，测试 Spark 安装情况，如下所示：

```
$ spark-submit --class org.apache.spark.examples.SparkPi \
--master local \
$SPARK_HOME/examples/jars/spark-examples*.jar 1000
```

如果安装成功，你会在一大堆信息型的日志消息（本章稍后会介绍如何减少这些日志输出的量）的输出中找到如下输出：

```
Pi is roughly 3.1414961114149613
```

pyspark 和 spark-shell 是 Spark 提供的交互式 shell，你可以在终端里也对它们进行测试。

恭喜！你已经在 Linux 上成功地安装并测试了 Spark。是不是很简单？

2.5　在 Windows 上安装 Spark

在 Windows 上安装 Spark 比在 Linux 或 Mac OS X 上更麻烦一些，因为要先解决 Python 和 Java 等依赖的安装。本例使用 Windows Server 2012，也就是服务器版本的 Windows 8.1。你需要有能解压 .tar.gz 和 .gz 格式压缩包的解压工具，因为 Windows 对这些压缩包格式没有原生支持。7-Zip 就是一款符合要求的工具，你可以从 http://7-zip.org/download.html 下载。等安装好了所需的解压工具，就请按如下步骤做：

1）**安装 Python**。如前所述，Windows 中没有预装 Python，所以需要自行下载并安装。可以从 https://www.python.org/getit/ 或者 https://www.python.org/downloads/windows/ 获取 Python 的 Windows 安装器。本例使用的 Python 版本是 2.7.10，因此把 C:\Python27 作为安装的目标路径。

2）**安装 Java**。在本例中，你会下载并安装最新版的 Oracle JDK。可以从 http://www.oracle.com/technetwork/java/javase/downloads/index.html 下载针对 Windows 的安装包。在 Windows 命令提示符中输入 java -version，如果看到返回了所安装的版本信息，就说明 Java 已经正确安装并可以通过系统的环境变量 PATH 访问到。

3）**下载并解压 Hadoop**。从 http://hadoop.apache.org/releases.html 下载最新版本的 Hadoop。解压下载的包（使用 7-Zip 或者类似的解压工具）到一个本地目录中，比如 C:\Hadoop。

4）**安装用于 Windows 的 Hadoop 二进制文件**。为了能在 Windows 上运行 Spark，你还需要几个针对 Windows 编译的 Hadoop 二进制文件，包括 hadoop.dll 和 winutils.exe。Hadoop 所需的这些 Windows 专用的库和可执行文件可以从 https://mvnrepository.com/artifact/org.apache.hadoop/hadoop-winutils 获取。下载 hadoop-winutils 压缩包，解压到 Hadoop 安装路径的 bin 子目录（C:\Hadoop\bin）下。

5）**下载并解压 Spark**。从 https://spark.apache.org/downloads.html 下载最新的正式版 Spark，如例 2.2 所示。前面讲过应该下载包含 Hadoop 支持的预编译版本，其中 Hadoop 的版本需要和第 3 步中使用的版本对应。把 Spark 解压到一个本地目录中，比如 C:\Spark。

6）**关闭 IPv6**。以管理员身份运行 Windows 的命令提示符程序，并运行如下命令，关闭 Java 应用的 IPv6 功能：

```
C:\> setx _JAVA_OPTIONS "-Djava.net.preferIPv4Stack=true"
```

如果你使用的是 Windows PowerShell，你可以输入下面所示的等价命令：

```
PS C:\>[Environment]::SetEnvironmentVariable("_JAVA_OPTIONS",
"-Djava.net.preferIPv4Stack=true", "User")
```

注意这些命令需要以本地的管理员身份执行。为了简单起见，本例展示的所有配置项都在用户层面进行设置。其实你也可以选择把列出的这些设置应用到整个机器的层面。这样，当系统中有多用户时就都可以使用了。请查询微软官方的 Windows 文档来获取更多相关信息。

7）**设置必要的环境变量**。在 Windows 命令提示符里运行如下命令，设置环境变量 HADOOP_HOME：

```
C:\> setx HADOOP_HOME C:\Hadoop
```

下面是使用 Windows PowerShell 提示符时的等价命令：

```
PS C:\>[Environment]::SetEnvironmentVariable("HADOOP_HOME", "C:\Hadoop", "User")
```

8）**设置本地元数据存储**。你需要为本地元数据存储创建一个文件夹，并设置适当的权限。第 6 章开始介绍 Spark SQL 时，会具体介绍元数据存储的作用。就目前而言，只要从 Windows 或者 PowerShell 的命令提示符运行如下命令就行了：

```
C:\> mkdir C:\tmp\hive
C:\> Hadoop\bin\winutils.exe chmod 777 /tmp/hive
```

9）**测试安装结果**。打开一个 Windows 命令提示符页面或 PowerShell 会话，修改工作路径到 Spark 安装路径的 bin 目录，如下所示：

```
C:\> cd C:\Spark\bin
```

接下来，输入 pyspark 命令打开 Spark 的交互式 Python shell：

```
C:\Spark\bin> pyspark --master local
```

图 2.3 展示了使用 Windows PowerShell 时预期的输出结果。

输入 quit() 以退出该 shell 界面。

现在，在命令提示符里执行如下命令，来运行 Spark 内置的圆周率估算例程：

```
C:\Spark\bin> spark-submit --class org.apache.spark.examples.SparkPi
 --master local C:\Spark\examples\jars\spark-examples*.jar 100
```

现在你应该会看到大量的信息型日志消息。在这些消息之中，你应该会看到类似如下消息的输出：

```
Pi is roughly 3.1413223141322315
```

恭喜！刚才你已经成功地在 Windows 上安装并测试了 Spark。

```
PS C:\Spark\bin> .\pyspark --master local
Picked up _JAVA_OPTIONS: -Djava.net.preferIPv4Stack=true
Python 2.7.10 (default, May 23 2015, 09:44:00) [MSC v.1500 64 bit (AMD64)] on win32
Type "help", "copyright", "credits" or "license" for more information.
Picked up _JAVA_OPTIONS: -Djava.net.preferIPv4Stack=true
Picked up _JAVA_OPTIONS: -Djava.net.preferIPv4Stack=true
Using Spark's default log4j profile: org/apache/spark/log4j-defaults.properties
Setting default log level to "WARN".
To adjust logging level use sc.setLogLevel(newLevel). For SparkR, use setLogLevel(newLev
17/08/06 17:24:53 WARN NativeCodeLoader: Unable to load native-hadoop library for your p
asses where applicable
17/08/06 17:25:02 WARN ObjectStore: Failed to get database global_temp, returning NoSuch
Welcome to
                                   version 2.1.1

Using Python version 2.7.10 (default, May 23 2015 09:44:00)
SparkSession available as 'spark'.
>>>
```

图 2.3　Windows PowerShell 里运行的 pyspark

2.6　探索 Spark 安装目录

有时我们用 SPARK_HOME 来指代 Spark 安装路径。搞清楚其中的内容很有意义。表 2.1 提供了 SPARK_HOME 下各目录的简介。

表 2.1　Spark 安装目录内容

目录	说　明
bin/	通过 pyspark、spark-shell、spark-sql、sparkR 等 shell 程序可以交互式运行 Spark 应用，而通过 spark-submit 可以以批处理的方式运行 Spark 应用。该目录包含所有这些脚本 / 命令
conf/	包含 Spark 配置文件的模板，有用来设置 Spark 配置项值的文件模板（spark-defaults.conf.template），还有用来设置 Spark 进程所需环境变量值的 shell 脚本模板（spark-env.sh.template）。这个文件夹中还包含用来控制日志输出的配置模板（log4j.properties.template）、指标收集配置模板（metrics.properties.template），以及控制 Spark 独立集群中哪些从节点可以组成 Spark 集群的 slaves 文件（slaves.template）
data/	包含测试 Spark 项目的 mllib、graphx 和 streaming 库（这些都会在本书后续章节中介绍）所需的示例数据集
examples/	包含 Spark 附带的所有示例程序的源码和编译后的文件（jar 包），包括在前面用到的圆周率估算应用。示例程序的编程语言包括 Java、Python、R，以及 Scala。你可以在 https://github.com/apache/spark/tree/master/examples 上找到这些内置示例程序的最新代码
jars/	包含 Spark 编译出的主要文件以及 Spark 要使用的支持服务的编译好的包，比如 snappy、py4j、parquet 等。这个目录默认包含在 Spark 的 CLASSPATH 里
licenses/	包含所涵盖的其他项目（比如 Scala 和 JQuery）的授权文件。这些文件只是为了合法而引入的，在运行 Spark 时用不到
python/	包括运行 PySpark 所需的所有 Python 库。你一般不需要直接访问这些文件
R/	包含 SparkR 包以及相关的库和文档。SparkR 的相关内容会在第 8 章中介绍
sbin/	包含在独立集群模式下启动或停止 Spark 集群的主节点和从节点服务的管理脚本，无论集群在本地还是远程。启动 YARN 或 Mesos 相关进程的脚本也在其中。在下一节部署独立集群模式的多节点 Spark 集群时，其中的一些脚本会用到
yarn/	包含支持 Spark 应用在 YARN 上运行的库文件。这包含数据混洗服务，它是 Spark 用来在 YARN 集群里的进程间移动数据的支持服务

本书的后续内容将会不时涉及表 2.1 中所列的很多目录。

2.7　部署多节点的 Spark 独立集群

既然你已经在本地模式中成功安装并测试了 Spark，那么是时候搭建完整的分布式 Spark 集群来发掘 Spark 的真正威力了。在这个练习中，你会使用 4 台 Linux 主机来创建一个简易的使用 Spark 独立调度器的三节点集群。步骤如下所列：

1）**规划集群拓扑结构，在多个系统内安装 Spark**。因为这是一个分布式系统，所以你需要依照前面的例子将 Spark 安装到三台额外的主机上。另外，你需要分配一台主机作为 Spark 主节点，其他主机作为工作节点。在本例中，我们把第一台主机命名为 sparkmaster，而其余几台分别命名为 sparkworker1、sparkworker2 和 sparkworker3。

2）**配置网络**。Spark 集群中，所有的节点都需要和集群中其他所有的节点通信。实现此目标最简单的办法就是使用 hosts 文件（在每个系统的 /etc/hosts 文件里添加所有主机的记录）。确保每个节点都能解析所有节点。可以使用 ping 命令来验证，比如，在 sparkmaster 主机上可以使用如下命令：

```
$ ping sparkworker1
```

3）**在每台主机上创建并编辑 spark-defaults.conf 文件**。要在每个节点上创建并配置 spark-defaults.conf 文件，请在 sparkmaster 和 sparkworker 主机上运行如下命令[⊖]：

```
$ cd $SPARK_HOME/conf
$ sudo cp spark-defaults.conf.template spark-defaults.conf
$ sudo sed -i "\$aspark.master\tspark://sparkmaster:7077" spark-defaults.conf
```

4）**在每台主机上创建并编辑 spark-env.sh 文件**。要在每个节点上创建并配置 spark-env.sh 文件，请在 sparkmaster 和 sparkworker 主机上完成如下任务：

```
$ cd $SPARK_HOME/conf
$ sudo cp spark-env.sh.template spark-env.sh
$ sudo sed -i "\$aSPARK_MASTER_IP=sparkmaster" spark-env.sh
```

5）**启动 Spark 主进程**。在 sparkmaster 主机上，运行如下命令：

```
$ sudo $SPARK_HOME/sbin/start-master.sh
```

通过访问 http://sparkmaster:8080/ 查看 Spakr 主进程的网页用户界面，来检查 Spark 主进程是否正常运行。

6）**启动 Spark 工作节点**。在每个 sparkworker 主机上运行如下命令：

```
$ sudo $SPARK_HOME/sbin/start-slave.sh spark://sparkmaster:7077
```

通过 http://sparkslaveN:8081/ 查看 Spark 工作节点的用户界面。

7）**测试该多节点集群**。从集群内任意一个节点的终端，运行 Spark 内置的圆周率估算例程，如下所示：

⊖　这个文件只需在客户端主机上配置即可。——译者注

```
$ spark-submit --class org.apache.spark.examples.SparkPi \
--master spark://sparkmaster:7077 \
--driver-memory 512m \
--executor-memory 512m \
--executor-cores 1 \
$SPARK_HOME/examples/jars/spark-examples*.jar 10000
```

你会看到和前一个练习类似的输出结果。

你也可以打通 Spark 主节点到工作节点的 SSH（Secure Shell）无密码访问。这是远程登录以启动和关闭从节点守护进程所必须的。

2.8 在云上部署 Spark

随着公有云和私有云技术的蓬勃发展，软件即服务（SaaS）、基础架构即服务（IaaS）、平台即服务（PaaS）等技术已经在组织部署技术方面改变了游戏规则。

你可以在云端部署 Spark 来提供快速、可伸缩、弹性的计算环境。在云端部署 Spark 平台、应用和工作负载有几种方式可供选择，下面一节介绍了这些方式。

2.8.1 AWS

Amazon 花了很多年设计并构建了用于各种业务需求的可伸缩基础架构、平台、服务和管理 API。这些服务中的大多数都通过亚马逊云服务（Amazon Web Service，AWS）对外开放使用（当然需要付费）。

AWS 包含很多不同的服务，比如基础架构即服务的产品 EC2（Elastic Compute Cloud，弹性计算云）、存储服务 S3，还有 Redshift 这样的平台即服务产品。AWS 计算资源可以按需供应，并按小时计费。计算资源也通过“spot”实例供应，这种实例使用市场定价机制，在市场需求量较低时以更低的价格提供。

在 AWS 上主要有两种方式来创建 Spark 集群：EC2 和 EMR（Elastic MapReduce）。要在 AWS 上部署的话，你需要有一个有效的 AWS 账号，如果使用 AWS 的软件开发套件（SDK）或者命令行界面（CLI）的话，还需要 API 密钥。

1. 在 EC2 上使用 Spark

你可以在 AWS 的 EC2 实例上启动 Spark 集群（或是可以运行 Spark 的 Hadoop 集群）。通常这需要虚拟专有云（VPC）来把集群节点和公共网络进行隔离。在 EC2 上部署 Spark 集群通常需要先部署诸如 Ansible、Chef、Puppet 或 AWS CloudFormation 等配置管理工具，它们可以依据基础架构即代码（Infrastructure-as-Code，IaC）原则自动化部署过程。

另外，AWS 的应用市场里面也有几款提前开发好的亚马逊云机器镜像（AMI），里面预装并配置了 Spark。

你也可以使用 EC2 的容器服务（container service）在容器上创建 Spark 集群。用这种方式创建集群的做法很多，在 GitHub 等网站上可以找到很多现成的项目。

2. 在 EMR 上使用 Spark

EMR（Elastic MapReduce，弹性 MapReduce）是亚马逊的 Hadoop 即服务（Hadoop-asa-Service）平台。EMR 集群实际上就是 Hadoop 集群，加上各种可选装的生态圈项目，比如 Hive、Pig、Presto、Zeppelin，当然也少不了 Spark。

用户可以使用 AWS 管理控制台或者 AWS 的 API 准备 EMR 集群。创建 EMR 集群的选项包括节点数、节点的实例类型、Hadoop 版本，以及需要安装的其他应用，包括 Spark。

EMR 集群是针对直接从 S3 上读取数据，并把输出结果写回 S3 的场景设计的。EMR 集群意在用于按需申请，运行单独的工作流，然后关闭。集群里有本地存储，但是这些存储也会随集群释放。因此，本地存储应该仅用于存放临时数据。

程序清单 2.5 演示了使用 AWS CLI 创建一个简易的包含 Spark 和 Zeppelin 的三节点 EMR 集群。

程序清单 2.5 使用 AWS CLI 创建一个 EMR 集群

```
$ aws emr create-cluster \
--name "MyEMRCluster" \
--instance-type m1.xlarge \
--instance-count 3 \
--ec2-attributes KeyName=YOUR_KEY \
--use-default-roles \
--applications Name=Spark Name=Zeppelin-Sandbox
```

图 2.4 展示了一个 EMR 集群的控制台会话。

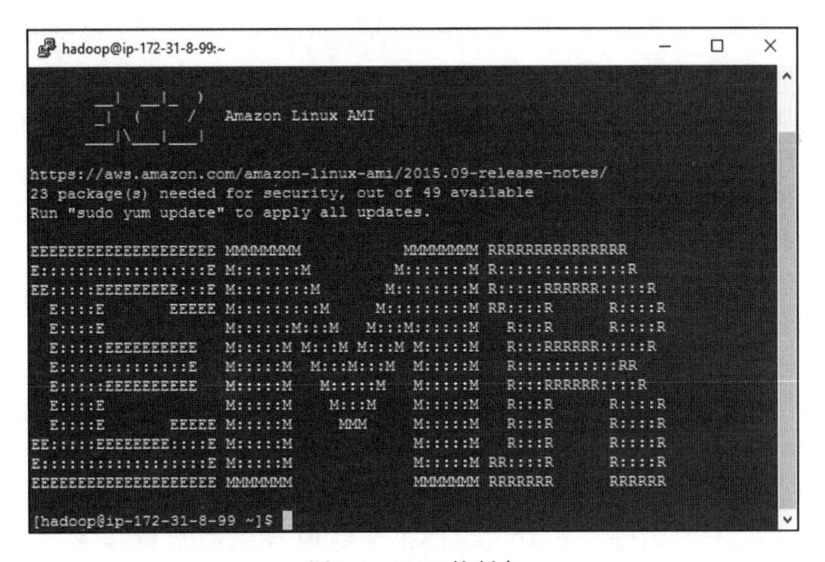

图 2.4 EMR 控制台

图 2.5 展示了 EMR 部署中包含的 Zeppelin 笔记本的界面，它可以作为 Spark 编程环境使用。

直接使用 EMR 服务是一种快速而且可伸缩的 Spark 部署方式。想要了解更多关于 EMR 的信息，请访问 https://aws.amazon.com/elasticmapreduce/[㊀]。

㊀ 国内的云厂商，如阿里云、腾讯云等，均有类似的 EMR 服务。——译者注

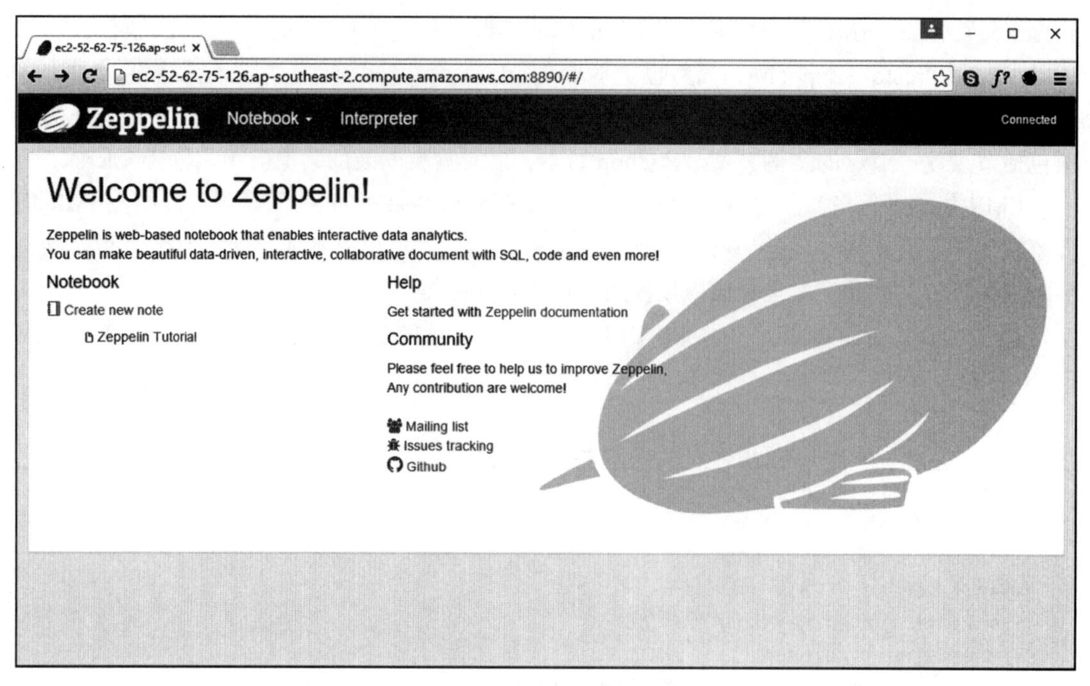

图 2.5 Zeppelin 界面

2.8.2 GCP

与亚马逊类似，谷歌的很多全球服务（比如 Gmail 和谷歌地图）也使用自家的云平台——谷歌云端平台（Google Cloud Platform，GCP）。Google 的云服务支持 AWS 提供的绝大多数服务，还提供很多其他的功能，比如开放 TPU（Tensor Processing Unit）的使用。

> **TensorFlow**
>
> TensorFlow 是 Google 创建的一个开源软件库，专门用于训练神经网络，而神经网络是深度学习的一种。神经网络可以用和人脑高度相似的方式，发现特征、顺序，还有关联关系。

和 AWS 一样，你可以选择使用 Google 的基础架构即服务产品 Compute 来部署 Spark，这种方式需要自行部署底层架构。不过 GCP 上面也提供了托管的 Hadoop 和 Spark 平台产品，叫作 Cloud Dataproc，后者更为简单。

Cloud Dataproc 提供了类似于 AWS 的 EMR 所提供的托管软件栈的服务，你可以把整套服务部署到集群上。

2.8.3 Databricks

Databricks 是一个基于云的 Spark 集成工作环境，允许启动所管理的 Spark 集群，从 S3、关系型数据库或普通文件的数据源接入数据并进行交互操作，数据源可以在云端，也可以在本地环境中。Databricks 平台使用用户的 AWS 账号创建所需的基础架构组件，这样这些服务都属于用户自己的 AWS 账号。Databricks 为 AWS 上基于云的 Spark 平台提供了部署、管理，以及用户应用间的接口框架。

Databricks 根据支持级别、安全性、访问控制选项、GitHub 集成等不同特性，指定了多种定价方案。收费基于订阅，包括每月的固定费用和按用量收取的使用费（按每个节点每小时计算的费用）。Databricks 提供 14 天的免费试用期，以便用户上手。使用 Databricks 平台部署的 Spark 集群产生的 AWS 实例费用需要用户自负，不过 Databricks 允许用户使用更便宜的 Spot 实例来节省 AWS 花销。要想了解最新的定价和订阅信息，请访问 https://databricks.com/product/pricing。

如图 2.6 所示，Databricks 提供了简易的部署方式和用户界面。它对在 AWS 上配置安全的 Spark 环境所涉及的底层基础架构和安全复杂性进行了抽象。Databricks 管理控制台允许用户创建笔记本，这与 AWS 的 EMR 服务中部署的 Zeppelin 笔记本类似。Databricks 还提供了用于部署和管理的 API。这些笔记本会自动关联用户的 Spark 集群，基于 Python、Scala、SQL 或 R 语言提供无缝的 Spark 编程接口。

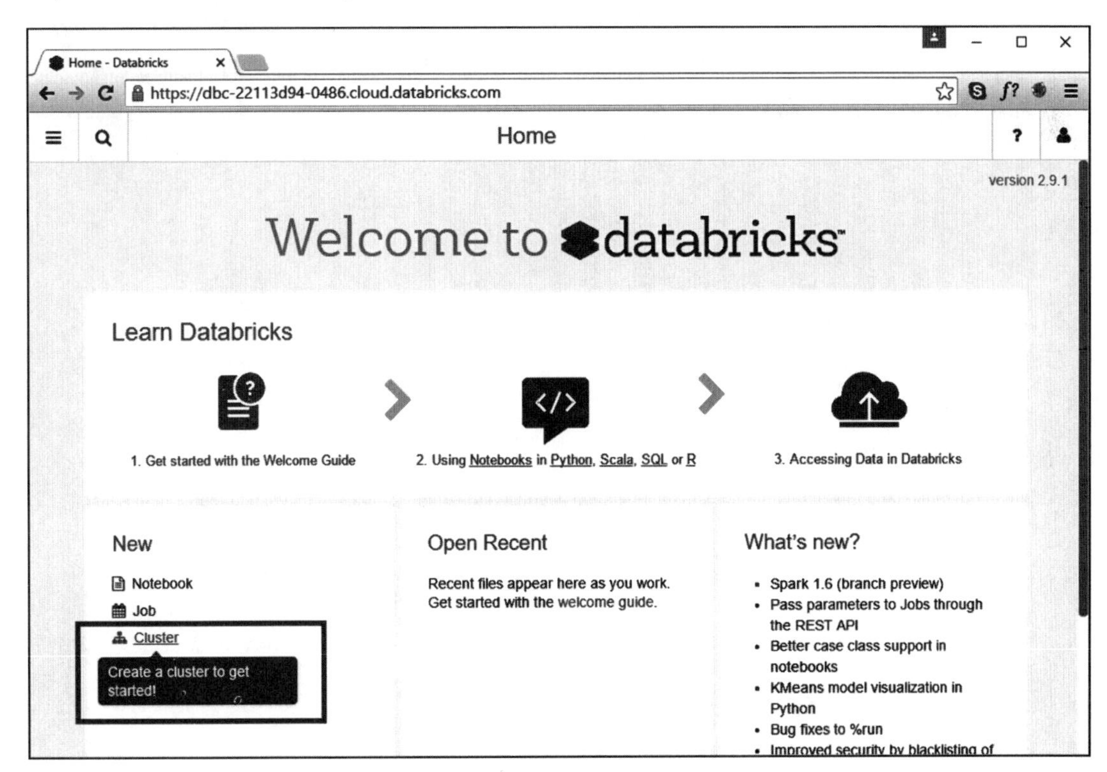

图 2.6　Databricks 控制台

Databricks 中还包含自有的分布式文件系统，叫作 Databricks 文件系统（Databricks File System，DBFS）。DBFS 允许用户挂载已有的 S3 存储桶，以在 Spark 环境中无缝使用。用户也可以在工作节点的固态硬盘中缓存数据对访问进行加速。用户可以通过这套 Spark 环境中包含的 dbutils 库对 DBFS 进行配置和交互。

Databricks 平台和管理控制台可以让用户从各种数据源以表的形式创建数据对象，这里的表在概念上和关系型数据库里的表类似。可用的数据源包括 AWS S3 的存储桶、JDBC 数据源、DBFS 文件系统，或是使用拖拽功能上传的本地文件。用户也可以使用 Databricks 控制台创建作业，并根据自定义的时刻表以非交互式的方式运行这些作业。

AMP 实验室创建了 Spark 项目并继续成为该项目的主要贡献者，其中的核心团队成员创建了 Databricks 公司，打造出了 Databricks 平台。相比其他的发行版（比如 CDH 或 HDP）而言，Databricks 平台一般包含更新版本的 Spark 和一些新功能。要了解更多关于 Databricks 的信息，请访问 http://databricks.com。

2.9　本章小结

在本章中，我们介绍了如何安装 Spark 以及相关的各种前置要求和依赖软件，还介绍了 Spark 集群的各种部署模式，包括本地模式、Spark 独立集群模式、基于 YARN 集群的模式，还有基于 Mesos 集群的模式。

在第一个练习中，你安装了一个功能完整的 Spark 独立集群。在本章中，你还了解了一些在云端部署 Spark 集群时可选的方案，比如使用 AWS 的 EC2 集群或 EMR 集群、Google 的 Cloud Dataproc 服务、Databricks 平台等。本章介绍或展示的各种部署方式都可以用于本书后续章节的编程练习，而且不限于本书所涉及的用法。

第 3 章

理解 Spark 集群架构

值得关注的不是建筑的美丽，而是让它能历经时间考验的基础结构。

——美国创作歌手戴维·阿伦·科（David Allan Coe）

本章提要

- Spark 应用与集群组件的详细介绍
- Spark 资源调度器和集群管理器
- YARN 集群上的 Spark 应用是如何调度的
- Spark 部署模式

在准备成为 Spark 程序员之前，你应该先深入理解 Spark 应用的架构，以及应用是如何在 Spark 集群上执行的。本章详细讲解 Spark 应用的组件，介绍各组件如何合作，以及 Spark 应用在独立集群和 YARN 集群上如何运行。

3.1 Spark 应用中的术语

无论是使用单机运行 Spark，还是使用成百上千台机器组成的集群，Spark 应用里始终存在几个组件。

在 Spark 程序的执行过程中，每个组件都有特定的作用。一部分组件（如客户端）在执行过程中较为不活跃，而另一部分组件在执行过程中较为活跃，如执行计算函数的组件。

Spark 应用的组件包括**驱动器**（driver）、**主进程**（master）、**集群管理器**（cluster manager），以及至少一个**执行器**（executor）。执行器运行在**工作节点**（worker）上。图 3.1 展示了 Spark 独立集群模式的应用环境中所有的 Spark 组件。本章稍后会进一步介绍每个组件及其功能。

包括驱动器进程、主进程和至少一个执行器进程在内的所有 Spark 组件都运行在 Java 虚拟机（JVM）上。JVM 是跨平台的运行环境引擎，可以执行被编译为 Java 字节码的指令。Spark 是用 Scala 实现的，而 Scala 语言会编译为字节码并运行在 JVM 上。

Spark 的运行时应用组件与这些组件所运行的位置和节点类型之间的区别是有必要特别注意的。当使用不同的部署模式时，这些组件运行的位置也不一样，因此不要把这些组件当成物理节点或者实例之类的东西。比如，在 YARN 集群上运行 Spark 时的情况和图 3.1 所示的情况就不尽相同。不过，应用中仍然包含了图里所有的组件，这些组件还是一样各司其职。

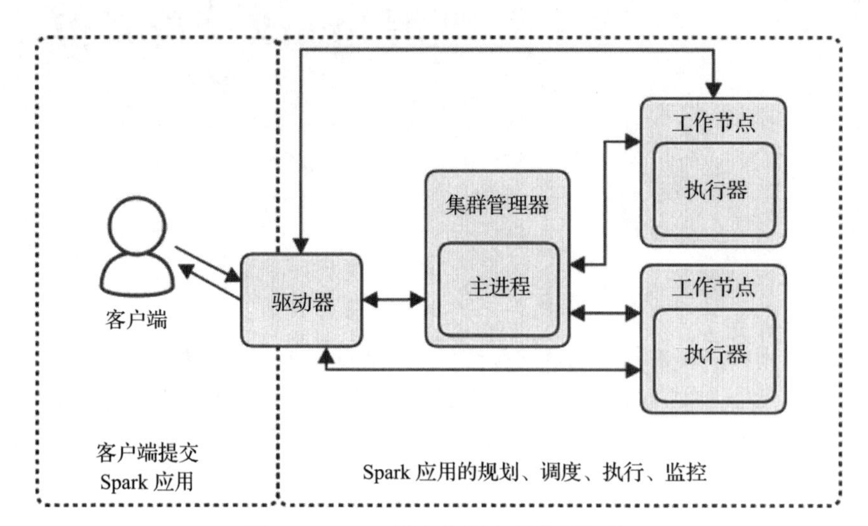

图 3.1 Spark 独立集群中的应用组件

3.1.1 Spark 驱动器

Spark 应用生命周期的开始和结束与 Spark 驱动器的保持一致。驱动器是 Spark 客户端用来提交应用的进程。驱动器进程也负责规划和协调 Spark 程序的执行，并向客户端返回执行状态以及结果数据。后面会介绍，驱动器进程可以运行于客户端上，也可以运行在集群里的一个节点上。

1. SparkSession

Spark 驱动器进程负责创建 SparkSession 对象。SparkSession 对象代表 Spark 集群的一个连接。SparkSession 在 Spark 应用启动的时候实例化出来，并在程序整个运行过程中使用，包括交互式 shell 程序也是这样的。

在 Spark 2.0 之前，Spark 应用的入口有这么几个：Spark core 应用使用 SparkContext，Spark SQL 应用使用 SQLContext 和 HiveContext，Spark Streaming 应用使用 StreamingContext。而 Spark 2.0 引入的 SparkSession 对象把这些对象组合到了一起，成为所有 Spark 程序统一的入口。

SparkSession 对象中包含运行时用户配置的所有参数属性，包括 Spark 主程序、应用名称、执行器数量等。这些参数属性在 SparkSession 对象内的 SparkContext 和 SparkConf 子对象中。图 3.2 展示了 pyspark 的 shell 里的 SparkSession 对象和它的部分配置项的属性。

> **SparkSession 对象名**
>
> SparkSession 实例的对象名可以随便设置。默认情况下，在 Spark 交互式 shell 里的 SparkSession 实例以 spark 作为名称。如果要保持一致，你可以给自己实例化的 SparkSession 也起名为 spark，具体名称完全由开发者决定。

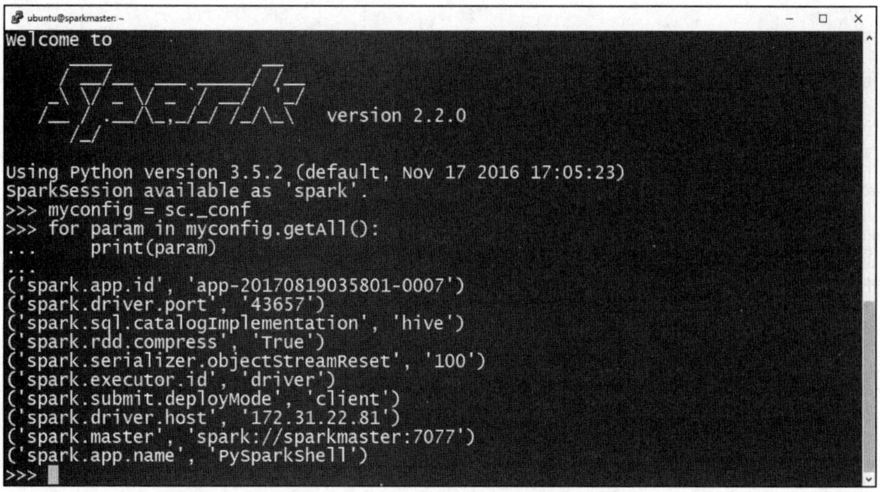

```
Welcome to
      ____              __
     / __/__  ___ _____/ /__
    _\ \/ _ \/ _ `/ __/  '_/
   /__ / .__/\_,_/_/ /_/\_\   version 2.2.0
      /_/

Using Python version 3.5.2 (default, Nov 17 2016 17:05:23)
SparkSession available as 'spark'.
>>> myconfig = sc._conf
>>> for param in myconfig.getAll():
...     print(param)
...
('spark.app.id', 'app-20170819035801-0007')
('spark.driver.port', '43657')
('spark.sql.catalogImplementation', 'hive')
('spark.rdd.compress', 'True')
('spark.serializer.objectStreamReset', '100')
('spark.executor.id', 'driver')
('spark.submit.deployMode', 'client')
('spark.driver.host', '172.31.22.81')
('spark.master', 'spark://sparkmaster:7077')
('spark.app.name', 'PySparkShell')
>>>
```

图 3.2　SparkSession 的参数属性

程序清单 3.1 展示了如何在非交互式 Spark 应用内创建 SparkSession 对象，比如一个通过 spark-submit 提交的程序。

程序清单 3.1　创建一个 SparkSession 对象

```
from pyspark.sql import SparkSession
spark = SparkSession.builder \
    .master("spark://sparkmaster:7077") \
    .appName("My Spark Application") \
    .config("spark.submit.deployMode", "client") \
    .getOrCreate()
numlines = spark.sparkContext.textFile("file:///opt/spark/licenses") \
    .count()
print("The total number of lines is " + str(numlines))
```

2. 应用规划

驱动器的主要功能之一就是确定应用执行计划。驱动器接收应用处理作业作为输入，规划程序的执行计划。驱动器进程根据所有要执行的**转化操作**（transformation，对数据进行的操作）和**行动操作**（action，请求输出数据或提示程序实际执行的操作）创建出由**节点**（node）组成的**有向无环图**（Directed Acyclic Graph，DAG），其中每个节点表示一个转化或者计算的步骤。

> **有向无环图**
>
> DAG 是一种数学结构，在计算机科学中常用来表示数据流及其依赖关系。DAG 包括点（节点）和边。在表示数据流时，节点表示处理流程中的单个步骤。DAG 中的边把节点有向连接起来，同时确保不出现环状引用。

一个 Spark 应用的 DAG 由任务和阶段组成。任务是 Spark 程序最小的可调度单元。阶段是一组可以并发执行的任务的总称。阶段间存在依赖关系，即**阶段依赖**（stage dependency）。

就进程调度而言，DAG 不是 Spark 所独有的。比如其他的一些大数据生态圈中的项目也在调度中使用 DAG，例如 Tez、Drill、Presto 等。DAG 对于 Spark 来说至关重要，因此要把 DAG 的概念烂熟于心。

3. 应用协调

驱动器进程也负责协调 DAG 内定义的各阶段各任务的运行。在任务的调度和执行中，驱动器进程做的主要的事情包括下列两项：

- 维护执行任务时可用的资源的记录。
- 把任务尽量调度到“靠近”数据的地方（数据本地化的概念）。

4. 其他功能

除了规划执行计划和协调 Spark 程序执行，驱动器还负责返回应用的执行结果。这个结果可以是一个返回码，当行动操作要求把实际数据返回到客户端时，也可以是实际数据（比如在交互式查询的场景里）。

驱动器进程还在 4040 端口上提供应用的用户界面，如图 3.3 所示。这个用户界面是自动创建的，与所提交的应用的代码或者应用提交的方式（不管是使用 pyspark 的交互式应用还是使用 spark-submit 的非交互式应用）都没有关系。

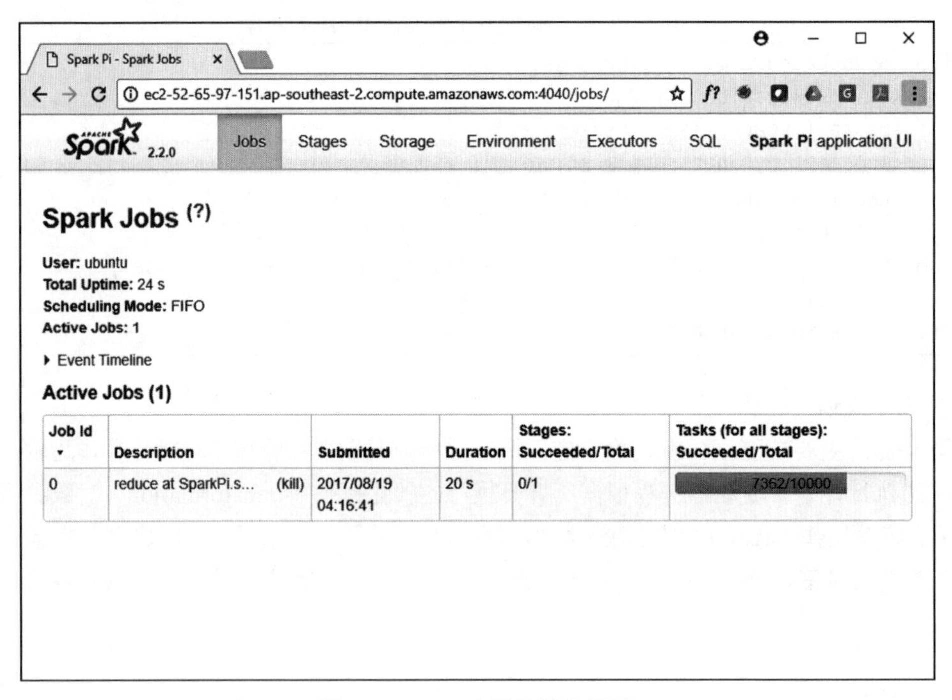

图 3.3　Spark 应用的用户界面

如果后续有应用在同一台主机上启动，应用用户界面会使用连续的端口号（比如 4041、4042 等）。

3.1.2　Spark 工作节点与执行器

Spark 执行器是运行 Spark 的 DAG 中的任务的进程。执行器会占用 Spark 集群的从节点

（工作节点）上的 CPU 和内存资源。每个执行器都是特定的 Spark 应用专用的，当应用完成时退出。一个 Spark 程序通常有多个执行器并行工作。

执行器运行在工作节点上，而每个工作节点在同一时间内能启动的执行器数量是有限 / 额定的。因此，对于一个规模固定的集群来说，同一时间能启动的执行器数量也是有限的。如果一个应用请求了超过集群剩余物理容量的执行器数量，就需要等待已启动的执行器完成并释放资源。

本章已经介绍过，Spark 执行器运行在 JVM 上。每个执行器所使用的 JVM 都有一个**堆**（heap），是用来存储和管理对象的专用的内存空间。

各个执行器的 JVM 堆的内存大小可以通过 spark.executor.memory 属性设置，也可以通过 pyspark、spark-shell 或 spark-submit 的 --executor-memory 参数设置。

执行器把任务的输出数据存储在内存或硬盘里。需要注意的是，工作节点和执行器只负责执行分配给它们的任务，而应用是由所有任务的集合和它们之间的依赖关系组成的，这部分由驱动器进程负责理解。

通过访问 4040 端口上的 Spark 应用用户界面，用户可以查看应用的所有执行器，如图 3.4 所示。

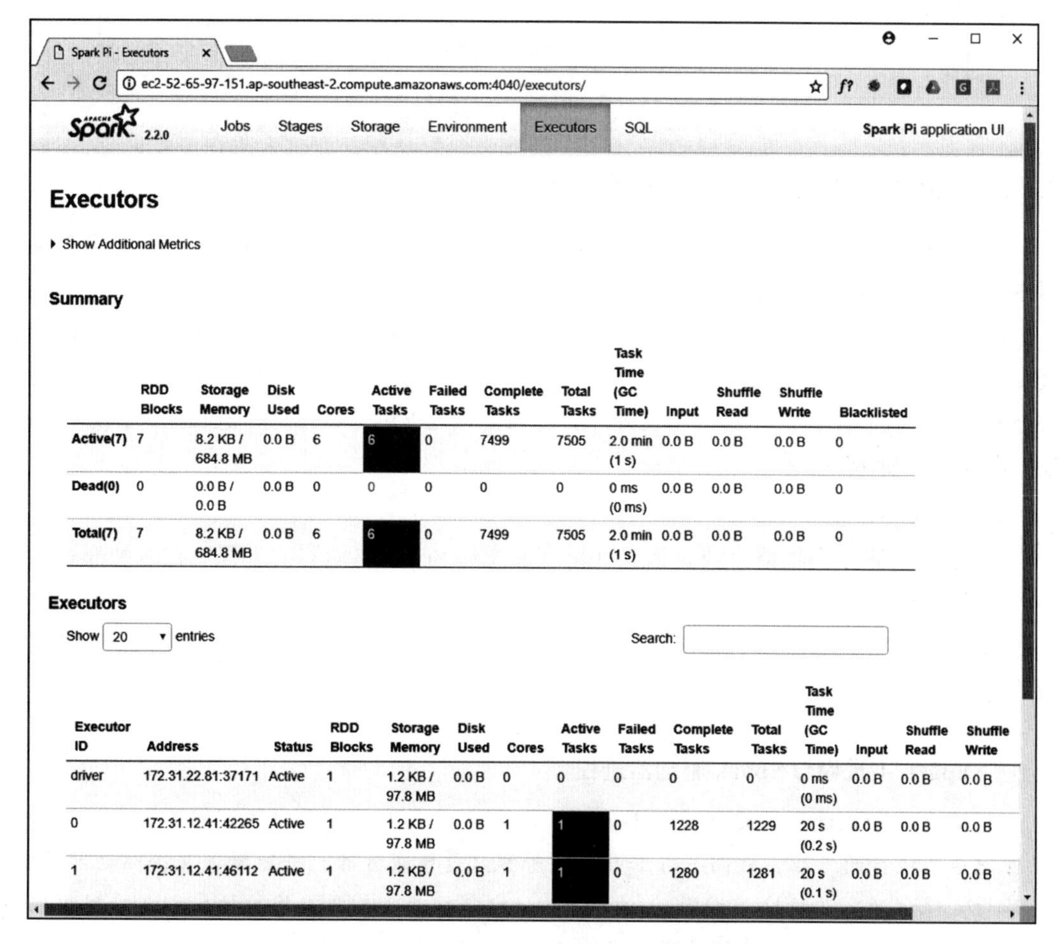

图 3.4　Spark 应用用户界面的执行器标签页

对于 Spark 独立集群的部署方式来说，工作节点会在端口 8081 上提供用户界面，如图 3.5 所示。

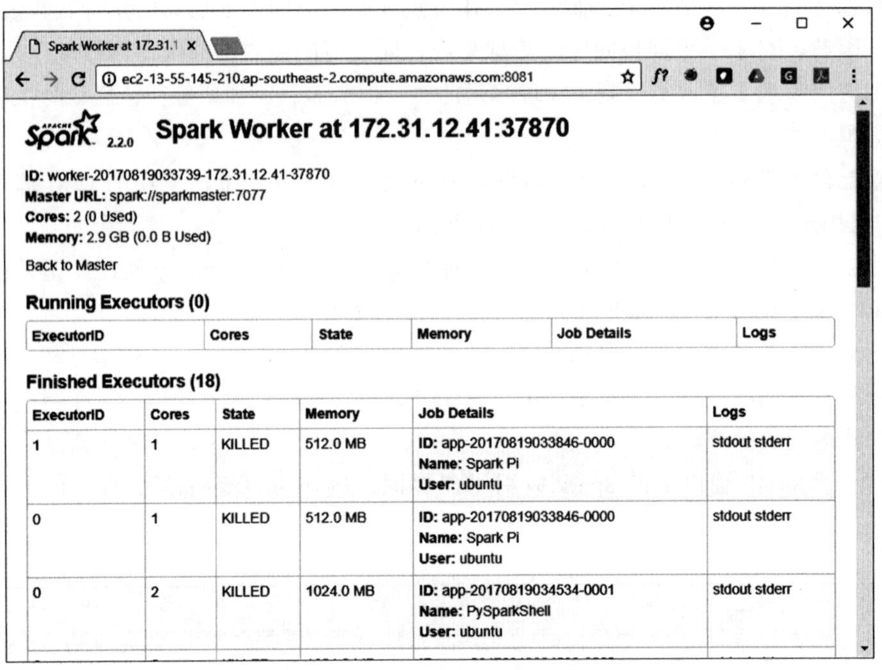

图 3.5 Spark 工作节点用户界面

3.1.3 Spark 主进程与集群管理器

Spark 驱动器进程对运行 Spark 应用所需的任务集进行规划和协调。任务本身则在执行器中运行，而执行器运行在工作节点上。

执行器利用分布式集群的资源运行，在 YARN 或者 Mesos 模式下，这些运行执行器的资源被称为容器。主进程与集群管理器是对分布式集群的资源进行监控、占用以及分配的核心进程。主进程和集群管理器可以是分开的进程，有时也可以合在一个进程里，比如以独立集群模式运行 Spark 时。

1. Spark 主进程

Spark 主进程是向集群申请资源，并把资源交给 Spark 驱动器的进程。在各种部署模式中，主进程都向工作节点（从节点）请求资源（容器），并跟踪它们的状态，监控执行进度。

当以独立集群模式运行 Spark 时，Spark 主进程在主节点的 8080 端口上提供了一个网页版的用户界面，如图 3.6 所示。

> **Spark 主进程与 Spark 驱动器进程**
>
> 驱动器和主进程的运行时功能需要重点区分。主进程这个叫法可能会让人以为这是管理应用执行的进程，然而并非如此。主进程只是请求资源，并把资源交给驱动器进程。尽管主进程还会监控这些资源的健康状态，但它并不会参与应用的执行以及应用内任务和阶段间的协调。这些是驱动器进程的工作。

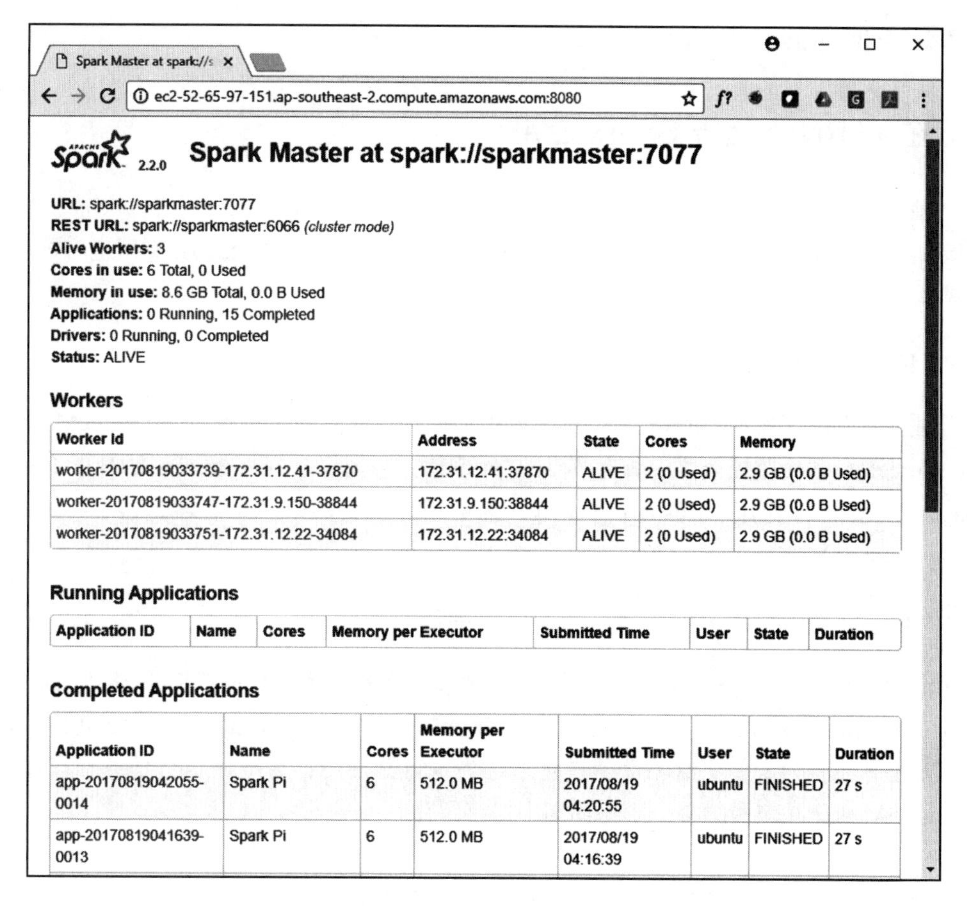

图 3.6　Spark 主进程用户界面

2. 集群管理器

集群管理器是负责监控工作节点并在主进程请求时在工作节点上预留资源，然后主进程就把这些集群资源以执行器的形式交给驱动器进程使用。

如前所述，集群管理器可以独立于主进程。在 Mesos 或者 YARN 上运行 Spark 就是这样。如果以独立集群模式运行 Spark，那么主进程也会提供集群管理器的功能。实际上就是主进程充当了自己的集群管理器。

我们以在 Hadoop 集群上运行 Spark 应用时 YARN 的 ResourceManager 为例来介绍集群管理器。ResourceManager 调度和分配 YARN 的 NodeManager 内运行的容器，并监控容器的健康状态。Spark 应用使用这些容器来托管执行器进程，如果应用以集群模式运行，那么主进程也会运行在容器中。稍后再详细介绍这一点。

3.2　使用独立集群的 Spark 应用

在第 2 章中，我们已经介绍了以独立集群调度器部署 Spark 的方式。在其中的一个练习里，我们也部署了一个具有完整功能的 Spark 独立集群。之前介绍过，在以独立模式部署的 Spark 集群里，Spark 主进程会兼任集群管理器，管理集群中可用的资源，并把资源交给驱动器进程[⊖]，以供 Spark 应用使用。

3.3 在 YARN 上运行 Spark 应用

如前所述，Hadoop 是 Spark 常用的部署平台。一些业界专家认为 Spark 很快会取代 MapReduce 成为 Hadoop 上首选的应用处理平台。YARN 集群中的 Spark 应用也有同样的运行时架构，不过在实现上略有不同。

3.3.1 ResourceManager 作为集群管理器

与独立集群调度器不同的是，YARN 集群中的集群管理器是 YARN 的 ResourceManager 组件。ResourceManager 监控集群中所有节点的资源用量和剩余量。客户端向 YARN 的 ResourceManager 提交 Spark 应用。ResourceManager 为应用分配它的第一个容器，这个特殊的容器就是 ApplicationMaster。

3.3.2 ApplicationMaster 作为 Spark 主进程

ApplicationMaster 是 Spark 的主进程。和其他的集群部署模式中的主进程一样，ApplicationMaster 在应用的驱动器进程和集群管理器（在此情况下即 ResourceManager）之间协调资源，然后把这些资源（容器）交给驱动器进程来作为执行器使用，为应用执行任务和存储数据。ApplicationMaster 在应用的整个生命周期中保持留驻。

3.4 在 YARN 上运行 Spark 应用的部署模式

向 YARN 集群提交 Spark 应用时有两种部署模式：客户端模式和集群模式。现在分别介绍它们。

3.4.1 客户端模式

在客户端模式中，驱动器进程在提交应用的客户端机器上运行。本质上，它是不受集群管理的：如果驱动器的主机发生故障，那么应用也就失败了。交互式 shell 会话（pyspark、spark-shell 等）和非交互式应用提交（spark-submit）都支持客户端模式。程序清单 3.2 展示了如何以客户端部署模式启动 pyspark 会话。

程序清单 3.2　YARN 集群的客户端部署模式

```
$SPARK_HOME/bin/pyspark \
--master yarn-client \
--num-executors 1 \
--driver-memory 512m \
--executor-memory 512m \
--executor-cores 1
# 或者
```

⊖ 原书这里写的是把资源交给主进程，这显然不符合独立集群的情况，估计是原作者笔误。——译者注

```
$SPARK_HOME/bin/pyspark \
--master yarn \
--deploy-mode client \
--num-executors 1 \
--driver-memory 512m \
--executor-memory 512m \
--executor-cores 1
```

图 3.7 是在 YARN 集群上以客户端模式运行 Spark 应用的示意图。

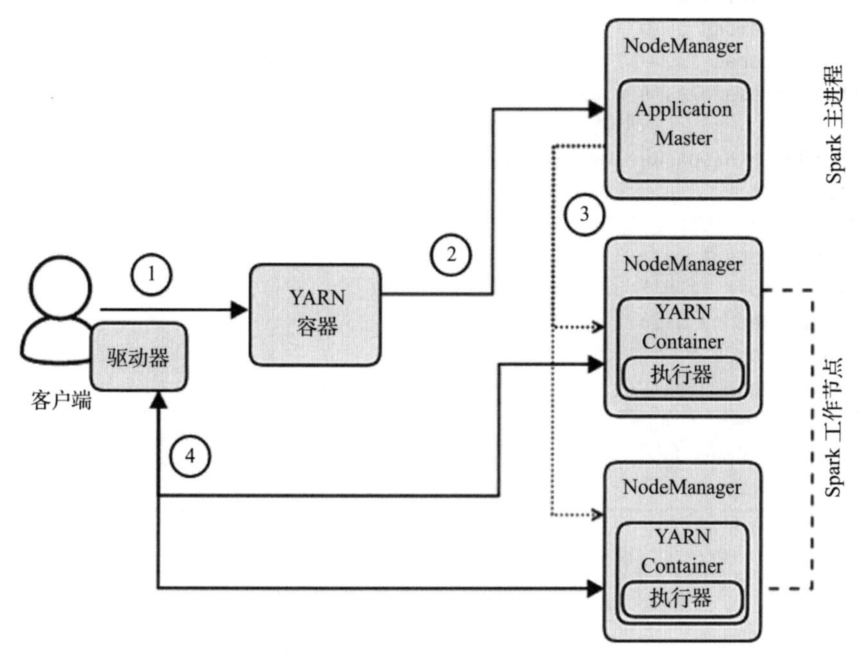

图 3.7　以 YARN 集群客户端模式运行的 Spark 应用

图 3.7 展示的步骤具体如下所述：

1）客户端把 Spark 应用提交到集群管理器（YARN 的 ResourceManager）上。驱动器进程、SparkSession 对象和 SparkContext 对象都在客户端创建并运行。

2）ResourceManager 为应用分配出一个 ApplicationMaster（Spark 的主进程）。

3）ApplicationMaster 向 ResourceManager 请求容器，以作为执行器使用。当容器被分配出来时，对应的执行器就生成了。

4）驱动器进程位于客户端，它与执行器通信来安排 Spark 程序中任务和阶段的处理。驱动器进程把 Spark 应用的进度、结果以及状态返回给客户端。

客户端模式是最简单的部署模式。但是，这种模式缺乏大多数生产级应用所需的弹性。

3.4.2　集群模式

与客户端部署模式相反，当 Spark 应用以集群模式运行在 YARN 集群上时，驱动器进程会在集群内作为 ApplicationMaster 的子进程运行。这种模式提供了更好的弹性，如果包含驱动器进程的 ApplicationMaster 进程挂掉，集群还可以在另一个节点上重启它。

程序清单 3.3 展示了如何使用 spark-submit 命令以集群模式向 YARN 集群提交应用。由于驱动器进程是运行在集群中的一个异步进程，因此集群模式无法支持交互式 shell 应用（pyspark 和 spark-shell）。

程序清单 3.3　YARN 集群的集群部署模式

```
$SPARK_HOME/bin/spark-submit \
--master yarn-cluster \
--num-executors 1 \
--driver-memory 512m \
--executor-memory 512m \
--executor-cores 1
$SPARK_HOME/examples/src/main/python/pi.py 10000
# 或者
$SPARK_HOME/bin/spark-submit \
--master yarn \
--deploy-mode cluster \
--num-executors 1 \
--driver-memory 512m \
--executor-memory 512m \
--executor-cores 1
$SPARK_HOME/examples/src/main/python/pi.py 10000
```

图 3.8 提供了 Spark 应用在 YARN 集群上以集群模式运行的概览。

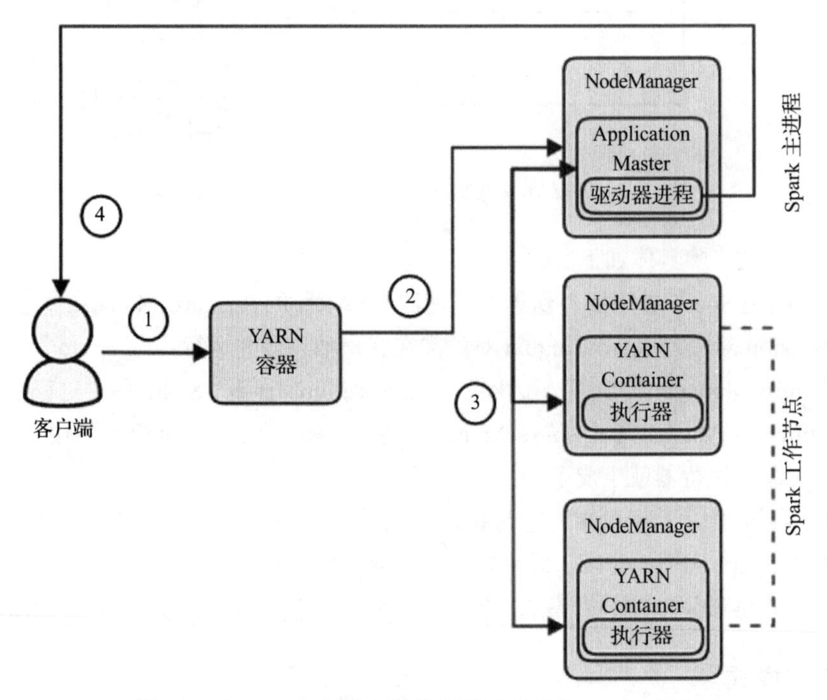

图 3.8　在 YARN 集群上以集群模式运行的 Spark 应用

图 3.8 展示的步骤具体如下所述：

1）客户端是调用 spark-submit 的用户进程，它把 Spark 应用提交到集群管理器（YARN

的 ResourceManager）上。

2）ResourceManager 为应用分配出一个 ApplicationMaster（Spark 的主进程）。驱动器进程在集群的同一个节点上创建。

3）ApplicationMaster 向 ResourceManager 请求容器，以作为执行器使用。ResourceManager 把容器分配给 ApplicationMaster，执行器就在这些容器内生成。然后驱动器与执行器通信来安排 Spark 程序中任务和阶段的处理。

4）驱动器进程运行在集群中的某个节点上，它将 Spark 应用的进度、结果以及状态返回给客户端。

前面所介绍的 Spark 应用的网页用户界面运行在集群内 ApplicationMaster 所运行的主机上，而 YARN 的 ResourceMananger 用户界面提供了指向 Spark 应用用户界面的链接。

3.4.3　回顾本地模式

在本地模式下，驱动器、主进程、执行器都运行在同一个 JVM 中。本章已经介绍过，这种形式对于开发、单元测试，还有调试，都是很有用的，但是对于运行生产环境的应用还有不足之处，因为这种形式不是分布式的，无法伸缩扩展。另外，本地模式下 Spark 应用中失败的任务默认不会重新执行。当然，这部分行为也是可以通过重载来避免的。

在以本地模式运行 Spark 时，应用的用户界面可以通过 http://localhost:4040 进行访问。在本地模式下，主进程用户界面和工作节点用户界面不可以访问。

3.5　本章小结

在本章中，你已经学习了 Spark 运行时的应用和集群架构、Spark 应用的组件，还有这些组件的功能。Spark 应用的组件包括驱动器进程、主进程、集群管理器和一组执行器。客户端通过交互式 shell 或 spark-submit 脚本在启动 Spark 应用时与驱动器进程交互。驱动器进程负责创建 SparkSession 对象（任何 Spark 应用的入口）并且创建由任务和阶段组成的 DAG 来规划整个应用。驱动器进程与主进程通信，然后主进程去与集群管理器通信，分配出应用运行所需的资源（容器），然后执行器进程会在容器内运行。执行器进程是对应到具体应用的，可以用于执行该应用的各种任务，它们还会存储已完成任务的输出数据。不管使用哪种集群资源调度器（Spark 独立集群、YARN、Mesos 或其他），Spark 的运行时架构本质上都是一样的。

现在我们已经探索过了 Spark 的集群架构，那么是时候把理论知识代入到实践中去了，就从下一章开始吧！

第4章

Spark编程基础

空谈太廉价，凭代码说话。

——美籍芬兰裔，Linux创造者林纳斯·托瓦兹

本章提要

- 弹性分布式数据集（RDD）
- 如何读取数据到Spark RDD中
- RDD的转化操作与行动操作
- 如何操作多个RDD

既然已经介绍了Spark的运行时架构以及如何部署Spark，是时候学习用Python编写Spark程序了，让我们从基础开始。本章讨论Spark编程和执行中最基本的概念：弹性分布式数据集（Resilient Distributed Dataset，RDD）。你还会了解如何使用Spark API，包括基本的Spark转化操作和行动操作以及它们的用法。这一章内容比较丰富，读起来比较辛苦，但是在读完本章后，你就有了创建Spark应用所需的所有基础知识。

4.1 RDD简介

RDD是Spark编程中最基本的数据对象。RDD是Spark应用中的数据集，无论是最初加载的数据集，还是任何中间结果的数据集，或是最终的结果数据集，都是RDD。大多数Spark应用从外部数据加载RDD，然后对已有的RDD进行操作来创建新的RDD。这些操作就是**转化操作**（transformation）。这个过程不断重复，直到需要进行输出操作为止，比如把应用的结果写入文件系统这样，这种操作则是**行动操作**（action）。

RDD本质上是对象分布在各节点上的集合，用来表示Spark程序中的数据。在PySpark中，RDD是由分布在各节点上Python对象组成的，这里的对象可以是列表、元组、字典等。RDD内部的对象与列表中的元素一样，可以是任何类型的对象。它可以是原生数据类型如整型、浮点数、字符串等，也可以是复杂类型如元组、字典或列表等。如果使用Scala或者Java的API，RDD则分别由Scala或Java对象组成。

尽管可以选择把RDD持久化到硬盘，RDD主要还是存储在内存中，至少是预期存储在内存中。因为Spark最初的用例之一就是支持机器学习，所以Spark的RDD提供了一种有限制的共享内存，这样Spark可以让连续和迭代的操作更高效地重用数据。

另外，Hadoop的MapReduce实现的一大缺点就是它把中间数据持久化到硬盘上，并在运行时在节点间拷贝数据。虽然MapReduce的这种共享数据的分布式处理方式确实提供了弹性和容错性，但是它牺牲了低延迟。这种设计的局限性是Spark项目诞生的主要催化剂之一。随着数据量和数据实时处理与洞察的必要性不断提高，Spark这种以内存处理为主的基于RDD的处理框架逐渐流行起来。

术语**弹性分布式数据集**是对这一概念的精确而简洁的描述。下面对这个术语进行拆解：

- **弹性**：RDD是有弹性的，意思就是说如果Spark中一个执行任务的节点丢失了，数据集依然可以被重建出来。这是因为Spark有每个RDD的谱系，也就是从头构建RDD的步骤。
- **分布式**：RDD是分布式的，RDD中的数据被分到至少一个分区中，在集群上跨工作节点分布式地作为对象集合保存在内存中。本章已经提到过，RDD提供了高效的共享内存以便在不同节点（工作节点）上进程（执行器）间交换数据。
- **数据集**：RDD是由记录组成的数据集。记录是数据集中可以唯一区分的数据的集合。一条记录可以是由几个字段组成的，这类似于关系型数据库里面表中的行，或是文件中的一行文本，或其他的一些格式中类似的结构。RDD的各分区包含不同的一部分记录，可以独立进行操作。这也是第一章所介绍的**无共享**原则的一个例子。

RDD的另一个关键特性是不可变，也就是说，在实例化出来并导入数据后，就无法更新了。每次对已有RDD进行转化操作（map或filter）都会生成新的RDD，这一点本章稍后还会进一步介绍。

行动操作是RDD的另一种可用操作。行动操作产生的输出可以是把RDD中的数据以某种形式返回到驱动器程序，也可以是把RDD的内容保存到文件系统（本地文件系统、HDFS、S3及其他一些文件系统均可）。还有很多其他的行动操作，比如返回RDD中记录的条数。

程序清单4.1展示了一个Spark示例程序，它把数据加载到RDD中，接着使用转化操作filter创建了一个新的RDD，然后使用行动操作把得到的结果RDD保存到硬盘上。我们将在本章中依次介绍其中的各个操作。

程序清单4.1 在日志文件中搜索错误输出的PySpark示例程序

```
# 从本地文件系统读取日志文件
logfilesrdd = sc.textFile("file:///var/log/hadoop/hdfs/hadoop-hdfs-*")
# 从日志记录中筛选出错误级别的日志
onlyerrorsrdd = logfilesrdd.filter(lambda line: "ERROR" in line)
# 将onlyerrorsrdd存储为文件
onlyerrorsrdd.saveAsTextFile("file:///tmp/onlyerrorsrdd")
```

要想进一步了解RDD的相关概念，可以阅读加州大学伯克利分校的论文《Resilient Distributed Datasets: A Fault-Tolerant Abstraction for In-Memory Cluster Computing》。

4.2　加载数据到 RDD

在用数据填充 RDD 后，再创建 RDD 就很快了。在 Spark 程序中，对已有 RDD 进行转化操作的结果会成为新的 RDD。

要开始一个 Spark 程序，你需要从外部源的数据初始化出至少一个 RDD。接下来通过一系列转化操作和行动操作，用这个初始 RDD 创建更多的中间结果 RDD，以及最终的 RDD。初始 RDD 可以使用以下几种方式创建：

- 从文件中读取数据。
- 从 SQL 或 NoSQL 数据存储等数据源读取数据。
- 通过编程加载数据。
- 从流数据中读取数据，详见第 7 章。

4.2.1　从文件创建 RDD

Spark 提供了从文件创建 RDD 的 API，这里的文件可以是单个文件、一组文件，也可以是一个目录。文件可以是多种格式的，比如非结构化的文本文件，诸如 JSON 这种半结构化的文件，也可以是诸如 CSV 文件之类的结构化数据源。Spark 也支持集中常见的序列化过的二进制编码文件格式，比如 SequenceFiles 和 protocol buffer（protobuf）文件，还有 Parquet 和 ORC 等列式存储文件格式（后面会进一步介绍）。

1. Spark 与文件压缩

Spark 原生支持几种无损压缩格式。Spark 可以从几种常见的压缩格式的文件中无缝读取数据，这些压缩格式包括 GZIP 和 ZIP（或其他使用 DEFLATE 压缩算法的压缩包），还有 BZIP2 压缩包。

Spark 也提供原生的编码器，为数据压缩与解压提供支持，这样 Spark 就能读写压缩文件了。内置的编码器包括基于 LZ77 的无损压缩格式 LZ4 和 LZF，还有 Snappy。

Snappy 是 Google 开发的一种快速、可切分、低 CPU 消耗的数据压缩解压库，在 Hadoop 核心和生态圈项目中经常使用。在 Spark 内部，Snappy 是默认的压缩数据方式，比如在工作节点间通过网络交换 RDD 分区数据时。

> **可切分的压缩格式对比不可切分的压缩格式**
>
> 在使用 Spark 或 Hadoop 这种分布式处理平台时，我们有必要搞清楚可切分的压缩格式与不可切分的压缩格式的区别。
>
> 可切分的压缩格式内含有索引，因此它们可以在不破坏文档完整性的前提下进行切分。这样的切分一般都是在数据块的边界上。而不可切分的格式则没有索引而无法切分。这意味着一个不可切分的压缩文件必须在一个系统中完整地读入，因为它无法分布式读取。
>
> 像 ZIP 和 GZIP 这样的传统的桌面级压缩格式虽然可以实现较高的压缩率，但它们终究属于不可切分的压缩格式。对于存放查找数据的小文件，这种压缩也可以用，但是对于大一些的数据集来说，最好还是使用可切分的压缩格式，比如 Snappy 或 LZO。在某些情况下，最好在把数据接入到 HDFS 这样的分布式文件系统之前就完全解压文件。

2. RDD 的数据本地化

默认情况下，Spark 会尝试从靠近数据的节点读取数据。因为 Spark 访问的通常都是分区的分布式数据，比如 HDFS 或 S3 上的数据，所以 Spark 会创建分区来存放底层的分布式文件系统上的数据块，来优化转化操作的执行。图 4.1 描述了类似 HDFS 的分布式文件系统上一个文件中的数据块是如何成为工作节点上的 RDD 分区的过程，这些数据块和分区通常有相同的位置。

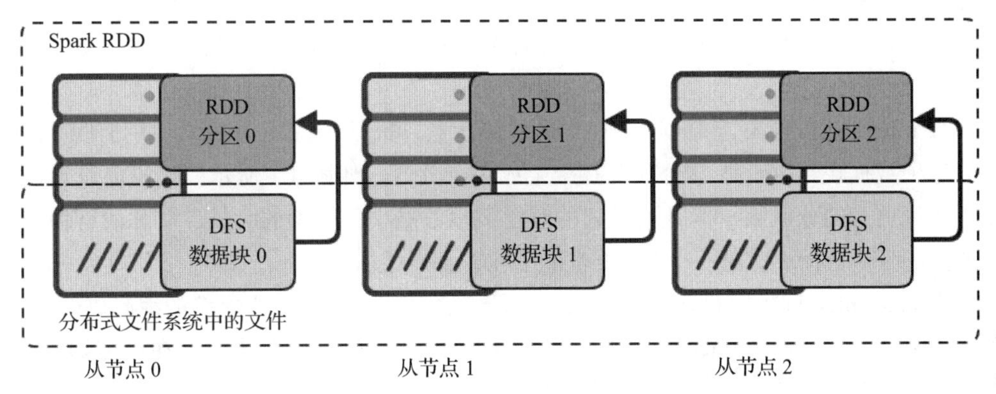

图 4.1　在分布式文件系统里从文本文件读取 RDD

> **从本地文件系统加载 RDD**
>
> 如果你没有使用分布式文件系统，比如要从本地文件系统的一个文件创建 RDD，则需要确保你要加载的文件在集群的所有工作节点的相同相对路径下可以访问到。否则，你会遇到如下错误：
>
> ```
> java.io.FileNotFoundException: File does not exist
> ```
>
> 因此，最好还是使用 HDFS 或 S3 这样的分布式文件系统来存放 Spark 中 RDD 要用的数据文件。这样只要先把本地文件系统中的文件上传到分布式系统，然后尽量从分布式文件创建 RDD。另一种替代本地文件系统的方式是使用共享的网络文件系统。

4.2.2　从文本文件创建 RDD

Spark 从文件中创建 RDD 的方法支持多种文件系统。URI 中的协议指定了对应的文件系统。协议就是“://”前面的前缀。最常见的协议就是网址所用的协议 http:// 和 https:// 了。表 4.1 总结了 Spark 支持的常见文件系统的协议与对应的 URI 结构。

表 4.1　文件系统协议与 URI 结构

文件系统	URI 结构
本地文件系统	file:///path
HDFS*	hdfs://hdfs_path
Amazon S3*	s3://bucket/path（也有使用 s3a 和 s3n）
OpenStack Swift*	swift://container.PROVIDER/path

* 需要设置文件系统配置参数

你可以使用文本文件，用下一节介绍的方法来创建 RDD。

1. textFile()

语法：

```
sc.textFile(name, minPartitions=None, use_unicode=True)
```

textFile() 方法可以用来从文件（压缩或未压缩）、目录、模式匹配路径（通配符匹配的一组文件）等创建 RDD。

如图 4.1 所示，参数 name 用来指定所需文件的路径或通配符表达式，包括文件系统协议在内。

参数 minPartitions 决定要创建的 RDD 的分区数。默认情况下，如果使用 HDFS，那么文件的每个数据块（一般是 128MB）都会生成一个分区，如图 4.1 所示。你可以设置比实际数据块数量更大的分区数，但是当设置的值比实际数据块数量少的时候，实际的行为就会和默认情况下一个数据块对应一个分区的情况没有区别。

参数 use_unicode 规定是使用 Unicode 编码还是 UTF-8 编码作为字符的编码协议。

minPartitions 和 use_unicode 参数可以不填，因为它们都有默认值。在大多数情况下，这些参数都不需要提供，除非你想要覆盖它们的默认值。

我们以图 4.2 所示的 Hadoop 文件系统目录为例。

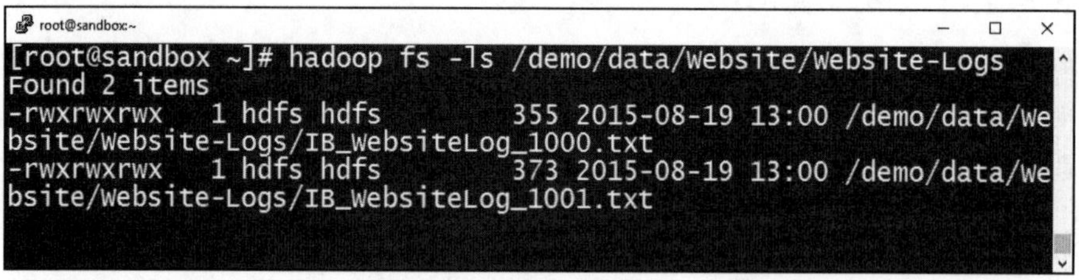

```
root@sandbox:~
[root@sandbox ~]# hadoop fs -ls /demo/data/Website/Website-Logs
Found 2 items
-rwxrwxrwx   1 hdfs hdfs        355 2015-08-19 13:00 /demo/data/We
bsite/Website-Logs/IB_WebsiteLog_1000.txt
-rwxrwxrwx   1 hdfs hdfs        373 2015-08-19 13:00 /demo/data/We
bsite/Website-Logs/IB_WebsiteLog_1001.txt
```

图 4.2　HDFS 目录遍历

要在 Spark 中从 HDFS 读取文件，必须在集群的所有工作节点上设置 HADOOP_CONF_DIR 环境变量。Hadoop 的配置目录中包含 Spark 连接对应的 HDFS 集群要用的一些信息。你可以使用 Spark 安装目录的 conf/ 目录下的 spark-env.sh 来自动设置这个环境变量。在 Linux 系统中设置这个环境变量的命令如下所示：

```
export HADOOP_CONF_DIR=/etc/hadoop/conf
```

程序清单 4.2 提供了使用 textFile() 方法从 HDFS 目录加载数据的示例。

程序清单 4.2　使用 textFile() 方法创建 RDD

```
# 读取整个目录下的内容
logs = sc.textFile("hdfs:///demo/data/Website/Website-Logs/")
# 读取单个文件
logs = sc.textFile("hdfs:///demo/data/Website/Website-Logs/IB_WebsiteLog_1001.txt")
# 使用通配符读取文件
logs = sc.textFile("hdfs:///demo/data/Website/Website-Logs/*_1001.txt")
```

在程序清单 4.2 的这些示例中，每个示例都创建了一个名为 logs 的 RDD，这个 RDD 中文件的每行数据都代表 RDD 的一条记录。

2. wholeTextFiles()

语法：

```
sc.wholeTextFiles(path, minPartitions=None, use_unicode=True)
```

可以用 wholeTextFiles() 方法来读取包含多个文件的整个目录。每个文件会作为一条记录，其中文件名是记录的键，而文件的内容是记录的值。而使用 textFile() 方法读入一个目录下所有的文件时，每个文件的每一行都成为了一条单独的记录，而该行数据属于哪个文件的信息没有保留。在事件处理场景中，我们用不到源文件名，因为记录包含时间戳字段。

因为使用 wholeTextFile() 时，每条记录都包含整个文件的内容，所以这个方法只能用于小文件。参数 minPartitions 和 use_unicode 与使用 textFile() 时的用法类似。

程序清单 4.3 使用图 4.2 展示的 HDFS 目录提供了 wholeTextFiles() 方法的一个示例。

程序清单 4.3　使用 wholeTextFile() 方法创建 RDD

```
# 把整个目录的内容加载为键值对
logs = sc.wholeTextFiles("hdfs:///demo/data/Website/Website-Logs/")
```

让我们通过一个例子来展示 textFile() 方法与 wholeTextFiles() 方法的区别。你可以在自己的 Spark 环境里尝试这个示例。Spark 安装目录下有个名字为 licenses 的目录，里面包含 Spark 项目所使用的所有开源项目（比如 Scala）的授权文件。

程序清单 4.4 通过使用 licenses 目录作为文本文件数据源，展示了 textFile() 方法与 wholeTextFiles() 方法的区别。

程序清单 4.4　对比 textFile() 方法与 wholeTextFiles() 方法

```
# 把整个目录的内容加载到名为licensefiles的RDD内
licensefiles = sc.textFile("file:///opt/spark/licenses/")
# 查看创建出的对象
licensefiles
# 返回:
#   file:///opt/spark/licenses/ MapPartitionsRDD[1] at textFile at
#   NativeMethodAccessorImpl.java:0
licensefiles.take(1)
# 返回一个列表，其中包含从该目录读取的第一个文件的第一行:
#  [u'The MIT License (MIT)']
licensefiles.getNumPartitions()
# 该目录中的每个文件都生成了一个对应分区，因此这里的返回值为36
licensefiles.count()
# 这个行动操作会计算所有文件中行数的总数，在这个例子里的返回值是1075

# 现在让我们对同一个路径使用wholeTextFiles()方法进行类似的操作
licensefile_pairs = sc.wholeTextFiles("file:///opt/spark/licenses/")
# 查看创建出的对象
licensefile_pairs
# 返回:
```

```
#   org.apache.spark.api.java.JavaPairRDD@3f714d2d
licensefile_pairs.take(1)
# 以由元组组成的列表返回RDD里的第一个键值对，其中键对应一个文件，而键值对的值是文件的全部内容：
#   [(u'file:/opt/spark/licenses/LICENSE-scopt.txt', u'The MIT License (MIT)\n...)..]
licensefile_pairs.getNumPartitions()
# 该方法创建的RDD只有一个分区，该目录中每个文件对应其中的一个键值对，所以返回1
licensefile_pairs.count()
# 这个行动操作会计算文件的数量，也就是键值对的个数在这个例子中，返回值为36
```

4.2.3　从对象文件创建 RDD

Spark 支持几种常见的对象文件的实现。术语**对象文件**（object file）指序列化后的数据结构，通常无法直接阅读，为数据提供结构或上下文，使得平台对数据的访问更加高效。

sequence 文件是 Hadoop 中常用的编码后的序列化文件。你可以使用 sequenceFile() 方法创建 RDD。还有一个类似的方法叫作 hadoopFile()（为了节约篇幅，本书中不会详细介绍 sequence 文件，因为它需要很多关于 Hadoop 里序列化的背景知识，而这些背景知识超出了本书的范畴）。

另外，Spark 也支持读写 Pickle 文件，它是 Python 专用的序列化格式。objectFile() 方法也对序列化过的 Java 对象提供了类似的功能。

Spark 也能原生支持 JSON 文件，不久之后就会介绍。

4.2.4　从数据源创建 RDD

在 Spark 程序中，经常需要以数据库为数据源读取数据到 RDD，作为历史数据、主数据、参考数据或查找数据。这种数据可以来自各种托管系统和数据库平台，包括 Oracle、MySQL、Postgres，以及 SQL Server 等。

与使用外部文件创建 RDD 一样，使用外部数据库（比如 MySQL 数据库）中的数据创建 RDD 也会尝试把数据放到跨工作节点的多个分区中。这样可以最大化处理时的并发程度，尤其是第一个阶段。另外，如果你对表进行划分（一般按照键的空间划分），把表分到不同的分区，这些分区也可以并行加载，每个分区负责读取不重复的一部分数据。这个概念展示在图 4.3 中。

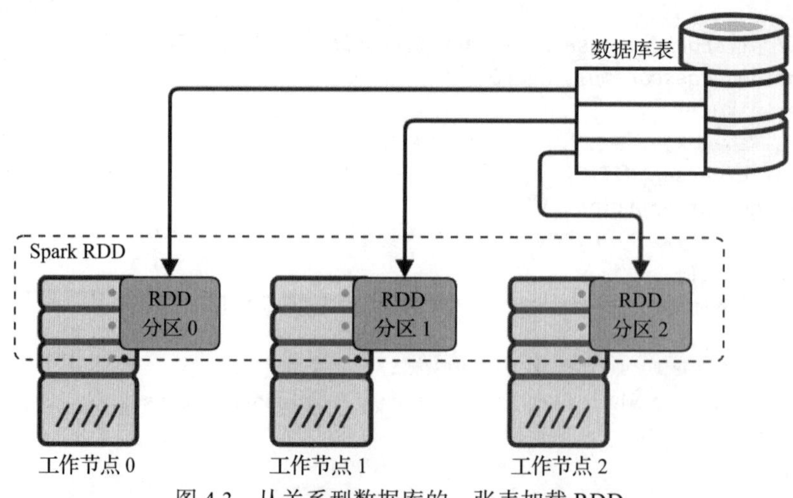

图 4.3　从关系型数据库的一张表加载 RDD

使用关系型数据库的表或者查询创建 RDD，最好使用 SparkSession 对象里的函数。回顾一下，SparkSession 是在 Spark 中操作包括表型数据在内的各种类型的数据的入口。SparkSession 对象提供了 read 函数，返回一个 DataFrameReader 对象。接下来就可以用这个对象把数据读取到 DataFrame 中，DataFrame 是一种特殊的 RDD 类型，在旧版本中称为 SchemaRDD（第 6 章会详细介绍 DataFrame）。

read() 方法提供了 jdbc 函数，可以连接到任何兼容 Java 数据库连接（Java Database Connectivity，JDBC）的数据源并收集数据。

> **JDBC**
>
> Java 数据库连接（JDBC）是一组常用的 Java API，它可以访问各种（主要是关系型）数据库管理系统（DBMS），提供连接或断开数据库管理系统以及执行查询的函数。数据库供应商一般会提供通过 JDBC 访问它们的数据库平台的驱动或连接器。因为 Spark 进程在 Java 虚拟机（JVM）内运行，所以原生支持使用 JDBC。

以一个叫作 mysqlserver 的 MySQL 服务器为例，它包含一个名为 employees 的数据库，其中有一个叫作 employees 的表。表 employees 有一个主键，叫作 emp_no，它是用来把该表按键空间进行划分的一个逻辑候选。要通过 JDBC 访问 MySQL 数据库，你需要启动 pyspark，并在驱动器进程的类路径中提供 mysql-connector.jar。mysql-connector.jar 是一种连接器，连接器一般可以从目标数据库平台供应商的网站上下载。程序清单 4.5 展示了这样的一个例子。

程序清单 4.5　启动 pyspark 并附带 JDBC 版的 MySQL 连接器的 JAR 文件

```
# 下载目标数据库最新版的jdbc连接器，以如下方式加入命令：
$SPARK_HOME/bin/pyspark \
--driver-class-path mysql-connector-java-5.*-bin.jar \
--master local
```

当你启动一个交互式或非交互式的 Spark 应用，并带上目标数据库相关的 JDBC 连接库时，就可以使用 DataFrame 读取器对象的 jdbc 方法了。

read. jdbc()

语法：

```
spark.read.jdbc(url, table,
    column=None,
    lowerBound=None,
    upperBound=None,
    numPartitions=None,
    predicates=None,
    properties=None)
```

参数 url 和 table 指定了要读取的数据库和表。

参数 column 帮助 Spark 选择出适当的列来分出 numPartitions 指定的分区数，这个列最好是长整型或整型的。参数 upperBound 和 lowerBound 会和 column 参数共同帮助 Spark 创建分区。它们表示源表指定列的最小值和最大值。如果调用 read.jdbc() 时使用了这几个参数中的任意一个，那么就必须提供这些参数中所有的其他几个。

可选参数 predicates 让用户可以带上 WHERE 条件来在加载分区时过滤一些不需要的记录。你可以使用参数 properties 来向 JDBC API 传递参数，比如数据库的用户身份验证信息。如果要使用的话，这个参数的值需要是 Python 的字典类型，也就是各种配置项的名字和对应值组成的集合。

程序清单 4.6 展示了如何使用 read.jdbc() 方法创建 RDD。

程序清单 4.6 使用 read.jdbc() 从 JDBC 数据源读取数据

```
employeesdf = spark.read.jdbc(url="jdbc:mysql://localhost:3306/employees",
    table="employees",column="emp_no",numPartitions="2",lowerBound="10001",
    upperBound="499999",properties={"user":"<user>","password":"<pwd>"})
employeesdf.rdd.getNumPartitions()
# 应该返回2，因为我们指定了numPartitions=2
```

函数 read.jdbc() 返回一个 DataFrame（一个可以执行 SQL 查询的特殊的 Spark 对象），如程序清单 4.7 所示。

程序清单 4.7 对 Spark 中的 DataFrame 执行 SQL 查询

```
sqlContext.registerDataFrameAsTable(employeesdf, "employees")
df2 = spark.sql("SELECT emp_no, first_name, last_name FROM employees LIMIT 2")
df2.show()
# 会返回“优雅打印”的结果集，类似下面这样：
#+------+----------+---------+
#|emp_no|first_name|last_name|
#+------+----------+---------+
#| 10001|    Georgi|  Facello|
#| 10002|   Bezalel|   Simmel|
#+------+----------+---------+
```

> **使用 read.jdbc() 函数创建过多分区**
>
> 注意在从关系型数据源加载 DataFrame 时不要指定过多分区数。每个分区在一个工作节点上运行，会单独连接到 DBMS，并查询数据集里它专属的那一部分。如果有成百上千的分区，可能会导致被误认为是对托管的数据库系统进行的分布式拒绝访问（DDoS）攻击。

4.2.5 从 JSON 文件创建 RDD

JSON 是一种常用的数据交换格式。JSON 是一种“自描述”的格式，它可以直接阅读，常用于网络服务和 RESTful API 中返回响应数据。JSON 对象也可以作为数据源，可以通过 Spark 入口 SparkSession 对象提供的 read.json() 进行访问。

read.json()

语法：

```
spark.read.json(path, schema=None)
```

参数 path 指定了指向要作为数据源的 JSON 文件的完整路径。你可以使用可选的 schema 参数指定创建 DataFrame 的目标结构。

以一个名为 people.json 的 JSON 文件为例，其中包含人员名字，一部分人员还有年龄数据。该文件刚好在 Spark 安装目录的 examples 目录中，如图 4.4 所示。

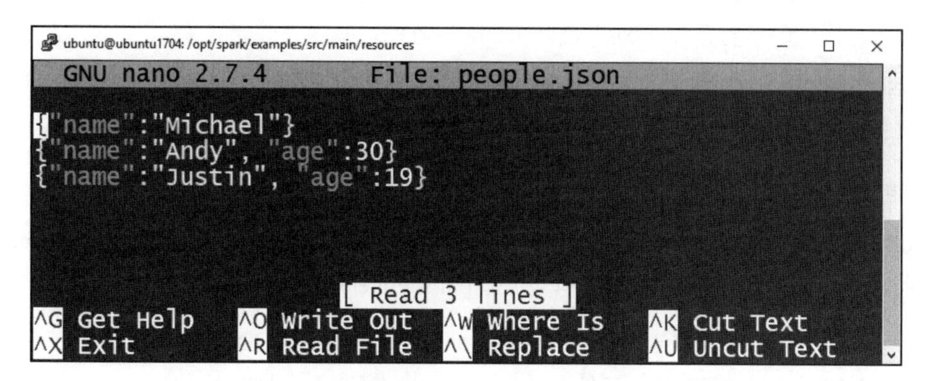

图 4.4 JSON 文件

程序清单 4.8 展示了如何使用 people.json 文件创建一个名为 people 的 DataFrame。

程序清单 4.8 从 JSON 文件创建 DataFrame 并操作

```
people = spark.read.json("/opt/spark/examples/src/main/resources/people.json")
# 查看创建出的对象
people
# 注意所创建的DataFrame对象具有下列结构:
# DataFrame[age: bigint, name: string]
# 该结构是从对象中推断出来的
people.dtypes
# dtypes方法返回列名和数据类型。在这个例子里，它会返回:
#[('age', 'bigint'), ('name', 'string')]
people.show()
# 你应该看到下列输出
#+----+-------+
#| age|   name|
#+----+-------+
#|null|Michael|
#|  30|   Andy|
#|  19| Justin|
#+----+-------+
# 和所有的DataFrames一样，你可以对它们执行SQL查询，如下所示
sqlContext.registerDataFrameAsTable(people, "people")
df2 = spark.sql("SELECT name, age FROM people WHERE age > 20")
df2.show()
# 你应该会看到下列结果输出
#+----+---+
#|name|age|
#+----+---+
#|Andy| 30|
#+----+---+
```

4.2.6　通过编程创建 RDD

我们也可以通过编程，使用程序中的数据创建 RDD，无论数据是列表、数组，还是集合。我们提供的数据会和前面介绍的方法一样被分区并分发。但是以此方式创建 RDD 的用途有限，因为这要求整个数据集在一个系统的内存中存在或创建。下面的几段介绍了 SparkContext 提供的从程序中的列表创建 RDD 的方法。

1. parallelize()

语法：

```
sc.parallelize(c, numSlices=None)
```

parallelize() 方法要求列表已经创建好，并作为 c 参数（c 表示集合）传入。参数 numSlices 指定了所需创建的分区数量。程序清单 4.9 是 parallelize() 方法的一个示例。

程序清单 4.9　使用 parallelize() 方法创建 RDD

```
parallelrdd = sc.parallelize([0, 1, 2, 3, 4, 5, 6, 7, 8])
parallelrdd
# 注意创建出来的RDD的类型：
# ParallelCollectionRDD[0] at parallelize at PythonRDD.scala:423
parallelrdd.count()
# 这个行动操作会返回9，因为9是给定集合的元素个数
parallelrdd.collect()
# 会把该分布式集合以列表的形式返回，如下所示：
# [0, 1, 2, 3, 4, 5, 6, 7, 8]
```

2. range()

语法：

```
sc.range(start, end=None, step=1, numSlices=None)
```

range() 方法会生成一个列表，并从这个列表创建并分发 RDD。参数 start、end、step 定义了一个数值序列，而 numSlices 指定了所需的分区数量。程序清单 4.10 展示了 range() 方法的一个示例。

程序清单 4.10　使用 range() 方法创建 RDD

```
# 创建了一个包含从0开始每次加1的1000个整型值的RDD分布在两个分区中
range_rdd = sc.range(0, 1000, 1, 2)
range_rdd
# 注意类型为PythonRDD，因为range是Python的原生函数
# PythonRDD[1] at RDD at PythonRDD.scala:43
range_rdd.getNumPartitions()
# 应该返回2，因为指定了numSlices=2
range_rdd.min()
# 应该返回0，因为这是start参数指定的
range_rdd.max()
# 应该返回999，因为这是从0开始每次加1的序列中的第1000个
range_rdd.take(5)
# 应该返回[0, 1, 2, 3, 4]
```

4.3 RDD 操作

现在你已经了解了如何创建 RDD，包括从各种文件系统创建 RDD，从关系型数据源创建 RDD，或者以编程方式创建 RDD，接下来介绍对 RDD 可以进行的操作，以及 RDD 的一些核心概念。

4.3.1 RDD 核心概念

现在来复习一下，Spark 中的转化操作是操作 RDD 并返回一个新 RDD 的函数，而行动操作是操作 RDD 并返回一个值或进行输出。下面会讲两者的很多示例，但需要先介绍两个概念：粗粒度转化操作与惰性求值。

粗粒度转化操作对比细粒度转化操作

对 RDD 进行的操作被认为是粗粒度的，因为这些操作会把函数（比如稍后将介绍的 map 或 filter 函数）作用于数据集里的每一个元素，并返回转化操作应用后得到的新数据集。与粗粒度转化操作相反的是细粒度转化操作，它可以操控单条记录或单元格，比如关系型数据库里面单条记录的更新，或 NoSQL 数据库中的 put 操作。粗粒度转化操作在概念上与 Hadoop 里 MapReduce 编程模型的实现类似。

1. 转化操作、行动操作、惰性求值

转化操作是对 RDD 进行的产生新 RDD 的操作。常见的转化操作包括 map 和 filter 函数。下面的例子展示了对已有 RDD 进行转化操作而产生的新 RDD：

```
originalrdd = sc.parallelize([0, 1, 2, 3, 4, 5, 6, 7, 8])
newrdd = originalrdd.filter(lambda x: x % 2)
```

originalrdd 源于并行化的数字集合。接着转化操作 filter() 应用到 originalrdd 的每个元素，来略过集合中的所有偶数。这个转化操作生成了名为 newrdd 的新 RDD。

与返回新 RDD 对象的转化操作相反，行动操作向驱动器程序返回值或数据。常见的行动操作包括 reduce()、collect()、count()，还有 saveAsTextFile()。下面的例子使用行动操作 collect() 展示 newrdd 的内容：

```
newrdd.collect() # 返回[1, 3, 5, 7]
```

在处理 Spark 程序时，Spark 使用**惰性求值**（lazy evaluation），也叫作**惰性执行**（lazy execution）。惰性求值将处理过程推到调用行动操作时（也就是需要进行输出时）。这可以轻松地使用交互式 shell 展示出来，你可以接连输入多个对 RDD 的转化操作方法，没有任何实际处理会发生。实际上，每个语句仅仅解析了语法和引用的对象。在请求了类似 count() 或 saveAsTextFile() 这样的行动操作后，Spark 会创建出 DAG 图以及逻辑执行计划和物理执行计划。接下来驱动器进程就跨执行器协调并管理计划的执行。

惰性求值让 Spark 可以尽可能组合各种操作，这样可以减少处理的阶段，在数据**混洗**（shuffle）的过程里最小化在 Spark 执行器间传输的数据量。

2. RDD 持久化与重用

RDD 主要创建和存在于执行器的内存中。默认情况下，RDD 是易逝对象，仅在需要的时候存在。在它们被转化为新的 RDD 并不被其他操作所依赖后，这些 RDD 就被永久地删除了。如果一个 RDD 在多个行动操作中用到，就会产生问题，因为这个 RDD 每次都需要整个重新求值。解决这个问题的一种方式就是使用 persist() 方法缓存或持久化 RDD。

程序清单 4.11 和程序清单 4.12 展示了持久化 RDD 的作用。

程序清单 4.11　将未持久化的 RDD 用于多个行动操作

```
numbers = sc.range(0, 1000000, 1, 2)
evens = numbers.filter(lambda x: x % 2)
noelements = evens.count()
# 处理evens RDD
print "There are %s elements in the collection" % (noelements)
# 返回"There are 500000 elements in the collection"
listofelements = evens.collect()
# 再次处理evens RDD
print "The first five elements include " + (str(listofelements[0:5]))
# 返回"The first five elements include [1, 3, 5, 7, 9]"
```

程序清单 4.12　将持久化的 RDD 用于多个行动操作

```
numbers = sc.range(0, 1000000, 1, 2)
evens = numbers.filter(lambda x: x % 2)
evens.persist()
# 指示Spark在下一个行动操作需要evens RDD时进行持久化
noelements = evens.count()
# 处理evens RDD并持久化在内存中
print "There are %s elements in the collection" % (noelements)
# 返回"There are 500000 elements in the collection"
listofelements = evens.collect()
# 不用重新计算evens RDD
print "The first five elements include " + (str(listofelements[0:5]))
# 返回"The first five elements include [1, 3, 5, 7, 9]"
```

如果使用 persist() 方法（注意还有个类似的 cache() 方法）请求了持久化 RDD，RDD 就会在第一个行动操作调用它之后，驻留在集群里参与对其求值的各节点的内存中。你可以在 Spark 应用用户界面的 Storage（存储）标签页看到持久化的 RDD，如图 4.5 所示。

3. RDD 谱系

Spark 维护每个 RDD 的谱系，也就是获取这个 RDD 所需的一系列转化操作的序列。前面介绍过，默认情况下每个 RDD 操作都会重新计算整个谱系，除非调用了 RDD 持久化。

在一个 RDD 的谱系里，每个 RDD 都有父 RDD 或子 RDD。Spark 创建由 RDD 之间的依赖关系组成的有向无环图（DAG）。RDD 分阶段处理，这些阶段就是转化操作的集合。RDD 之间的依赖关系可以是窄依赖，也可以是宽依赖。

窄依赖，也叫作**窄操作**（narrow operation），可以根据下列特性区分出来：

- 多个操作可以合并为一个阶段，比如对同一个数据集进行的 map() 操作和 filter() 操作可以在数据集的各元素的一轮遍历中处理。

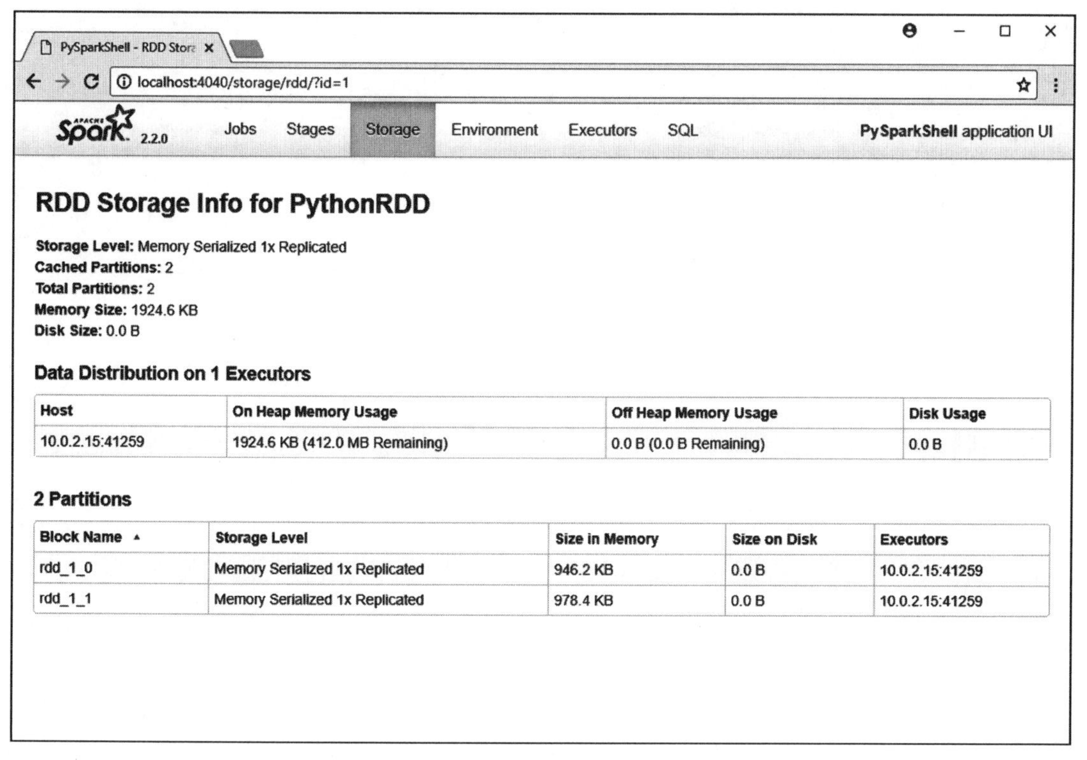

图 4.5　Spark 应用用户界面的存储标签页

- 子 RDD 仅依赖于一个父 RDD，比如一个从文本文件创建的 RDD（父 RDD）与一个在一个阶段内完成一组转化操作的子 RDD。
- 不需要进行节点间的数据混洗。

窄操作是比较好的，因为它们能最大化地并行执行，同时最小化数据混洗，而数据混洗是开销很大的操作，而且可能成为执行的瓶颈。

宽依赖，也就是**宽操作**（wide operation），有下列特性：

- 宽操作定义出新的阶段并通常需要数据混洗。
- RDD 有多个依赖，比如 join() 操作（很快会讲到）里一个 RDD 需要依赖两个或更多的父 RDD。

宽操作在分组、归约、连接数据集时无法避免，但你应该了解使用这些操作的影响和代价。

谱系可以通过 Spark 应用用户界面的“Jobs”（作业）或“Stages”（阶段）详情页面的“DAG Visualization”（DAG 可视化）可选链接可视化呈现。图 4.6 展示了一个宽操作对应的具有多个阶段的 DAG 图（在这个例子中是 reduceByKey() 操作）。

4. RDD 容错性

Spark 记录了每个 RDD 的谱系，包括所有父 RDD 的谱系，以及父 RDD 的父 RDD 的谱系，以此类推。当发生崩溃时，比如一个节点崩溃时，任何 RDD 都可以把它的全部分区重建为原来的状态。因为 RDD 是分布式的，所以 RDD 可以容忍并从任何单节点崩溃的情况下恢复。

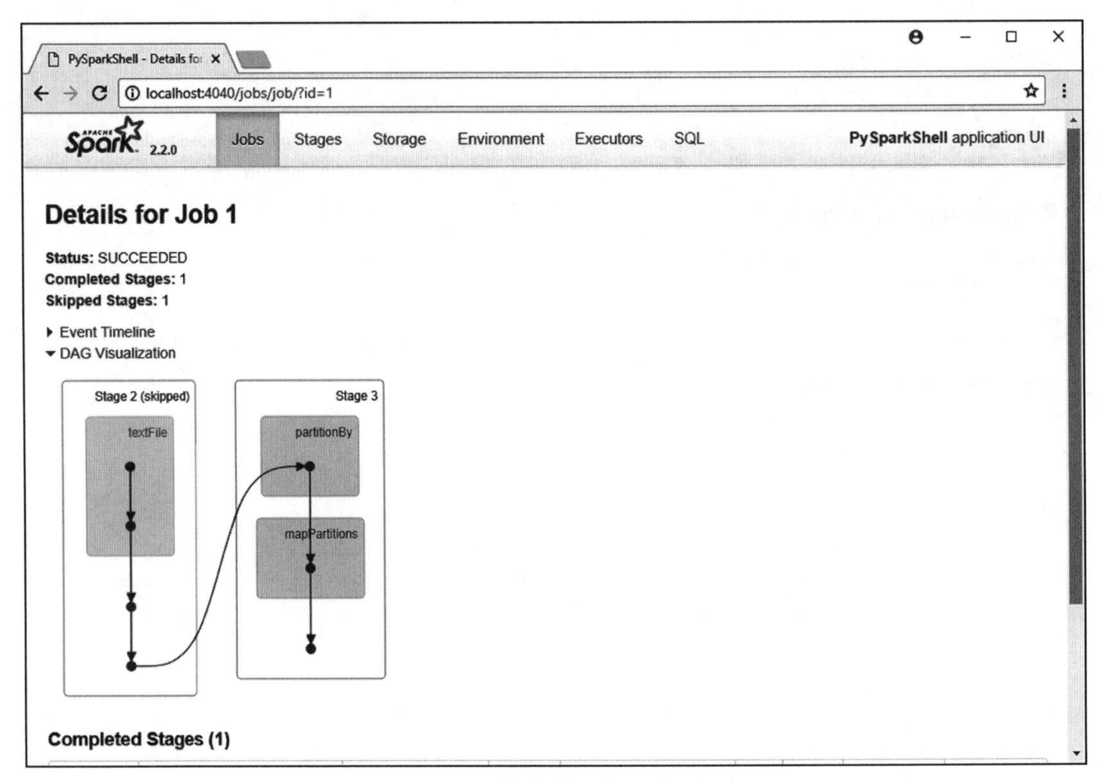

图 4.6　Spark 应用用户界面中可视化的 DAG 图

> **非确定性函数与容错性**
>
> 对于相同输入可能产生不同输出的函数是非确定性函数，比如 random()。在 Spark 程序中使用非确定性函数会影响重建状态一致可重复的 RDD 的功能。如果你把非确定性函数作为条件，进一步影响程序的逻辑或流程的话，情况就更复杂了。在实现非确定性函数时一定要小心。

你可以通过检查点机制避免复杂处理操作过长的恢复过程，也可以把数据保存到基于文件的持久化对象来避免（第 5 章会介绍检查点机制）。

5. RDD 的类型

除了包含所有 RDD 通用的成员（属性与函数）的基本 RDD 类以外，还有一些特殊的 RDD 实现，它们可以支持额外的操作符和函数。这些 RDD 包括下列附加类型：

- PairRDD：由键值对组成的 RDD。你已经见过这种 RDD 了，使用 wholeTextFile() 方法创建的就是这种类型的 RDD。
- DoubleRDD：仅由一组双精度浮点数组成的 RDD。因为值都是同样的数值类型，所以这种 RDD 提供了附加的统计函数，包括 mean()、sum()、stdev()、variance()，还有 histogram() 等。
- DataFrame（旧版本中被称为 SchemaRDD）：按一组有固定名字和类型的列来组织的分布式数据集。DataFrame 等价于 Spark SQL 中的关系型表。DataFrames 可以从前面介绍的 read.jdbc() 和 read.json() 函数创建。

- SequenceFileRDD：从压缩的或未压缩的 SequenceFile 创建出的 RDD。
- HadoopRDD：使用第一版的 MapReduce API，提供读取存储在 HDFS 上的数据的核心功能的 RDD。
- NewHadoopRDD：使用新版 API（org.apache.hadoop.mapreduce）提供读取存储在 Hadoop 上的数据（比如 HDFS 里的数据、HBase 里的数据，或是存在 S3 里的数据）的核心功能的 RDD。
- CoGroupedRDD：对多个父 RDD 进行共同分组得到的 RDD。对于父 RDD 的每个键，产生的 RDD 中都对应一个元组，其中包含由键对应的值组成的列表（我们会在本章稍后介绍 cogroup() 函数）。
- JdbcRDD：从 JDBC 连接进行 SQL 查询获得的 RDD。它只能在 Scala API 中使用。
- PartitionPruningRDD：用来裁剪 RDD 分区以避免在所有分区上启动任务的 RDD。比如，如果你知道一个 RDD 是根据范围来分区的，而要执行的 DAG 里有一个特定键的过滤器，你可以避免在那些范围没有涵盖这个键的分区上启动任务。
- ShuffledRDD：数据混洗产生的 RDD，比如对数据进行重新分区。
- UnionRDD：对两个以上的 RDD 进行 union() 操作产生的 RDD。

还有其他的一些 RDD 变种，包括 ParallelCollectionRDD 和 PythonRDD，它们分别由前面介绍过的 parallelize() 函数和 range() 函数生成。

纵观本书，除了基本的 RDD 类，你主要会用到 PairRDD、DoubleRDD，还有 DataFrame 这几个 RDD 类，但是我们需要熟悉各个 RDD 类型。关于 RDD 类型的文档以及更多详情，可以在 Spark 的 Scala 语言的 API 文档中找到，具体请访问 https://spark.apache.org/docs/latest/api/scala/index.html。

4.3.2 基本的 RDD 转化操作

最常使用的函数包括 map()、flatMap()、filter()，还有 distinct()，这些都会在接下来的几节中介绍。你还会了解到 groupBy() 函数和 sortBy() 函数，它们常被其他函数实现。对数据进行分组是执行类似求和、计数等聚合操作或总结操作中常用的前置操作。对数据进行排序则是另一个有用的操作，比如准备输出数据或者查看数据集中最大或最小值时。如果你有关系型数据库的编程经验，那么你应该不会对 groupBy() 函数和 sortBy() 函数感到陌生，因为它们和 SQL 中的 GROUP BY 和 ORDER BY 是类似的。

1. map()

语法：

```
RDD.map(<function>, preservesPartitioning=False)
```

转化操作 map() 是所有转化操作中最基本的。它将一个具名函数或匿名函数对数据集内所有的元素进行求值。一个或多个 map() 函数可以异步执行，因为它们不会产生副作用，不需要维护状态，也不会尝试与别的 map() 操作通信或同步。也就是说，这是无共享的操作。

参数 preservesPartitioning 是可选的，为 Boolean 类型的参数，用于定义了分区规则的

RDD，它们有定义好的键，并按照键的哈希值或范围进行了分组。它们一般是键值对 RDD（本章稍后会进一步介绍）。如果这个参数被设为 True，这些分区会保持完整。这个参数可以被 Spark 调度器用于优化后续操作，比如基于分区的键进行的连接操作。

在图 4.7 中，转化操作 map() 对输入的每条记录计算同一个函数，并生成转化后的输出记录。在这个例子中，split 函数接收一个字符串，生成一个列表，输入数据中的每个字符串元素都被映射为输出数据中的一个列表元素。这样，产生的结果为一个列表的列表。

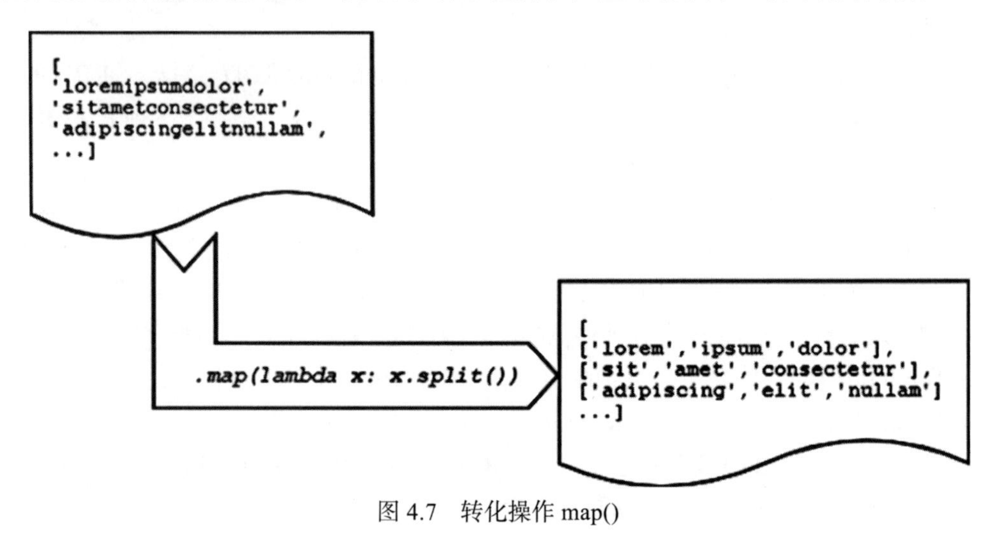

图 4.7　转化操作 map()

2. flatMap()

语法：

```
RDD.flatMap(<function>, preservesPartitioning=False)
```

转化操作 flatMap() 和转化操作 map() 类似，它们都将函数作用于输入数据集的每一条记录。但是，flatMap() 还会“拍平”输出数据，这表示它会去掉一层嵌套。比如，给定一个包含字符串列表的列表，“拍平”操作会产生一个由字符串组成的列表，也就是“拍平”了所有嵌套的列表。图 4.8 展示了使用转化操作 flatMap() 的效果，其中使用的匿名（lambda）函数与图 4.7 展示的 map() 操作所使用的相同。注意，每个字符串并没有产生一个对应的列表对象，所有的元素拍平到一个列表中。换句话说，这个例子里的 flatMap() 产生了一个组合的列表作为输出，而不是 map() 示例中那个列表的列表。

flatMap() 中的参数 preservesPartitioning 与 map() 函数中的作用完全一样。

3. filter()

语法：

```
RDD.filter(<function>)
```

转化操作 filter 将一个 Boolean 类型的表达式对数据集里的每个元素进行求值，这个表达式通常用匿名函数表示。返回的布尔值决定了该记录是否被包含在产生的输出 RDD 里。这也是常用的转化操作，用于从 RDD 中移除不需要的记录作为中间结果，或者移除不需要放在最终输出里的记录。

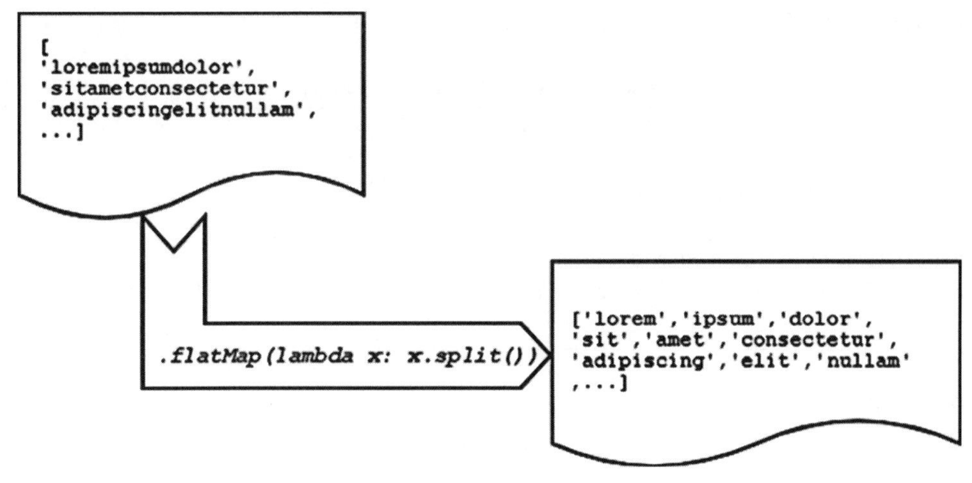

图 4.8 转化操作 flatMap()

程序清单 4.13 展示了同时使用转化操作 map()、flatMap() 和 filter() 把输入的文本转为小写的示例。这个例子使用 map() 和 flatMap() 把文本切分为单词组成的列表，然后使用 filter() 返回筛选出的长度超过四个字符（事实上，下面的例子是筛选了长度超过 12 个字符的单词）的单词。

程序清单 4.13 转化操作 map()、flatMap() 和 filter()

```
licenses = sc.textFile('file:///opt/spark/licenses')
words = licenses.flatMap(lambda x: x.split(' '))
words.take(5)
# 返回[u'The', u'MIT', u'License', u'(MIT)', u'']
lowercase = words.map(lambda x: x.lower())
lowercase.take(5)
# 返回[u'the', u'mit', u'license', u'(mit)', u'']
longwords = lowercase.filter(lambda x: len(x) > 12)
longwords.take(2)
# 返回[u'documentation', u'merchantability,']
```

在大数据编程中有一条公理："尽量早过滤，尽量多过滤。"这代表了处理时带着不需要的记录或字段是毫无价值的。filter() 和 map() 函数都可以用来实现这个目标。话虽如此，在大多数情况下 Spark 会通过它核心的运行时特性惰性执行，尝试为用户优化执行过程，即使用户没有明确地这么做。

4. distinct()

语法：

```
RDD.distinct(numPartitions=None)
```

转化操作 distinct() 返回一个新的 RDD，其中仅包含输入 RDD 中去重后的元素。它可以用来去除重复的值。重复的值指数据集里一条记录有和另一条记录完全相同的元素或字段。参数 numPartitions 可以把数据重新分区为给定的分区数量。如果没有提供这个参数或是使用了默认值，那么转化操作 distinct() 返回的分区数和输入的 RDD 的分区数保持一致。

程序清单 4.14 展示了 distinct() 函数的用法。

程序清单 4.14　转化操作 distinct()

```
licenses = sc.textFile('file:///opt/spark/licenses')
words = licenses.flatMap(lambda x: x.split(' '))
lowercase = words.map(lambda x: x.lower())
allwords = lowercase.count()
distinctwords = lowercase.distinct().count()
print "Total words: %s, Distinct Words: %s" % (allwords, distinctwords)
# 返回"Total words: 11484, Distinct Words: 892"
```

5. groupBy()

语法：

```
RDD.groupBy(<function>, numPartitions=None)
```

转化操作 groupBy() 返回一个按指定函数对元素进行分组的 RDD。参数 <function> 可以是具名函数，也可以是匿名函数，用来确定对所有元素进行分组的键，或者指定用于对元素进行求值以确定其所属分组的表达式，比如可以根据数值字段的奇偶对元素进行分组。

你可以使用参数 numPartitions，通过计算分组函数输出的键空间的哈希值，以自动创建指定数量的分区。例如，如果你想要对一个 RDD 按在一周中属于哪一天进行分组，并分别处理每一天，请指定 numPartitions=7。你会看到 Spark 的很多转化操作都可以指定 numPartitions，而且它的行为都是类似的。

程序清单 4.15 展示了 groupBy 函数的用法。注意 groupBy() 返回的是一个可迭代对象，本章稍后会介绍如何处理这种类型的对象。

程序清单 4.15　使用 groupBy() 函数对 Spark 中的数据进行分组

```
licenses = sc.textFile('file:///opt/spark/licenses')
words = licenses.flatMap(lambda x: x.split(' ')) \
             .filter(lambda x: len(x) > 0)
groupedbyfirstletter = words.groupBy(lambda x: x[0].lower())
groupedbyfirstletter.take(1)
# 返回:
# [('l', <pyspark.resultiterable.ResultIterable object at 0x7f678e9cca20>)]
```

考虑使用其他函数对数据进行分组

如果使用 groupBy() 的最终目的是要对值进行聚合，比如在执行 sum() 或 count() 操作时，你应该选择 Spark 中更高效的运算符来实现，包括 aggregateByKey() 和 reduceByKey()，稍后会介绍它们。转化操作 groupBy() 在混洗数据前不会进行任何聚合操作，这会导致需要混洗的数据量更大。另外，groupBy() 还要求一个键对应的全部值可以放入内存中。转化操作 groupBy() 在某些场景下还是有用的，但是在决定使用它之前，还是考虑一下这些因素吧。

6. sortBy()

语法：

```
RDD.sortBy(<keyfunc>, ascending=True, numPartitions=None)
```

转化操作 sortBy() 将 RDD 按照 <keyfunc> 参数选出的指定数据集的键进行排序。它根据键对象的类型的顺序进行排序。例如，整型 int 和双精度浮点型 double 的数据类型按照数值进行排序，而字符串类型 String 则按照字典序进行排序。

参数 ascending 是布尔类型的参数，默认为 True，指定所使用的排序顺序。如果要使用降序，需要设置 ascending=False。

程序清单 4.16 展示了 sortBy() 函数的一个示例。

程序清单 4.16　使用 sortBy() 函数对数据进行排序

```
readme = sc.textFile('file:///opt/spark/README.md')
words = readme.flatMap(lambda x: x.split(' ')) \
              .filter(lambda x: len(x) > 0)
sortbyfirstletter = words.sortBy(lambda x: x[0].lower(), ascending=False)
sortbyfirstletter.take(5)
# 返回['You', 'you', 'You', 'you', 'you']
```

4.3.3　基本的 RDD 行动操作

我们复习一下，Spark 中的行动操作要么返回值，比如 count()；要么返回数据，比如 collect()；要么保存数据到外部，比如 saveAsTextFile()。在所有情况中，行动操作都会对 RDD 及其所有父 RDD 强制进行计算。一些行动操作返回计数，或是数据的聚合值，或是 RDD 中全部或部分数据。与这些不同的是，行动操作 foreach() 会对 RDD 中的每个元素执行一个函数。接下来的几节会介绍 Spark 核心 API 中一些基本的行动操作。

1. count()

语法：

```
RDD.count()
```

行动操作 count() 不接收参数，返回一个 long 类型的值，代表 RDD 中元素的个数。程序清单 4.17 展示了 count() 的一个简单示例。注意，对于不接收参数的行动操作，你需要在行动操作名后带上空的括号 ()。

程序清单 4.17　行动操作 count()

```
licenses = sc.textFile('file:///opt/spark/licenses')
words = licenses.flatMap(lambda x: x.split(' '))
words.count()
# 返回11484
```

2. collect()

语法：

```
RDD.collect()
```

行动操作 collect() 向 Spark 驱动器进程返回一个由 RDD 中所有元素组成的列表。因为 collect() 没有限制输出，导致输出量可能相当大，从而有可能会导致驱动器进程发生内存超限的错误。它一般只用在小规模 RDD 或开发中。程序清单 4.18 演示了行动操作 collect()。

程序清单 4.18　行动操作 collect()

```
licenses = sc.textFile('file:///opt/spark/licenses')
words = licenses.flatMap(lambda x: x.split(' '))
words.collect()
# 返回[u'The', u'MIT', u'License', u'(MIT)', u'', u'Copyright', ...]
```

3. take()

语法：

```
RDD.take(n)
```

行动操作 take() 返回 RDD 的前 *n* 个元素。选取的元素没有特定的顺序。事实上，行动操作 take() 返回的元素是不确定的，这意味着再次运行同一个行动操作时，返回的元素可能会不同，尤其是在完全分布式的环境中。有一个 Spark 函数 takeOrdered() 与此类似，不过它选择按照提供的键函数求出的键排序的前 *n* 个元素。

对于横跨超过一个分区的 RDD，take() 会扫描一个分区，并使用该分区的结果来预估还需扫描多少分区才能满足获取所要求数量全部的值。

程序清单 4.19 展示了行动操作 take() 的一个示例。

程序清单 4.19　行动操作 take()

```
licenses = sc.textFile('file:///opt/spark/licenses')
words = licenses.flatMap(lambda x: x.split(' '))
words.take(3)
# 返回[u'The', u'MIT', u'License']
```

4. top()

语法：

```
RDD.top(n, key=None)
```

行动操作 top() 返回一个 RDD 中的前 *n* 个元素，但是和 take() 不同的是，如果使用 top()，元素会排序并按照降序输出。顺序是由对象类型决定的，比如整型会使用数值顺序，而字符串类型会使用字典序。

参数 key 指定了按照什么对结果进行排序以返回前 *n* 个元素。这是一个可选的参数，如果没有提供，会使用根据 RDD 的元素所推断出来的键。

程序清单 4.20 展示了一个文本文件内去重后按字典序降序排序的前三个单词。

程序清单 4.20　行动操作 top()

```
readme = sc.textFile('file:///opt/spark/README.md')
words = readme.flatMap(lambda x: x.split(' '))
words.distinct().top(3)
# 返回[u'your', u'you', u'with']
```

5. first()

语法：

```
RDD.first()
```

行动操作 first() 返回 RDD 中的第一个元素。与行动操作 take() 和 collect() 类似，与行动操作 top() 不同，first() 不考虑元素的顺序，是一个非确定性的操作，尤其在完全分布式的环境中。

如程序清单 4.21 所示，first() 和 take(1) 最主要的区别在于 first() 返回一个原子的数据元素，而 take()（即使 $n = 1$）返回的是由数据元素组成的列表。行动操作 first() 在查看开发中 RDD 的输出结果或进行数据探索时比较有用。

程序清单 4.21 行动操作 first()

```
readme = sc.textFile('file:///opt/spark/README.md')
words = readme.flatMap(lambda x: x.split(' ')) \
     .filter(lambda x: len(x) > 0)
words.distinct().first()
# 返回字符串：u'project.'
words.distinct().take(1)
# 返回包含一个字符串的列表：[u'project.']
```

行动操作 reduce() 和 fold() 是执行聚合的行动操作，它们都执行满足交换律和 / 或结合律的操作，比如对 RDD 里的一列值求和。这里**交换律**（commutative）和**结合律**（associative）是运算中的术语。这表示操作与执行的顺序无关。这是分布式处理所要求的，因为在分布式处理中，顺序无法保证。下面是交换律的通用形式：

$$x + y = y + x$$

而结合律的通用形式为：

$$(x + y) + z = x + (y + z)$$

下面的几小节将介绍 Spark 中用于聚合的主要行动操作。

6. reduce()

语法：

```
RDD.reduce(<function>)
```

行动操作 reduce() 使用指定的满足交换律和 / 或结合律的运算符来归约 RDD 中的所有元素。参数 <function> 指定接收两个输入的匿名函数 (lambda x, y: ...)，它表示来自指定 RDD 的序列中的值。程序清单 4.22 展示了使用 reduce() 操作对一列数求和的例子。

程序清单 4.22 使用行动操作 reduce() 对 RDD 中的值进行求和

```
numbers = sc.parallelize([1,2,3,4,5,6,7,8,9])
numbers.reduce(lambda x, y: x + y)
# 返回45
```

7. fold()

语法：

```
RDD.fold(zeroValue, <function>)
```

行动操作 fold() 使用给定的 function 和 zeroValue 把 RDD 中每个分区的元素聚合，然后把每个分区的聚合结果再聚合。尽管 reduce() 和 fold() 的功能相似，但它们还是有区别的，fold() 不满足交换律，因此需要给定第一个值和最后一个值（zeroValue）。一个简单的例子就是使用 zeroValue=0 的行动操作 fold()，如程序清单 4.23 所示。

程序清单 4.23　行动操作 fold()

```
numbers = sc.parallelize([1,2,3,4,5,6,7,8,9])
numbers.fold(0, lambda x, y: x + y)
# 返回45
```

程序清单 4.23 中的行动操作 fold() 看起来和程序清单 4.22 中的行动操作 reduce() 一模一样。然而，程序清单 4.24 清晰地展示了这两个行动操作的功能性区别。行动操作 fold() 要提供 zeroValue，加在行动操作 fold() 的输入的开头和结尾处，如下所示：

```
result  =  zeroValue  +  ( 1 + 2 ) + 3 . . .  + zeroValue
```

这使得 fold() 可以用于空的 RDD，而 reduce() 则会在遇到空 RDD 时抛出异常。

程序清单 4.24　行动操作 fold() 对比 reduce()

```
empty = sc.parallelize([])
empty.reduce(lambda x, y: x + y)
# 返回：
# ValueError: Cannot reduce() empty RDD
empty.fold(0, lambda x, y: x + y)
# 返回0
```

Spark 的 RDD API 中还有一个类似的行动操作 aggregate()。

8. foreach()

语法：

```
RDD.foreach(<function>)
```

行动操作 foreach() 把 <function> 参数指定的具名或匿名函数应用到 RDD 中的所有元素上。因为 foreach() 是行动操作而不是转化操作，你可以使用在转化操作中无法使用或不该使用的函数，比如 print() 函数。尽管 Python 的 lambda 函数不允许直接执行 print() 语句，你还是可以使用执行了 print() 的具名函数。程序清单 4.25 展示了这样的一个例子。

程序清单 4.25　行动操作 foreach()

```
def printfunc(x):
    print(x)
licenses = sc.textFile('file:///opt/spark/licenses')
longwords = licenses.flatMap(lambda x: x.split(' ')) \
          .filter(lambda x: len(x) > 12)
longwords.foreach(lambda x: printfunc(x))
# 返回：
# ...
# Redistributions
```

```
# documentation
# distribution.
# MERCHANTABILITY
# ...
```

4.3.4 键值对 RDD 的转化操作

键值对 RDD，也就是 PairRDD，它的记录由键和值组成。键可以是整型或者字符串对象，也可以是元组这样的复杂对象。而值可以是标量值，也可以是列表、元组、字典或集合等数据结构。这是在读时系统和 NoSQL 系统上进行各种结构化数据分析时常用的数据表示形式。PairRDD 及其成员函数是 Spark 函数式编程中不可或缺的。这些函数大致被分为如下四类：

- 字典函数
- 函数式转化操作
- 分组操作、聚合操作与排序操作
- 连接操作，会在下一节具体介绍

字典函数返回键值对 RDD 的键的集合或值的集合，比如 keys() 和 values()。

本章稍早曾介绍了其他的一些聚合操作，包括 reduce() 和 fold()。它们在概念上类似，都基于键对 RDD 进行聚合，但是有一个关键区别：reduce() 和 fold() 是行动操作，这意味着它们会进行强制计算并产生结果，而稍后要介绍的 reduceByKey() 和 foldByKey() 则是转化操作，这意味着它们是惰性求值的，返回的是新的 RDD。

1. keys()

语法：

```
RDD.keys()
```

keys() 函数返回键值对 RDD 中所有键组成的 RDD，或者说是由键值对 RDD 中每个二元组的第一个元素组成的 RDD。程序清单 4.26 演示了如何使用 keys() 函数。

程序清单 4.26 函数 keys()

```
kvpairs = sc.parallelize([('city','Hayward')
                         ,('state','CA')
                         ,('zip',94541)
                         ,('country','USA')])
kvpairs.keys().collect()
# 返回['city', 'state', 'zip', 'country']
```

2. values()

语法：

```
RDD.values()
```

values() 函数返回键值对 RDD 中所有值组成的 RDD，或者说是由键值对 RDD 中每个二元组的第二个元素组成的 RDD。程序清单 4.27 演示了如何使用 values() 函数。

程序清单 4.27　函数 values()

```
kvpairs = sc.parallelize([('city','Hayward')
                        ,('state','CA')
                        ,('zip',94541)
                        ,('country','USA')])
kvpairs.values().collect()
# 返回['Hayward', 'CA', 94541, 'USA']
```

3. keyBy()

语法：

```
RDD.keyBy(<function>)
```

转化操作 keyBy() 创建出由从 RDD 中的元素里提取的键与值组成的元组，其中 <function> 参数给定的函数将原元素转为输出元素的键，而原来的整个元组是输出的值。

我们以一个由位置信息组成的列表为例，其中位置信息是 city、country、location_no 这样的结构组成的三元组。假定你想把 location_no 字段作为键。程序清单 4.28 演示了如何使用 keyBy() 函数创建新的元组，其中第一个元素是键，第二个元素是值，也就是包含原始元组中所有字段的元组。

程序清单 4.28　转化操作 keyBy()

```
locations = sc.parallelize([('Hayward', 'USA', 1)
                          ,('Baumholder','Germany', 2)
                          ,('Alexandria','USA', 3)
                          ,('Melbourne','Australia', 4)])
bylocno = locations.keyBy(lambda x: x[2])
bylocno.collect()
# 返回:
#[(1, ('Hayward', 'USA', 1)), (2, ('Baumholder', 'Germany', 2)),
# (3, ('Alexandria', 'USA', 3)), (4, ('Melbourne', 'Australia', 4))]
```

注意程序清单 4.28 中的 x[2] 指列表 x 中的第三个元素，因为 Python 的列表元素的下标从 0 开始。

针对键值对 RDD 的函数式转化操作与前面介绍的那些更一般化的函数式转化操作类似，区别在于这些函数专门操作元组（这里就是键值对）中的键或者值。函数式的转化操作包括 mapValues() 和 flatMapValues()。

4. mapValues()

语法：

```
RDD.mapValues(<function>)
```

转化操作 mapValues() 把键值对 RDD 的每个值都传给一个函数（通过 <function> 参数指定的具名函数或匿名函数），而键保持不变。与更一般化的等价物 map() 类似，mapValues() 对于每个输入元素输出一个元素。

原 RDD 的分区方式不会改变。

5. flatMapValues()

语法：

```
RDD.flatMapValues(<function>)
```

转化操作 flatMapValues() 把键值对 RDD 的每个值都传给一个函数处理，而键保持不变，并生成拍平的列表。它和之前介绍的 flatMap() 非常相似，对于每个输入元素，返回 0 个乃至很多个输出元素。

与 mapValues() 很相似，使用 flatMapValues() 时会保留原 RDD 的分区情况。

区分 mapValues() 和 flatMapValues() 的最简单的方式是看一个具体的例子。我们以一个包含城市和用竖线分隔的温度列表的文本文件为例，如下所示：

```
Hayward,71|69|71|71|72
Baumholder,46|42|40|37|39
Alexandria,50|48|51|53|44
Melbourne,88|101|85|77|74
```

程序清单 4.29 模拟了把这份数据加载到 RDD 中，并使用 mapValues() 创建出一个由键值对二元组组成的列表，元组中包含城市和该城市对应温度的列表。它还展示了把同样的函数传给 flatMapValues()，操作同一个 RDD 的结果。这样创建出的二元组包含城市以及该城市对应的单个温度的值。

简单地说，mapValues() 针对每个城市创建了一个元素，其中包括城市名和城市对应的五个温度值组成的列表；而 flatMapValues() 拍平了列表，针对每个城市创建了五个元素，分别包含城市名和一个温度值。

程序清单 4.29　转化操作 mapValues() 与 flatMapValues()

```
locwtemps = sc.parallelize(['Hayward,71|69|71|71|72',
                            'Baumholder,46|42|40|37|39',
                            'Alexandria,50|48|51|53|44',
                            'Melbourne,88|101|85|77|74'])
kvpairs = locwtemps.map(lambda x: x.split(','))
kvpairs.take(4)
# 返回:
# [['Hayward', '71|69|71|71|72'],
#  ['Baumholder', '46|42|40|37|39'],
#  ['Alexandria', '50|48|51|53|44'],
#  ['Melbourne', '88|101|85|77|74']]
locwtemplist = kvpairs.mapValues(lambda x: x.split('|')) \
                      .mapValues(lambda x: [int(s) for s in x])
locwtemplist.take(4)
# 返回:
# [('Hayward', [71, 69, 71, 71, 72]),
#  ('Baumholder', [46, 42, 40, 37, 39]),
#  ('Alexandria', [50, 48, 51, 53, 44]),
#  ('Melbourne', [88, 101, 85, 77, 74])]
locwtemps = kvpairs.flatMapValues(lambda x: x.split('|')) \
```

```
                    .map(lambda x: (x[0], int(x[1])))
locwtemps.take(3)
# 返回:
# [('Hayward', 71), ('Hayward', 69), ('Hayward', 71)]
```

分组、聚合、排序等操作在功能上与前面介绍过的它们更一般化的版本（groupBy() 和 sortBy()）类似，区别还是在于这些函数专门操作由键值对组成的 RDD。

> **注意函数的重新分区和数据混洗效果**
>
> 部分函数可能会导致数据重新分区或带来数据混洗，比如 groupByKey() 和 reduceByKey()。数据混洗是代价比较大的操作，因为它需要在 Spark 执行器之间移动数据，而这些执行器常分布在不同的工作节点上。这些操作通常是必要且无法避免的，但在某些情况下，通过理解 RDD 谱系的计划和执行，我们能够优化这些操作。第 5 章会进一步讨论数据分区。

6. groupByKey()

语法：

```
RDD.groupByKey(numPartitions=None, partitionFunc=<hash_fn>)
```

转化操作 groupByKey() 将键值对 RDD 按各个键对值进行分组，把同组的值整合成一个序列。

参数 numPartitions 指定要创建多少个分区（也就是多少个分组）。分区使用 partitionFunc 参数的值创建，默认值为 Spark 内置的哈希分区函数。如果 numPartitions 为默认值 None，就使用系统默认的分区数（spark.default.parallelism）。

以程序清单 4.29 的输出为例。如果你想要计算一个城市的平均温度，首先需要将所有的值按照所属城市进行分组，然后计算平均值。程序清单 4.30 展示了如何使用 groupByKey() 完成此举。

程序清单 4.30 转化操作 groupByKey()

```
# 上接程序清单4.29
grouped = locwtemps.groupByKey()
grouped.take(1)
# 返回:
# [('Melbourne', <pyspark.resultiterable.ResultIterable object at 0x7f121ce11390>)]
avgtemps = grouped.mapValues(lambda x: sum(x)/len(x))
avgtemps.collect()
# 返回:
# [('Melbourne', 85), ('Baumholder', 40), ('Alexandria', 49), ('Hayward', 70)]
```

注意 groupByKey() 返回的分组后的值是一个 resultiterable 对象。Python 中的 iterable 对象是可以循环遍历的序列对象。Python 中的许多函数接受可迭代对象作为输入，比如 sum() 函数和 len() 函数。

考虑使用 reduceByKey() 或 foldByKey()，而不是 groupByKey()

如果对数据进行分组是为了做聚合操作，比如对每个键进行 sum() 或 count() 操作，那么在很多情况下 reduceByKey() 或 foldByKey() 能有更好的性能。这是因为聚合函数的结果在数据混洗之前就合并过，所以产生的混洗数据量更少。

7. reduceByKey()

语法：

```
RDD.reduceByKey(<function>, numPartitions=None, partitionFunc=<hash_fn>)
```

转化操作 reduceByKey() 使用满足结合律的函数合并键对应的值。调用键值对数据集的 reduceByKey() 方法，返回的是键值对的数据集，其数据按照键聚合了对应的值。这个函数表示如下：

$$v_n,\ v_{n+1} => v_{\text{result}}$$

参数 numPartitions 和 partitionFunc 与使用 groupByKey() 函数时的用法一模一样。numPartitions 的值是要执行的归约任务数量，你可以把它设大来获取更高的并发度。numPartitions 的值还影响 saveAsTextFile() 或其他产生文件的行动操作所生产的文件数量。例如，numPartitions=2 会在把 RDD 保存到硬盘时共生成两个输出文件。

程序清单 4.31 使用了与前面的 groupByKey() 示例中相同的输入键值对，并获得了相同的结果（每个城市的平均气温），只是使用 reduceByKey() 函数替代 groupByKey()。使用这个方法更好，稍后会讲解其中的原因。

程序清单 4.31　使用 reduceByKey() 函数计算各键对应的平均值

```
# 上接程序清单4.29
temptups = locwtemps.mapValues(lambda x: (x, 1))
# 创建元组 (city, (temp, 1))
inputstoavg = temptups.reduceByKey(lambda x, y: (x[0]+y[0], x[1]+y[1]))
# 按照城市对气温求和
averages = inputstoavg.map(lambda x: (x[0], x[1][0]/x[1][1]))
# 用每个键对应的温度之和除以温度个数
averages.take(4)
# 返回：
# [('Baumholder', 40.8),
#  ('Melbourne', 85.0),
#  ('Alexandria', 49.2),
#  ('Hayward', 70.8)]
```

求平均值不是满足结合律的操作。我们可以通过创建元组来绕过去，元组中包含每个键对应的值的总和与每个键对应的计数，这两个都满足交换律和结合律，然后在最后一步计算平均值，如程序清单 4.31 所示。

注意 reduceByKey() 比较高效，是因为它在每个执行器本地对值进行了先行组合，然后把组合后的列表发送到远程的执行器来执行最后的结果阶段。这是一个会产生数据混洗的操作。

因为在本地执行器或工作节点和后来的远程执行器上两次执行的函数相同，都满足交换律和结合律，以求和函数为例，你可以当作是累加一个由和组成的列表，而不是对由单个值组成的更大的列表求和。因为在数据混洗时发送的数据更少，使用 reduceByKey() 进行求和一般要比使用 groupByKey() 并指定 sum() 函数的性能更好。

8. foldByKey()

语法：

```
RDD.foldByKey(zeroValue, <function>, numPartitions=None,
partitionFunc=<hash_fn>)
```

转化操作 foldByKey() 在功能上和前面讨论的行动操作 fold() 类似，但是 foldByKey() 是转化操作，操作预先定义的键值对元素（见程序清单 4.32）。foldByKey() 和 fold() 都提供了相同数据类型的 zeroValue 参数供 RDD 为空时使用。

提供的函数是如下所示的一般聚合函数形式：

$$v_n, v_{n+1} => v_{\text{result}}$$

这与转化操作 reduceByKey() 使用的一般形式一样。

参数 numPartitions 和 partitionFunc 与转化操作 groupByKey() 和 reduceByKey() 中的作用一样。

程序清单 4.32　用 foldByKey() 寻找键对应的最大值的示例

```
# 上接程序清单4.29
maxbycity = locwtemps.foldByKey(0, lambda x, y: x if x > y else y)
maxbycity.collect()
# 返回：
# [('Baumholder', 46), ('Melbourne', 101), ('Alexandria', 53), ('Hayward', 72)]
```

Spark 的 RDD API 中还有一个名为 aggregateByKey() 的类似方法。

9. sortByKey()

语法：

```
RDD.sortByKey(ascending=True, numPartitions=None, keyfunc=<function>)
```

转化操作 sortByKey() 把键值对 RDD 根据键进行排序。排序依据取决于键对象的类型，比如数值型对象会按照数值大小排序。该操作与之前介绍的 sort() 的区别之处在于 sort() 要求指定排序依据的键，而 sortByKey() 的键是键值对 RDD 里定义的。

键按照 ascending 参数提供的顺序进行排序，该参数默认值为 True，表示升序。参数 numPartitions 指定了输出多少分区，分区函数为范围分区函数。参数 keyfunc 是一个可选参数，可以通过对原键使用另一个函数而修改原键，如下例子所示：

```
keyfunc=lambda k: k.lower()
```

程序清单 4.33 展示了转化操作 sortByKey() 的用法。第一个例子是根据键进行简单的排序，其中的键代表城市名称的字符串，排序用的是字典序。在第二个例子反转了键和值，把温度作为键，然后使用 sortByKey() 对温度以降序数值顺序进行排序，这样最高的温度在最前面。

程序清单 4.33　转化操作 sortByKey()

```
# 上接程序清单4.29
sortedbykey = locwtemps.sortByKey()
sortedbykey.take(4)
# 返回:
# [('Alexandria', 50), ('Alexandria', 48), ('Alexandria', 51), ('Alexandria', 53)]
sortedbyval = locwtemps.map(lambda x: (x[1],x[0])) \
                       .sortByKey(ascending=False)
sortedbyval.take(4)
# 返回:
# [(101, 'Melbourne'), (88, 'Melbourne'), (85, 'Melbourne'), (77, 'Melbourne')]
```

4.3.5　MapReduce 与单词计数练习

MapReduce 是一种平台无关、语言无关的编程模型，或者说设计模式，它是大多数大数据和 NoSQL 平台的核心。尽管 MapReduce 有很多其他的抽象形式可以让用户无需明确实现映射函数和归约函数，例如 Pig 和 Hive，但是理解 MapReduce 背后的概念是真正理解 Spark 中的分布式编程和数据处理模型的关键所在。

单词计数（word count）是一个很简单的算法，常用来代表和演示 MapReduce 编程模型，一般当作 MapReduce 的“Hello World”示例程序。如果你曾阅读过一些 Hadoop 或者 Spark 的培训材料或者使用说明，可能你会对单词计数的示例感到厌烦，或是抓破头皮尝试理解为何大家都如此偏爱数单词个数。

单词计数是描述 MapReduce 编程模型时最常用的示例，因为它易于理解并演示了 MapReduce 编程模型的各个组件。MapReduce 解决的许多现实问题也只是单词计数问题的简单适配或者变种（比如，统计大量日志文件中的事件出现的频次，或者是类似 TF-IDF（Term Frequency-Inverse Document Frequency，词频 – 逆文档频率）这样的文本挖掘函数）。当你理解了单词计数问题，你就理解了 MapReduce，以及解决各种问题的无限可能。现在，让我们用 Spark 尝试一遍这个简单的示例吧：

1）使用安装好的单节点 Spark，从下列链接下载 shakespeare.txt 文件（莎士比亚作品）：

```
https://s3.amazonaws.com/sparkusingpython/shakespeare/shakespeare.txt
```

可以使用 wget 或者 curl 来下载该文件。

2）把文件放到安装 Spark 的机器的 /opt/spark/data 目录中：

```
$ sudo mv shakespeare.txt /opt/spark/data
```

注意如果你有可用的 HDFS(例如，使用 AWS EMR、Databricks 或者包含 Spark 的 Hadoop 发行版时)，你可以把文件上传到 HDFS 来作为替代。

3）以本地模式打开 PySpark shell：

```
$ pyspark --master local
```

如果你有可用的 Hadoop 集群或者是 Spark 独立集群，你也可以使用它们来代替本地模式，只需在下列命令中选出合适的集群选项进行替换：

```
--master yarn
--master spark://<yoursparkmaster>:7077
```

需要注意的是，如果你的 Python 二进制文件不是 python（比如，可能是 py 或者 python 3，取决于你的安装方式），你需要为 Spark 指出正确的二进制文件。可以通过如下环境变量设置命令来实现：

```
$ export PYSPARK_PYTHON=python3
$ export PYSPARK_DRIVER_PYTHON=python3
```

4）在 PySpark 会话中，引入 Python 的 re 模块（正则表达式模块），这在对文件切词时会用到：

```
import re
```

5）把 shakespeare.txt 文件读入一个名为 doc 的 RDD：

```
doc = sc.textFile("file:///opt/spark/data/shakespeare.txt")
```

6）从 RDD 中过滤掉空行，按空格切分每行数据，把单词列表拍平到一个一维列表中：

```
flattened = doc.filter(lambda line: len(line) > 0) \
     .flatMap(lambda line: re.split('\W+', line))
```

7）查看拍平的 RDD：

```
flattened.take(6)
```

8）把文本映射为小写，移除空字符串，然后转化为 (word, 1) 这种形式的键值对：

```
kvpairs = flattened.filter(lambda word: len(word) > 0) \
 .map(lambda word:(word.lower(),1))
```

9）查看 RDD kvpairs。注意创建出来的 RDD 是一个键值对 RDD，代表键值对的集合：

```
kvpairs.take(5)
```

10）对每个单词进行计数，并将结果以字典序倒序排序：

```
countsbyword = kvpairs.reduceByKey(lambda v1, v2: v1 + v2) \
  .sortByKey(ascending=False)
```

11）查看 RDD countsbyword：

```
countsbyword.take(5)
```

12）找出 5 个最常用的单词：

```
# 反转键值对，把计数作为键，然后排序
topwords = countsbyword.map(lambda x: (x[1],x[0])) \
.sortByKey(ascending=False)
```

13）查看 RDD topwords：

```
topwords.take(5)
```

注意第 12 步中的 map() 函数是如何反转键值对的。这是进行次要排序（secondary sort）的常见方法，可以用来对默认未排序的值进行排序。

现在，按下 Ctrl+D 键退出 pyspark 会话。

14）现在，把这些步骤整合起来，使用 spark-submit 把它作为一个完整的 Python 程序来运行。首先，在 Spark 安装目录的 conf 文件夹中创建并配置 log4j.properties 文件来减少日志量。通过在 Linux 终端中执行如下命令（如果你使用的是其他操作系统，也可以使用等价的操作）可以实现：

```
sed \
"s/log4j.rootCategory=INFO, console/log4j.rootCategory=ERROR, console/" \
$SPARK_HOME/conf/log4j.properties.template \
> $SPARK_HOME/conf/log4j.properties
```

15）创建一个名为 wordcounts.py 的新文件，添加如下代码到文件中：

```
import sys, re
from pyspark import SparkConf, SparkContext
conf = SparkConf().setAppName('Word Counts')
sc = SparkContext(conf=conf)

# 检查命令行参数
if (len(sys.argv) != 3):
    print("""\
本程序会统计文档中各单词的出现次数，并返回出现频次最高的5个单词的计数

用法: wordcounts.py <输入文件或目录> <输出目录>
""")
    sys.exit(0)
else:
    inputpath = sys.argv[1]
    outputdir = sys.argv[2]

# 对词频计数并排序
wordcounts = sc.textFile("file://" + inputpath) \
               .filter(lambda line: len(line) > 0) \
               .flatMap(lambda line: re.split('\W+', line)) \
               .filter(lambda word: len(word) > 0) \
               .map(lambda word:(word.lower(),1)) \
               .reduceByKey(lambda v1, v2: v1 + v2) \
               .map(lambda x: (x[1],x[0])) \
               .sortByKey(ascending=False) \
               .persist()
wordcounts.saveAsTextFile("file://" + outputdir)
top5words = wordcounts.take(5)
justwords = []
for wordsandcounts in top5words:
    justwords.append(wordsandcounts[1])
print("The top five words are : " + str(justwords))
print("Check the complete output in " + outputdir)
```

16）使用如下命令执行程序：

```
$ spark-submit --master local \
wordcounts.py \
$SPARK_HOME/data/shakespeare.txt \
$SPARK_HOME/data/wordcounts
```

你应该会看到在控制台显示出的最常用的 5 个单词。查看输出路径 $SPARK_HOME/data/wordcounts，你会看到这个目录中有一个文件（part-00000），因为在这个练习里你使用的是单个分区。如果使用了超过一个分区，你会在输出路径中看到更多的文件（part-00001、part-00002 等）。打开文件查看内容。

17）再次运行第 16 步中的命令。这次运行应该会失败，因为输出目录 wordcounts 已经存在而且无法复写。将这个目录删除或者重命名，或者改用一个例如 wordcounts2 这样不存在的目录，作为下一次操作的输出路径。

本练习的完整源代码可以在 https://github.com/sparktraining/spark_using_python 的 wordcount 文件夹中找到。

4.3.6　连接操作

连接操作对应于 SQL 编程中常见的 JOIN 操作。连接函数基于共同的字段（连接键）来组合两个 RDD 中的记录。因为 Spark 中的连接函数要求定义键，因此需要操作键值对 RDD。

下面列出的是一些关于连接的快速复习提要，如果你对关系型数据库很了解，大可跳过这一段：

- **连接**（join）操作两个不同的数据集，每个数据集中各有一个字段被选为键（连接键）。数据集按照指定的顺序来指代。例如，指定的第一个数据集为左实体或者左数据集，第二个数据集则是右实体或者右数据集。
- **内连接**（inner join），通常被称为**连接**（“内连接”是连接的默认行为），返回同时存在指定键的两个数据集中的所有元素或记录。
- **外连接**（outer join）不要求两个数据集中的键一定要匹配。外连接分为左外连接、右外连接、全外连接。
- **左外连接**（left outer join）返回左边的数据集（即第一个数据集）中所有的记录，以及右边的数据集（即第二个数据集）中所有匹配的记录（根据指定的键）。
- **右外连接**（right outer join）返回右边的数据集（即第二个数据集）中所有的记录，以及左边的数据集（即第一个数据集）中所有匹配的记录（根据指定的键）。
- **全外连接**（full outer join）无论是否有匹配的键，都会返回两个数据集中的所有记录。

连接操作属于 Spark API 中最常用的几个转化操作，因此理解这些函数并且善用它们是非常有必要的。

要展示 Spark RDD API 的各种不同的连接类型，让我们先虚构一个零售商的数据，包含一个表示所有商店的实体和一个包含销售人员的实体，并加载到 RDD 中，如程序清单 4.34 所示。

程序清单 4.34　用来演示 Spark 中各种连接类型的数据集

```
stores = sc.parallelize([(100, 'Boca Raton'),
                         (101, 'Columbia'),
                         (102, 'Cambridge'),
                         (103, 'Naperville')])
# stores的结构为(store_id, store_location)
salespeople = sc.parallelize([(1, 'Henry', 100),
                              (2, 'Karen', 100),
                              (3, 'Paul', 101),
                              (4, 'Jimmy', 102),
                              (5, 'Janice', None)])
# salespeople的结构为(salesperson_id, salesperson_name, store_id)
```

后续小节将介绍 Spark 中可用的连接操作，以及它们的用法和示例。

1. join()

语法：

```
RDD.join(<otherRDD>, numPartitions=None)
```

转化操作 join() 是内连接的一个实现，根据键来匹配两个键值对 RDD。

可选参数 numPartitions 决定生成的数据集要创建多少分区。如果不指明这个参数，缺省值为 spark.default.parallelism 配置参数对应的值。numPartitions 参数对于 Spark API 中其他类型的连接也有同样的作用。

返回的 RDD 是一个列表，其结构包含匹配键，以及一个二元组。这个二元组包含来自两个 RDD 的一组匹配记录（如果你习惯于使用 SQL 进行 INNER JOIN 操作，那么这里对你来说可能有一点陌生，因为 SQL 会返回由两个实体的列拍平组成的列表）。

程序清单 4.35 演示了 Spark 中内连接操作 join() 的用法。

程序清单 4.35　转化操作 join()

```
salespeople.keyBy(lambda x: x[2]) \
          .join(stores).collect()
# 返回：[(100, ((1, 'Henry', 100), 'Boca Raton')),
#       (100, ((2, 'Karen', 100), 'Boca Raton')),
#       (102, ((4, 'Jimmy', 102), 'Cambridge')),
#       (101, ((3, 'Paul', 101), 'Columbia'))]
```

这个 join() 操作以商店 ID 作为键（连接键）返回所有分配到商店的销售人员，还包含对应的商店的整条记录和销售人员的整条记录。注意产生的 RDD 中包含重复的数据。你可以在 join() 之后使用转化操作 map() 裁剪掉多余的字段或者选出需要进一步处理的字段（大多数情况下都应该这么做）。

优化 Spark 中的连接

在大多数情况下，连接涉及的 RDD 不止一个分区，此时连接操作会导致数据混洗。Spark 一般会自动计划并实现连接操作，来获取最好的性能。然而，有一条公理需要牢记："用小表去连接大表。"这表示把大表（元素更多的表，如果已知的话）放在左边，把小表放在右边。这对于有关系型数据库背景知识的用户来说会有一点奇怪，但是 Spark 毕竟和关系型数据库系统不同，Spark 中的连接操作相对来说没那么高效。和大多数数据库系统不同，Spark 中没有索引和统计信息来优化连接操作，因此用户提供的优化对于提升性能非常关键[1]。

2. leftOuterJoin()

语法：

```
RDD.leftOuterJoin(<otherRDD>, numPartitions=None)
```

转化操作 leftOuterJoin() 返回第一个 RDD 中包含的所有元素或记录。如果第一个 RDD（左 RDD）中的键在右 RDD 中存在，那么右 RDD 中匹配的记录会和左 RDD 的记录一起返回。否则，右 RDD 的记录为 None（空）。

程序清单 4.36 中展示的示例使用转化操作 leftOuterJoin() 来找出没有分配到商店的销售人员。

程序清单 4.36 转化操作 leftOuterJoin()

```
salespeople.keyBy(lambda x: x[2]) \
           .leftOuterJoin(stores) \
           .filter(lambda x: x[1][1] is None) \
           .map(lambda x: "salesperson " + x[1][0][1] + " has no store") \
           .collect()
# 返回['salesperson Janice has no store']
```

3. rightOuterJoin()

语法：

```
RDD.rightOuterJoin(<otherRDD>, numPartitions=None)
```

转化操作 rightOuterJoin() 返回第二个 RDD 中所有的元素或者记录。如果第二个 RDD（右 RDD）中包含的键在左 RDD 中存在，则左 RDD 的记录也会和右 RDD 的记录一起返回。否则，左 RDD 的记录为 None（空）。

程序清单 4.37 展示了转化操作 rightOuterJoin() 如何找出没有销售人员的商店。

程序清单 4.37 转化操作 rightOuterJoin()

```
salespeople.keyBy(lambda x: x[2]) \
           .rightOuterJoin(stores) \
           .filter(lambda x: x[1][0] is None) \
           .map(lambda x: x[1][1] + " store has no salespeople") \
           .collect()
# 返回['Naperville store has no salespeople']
```

[1] 新版本的 Spark SQL 中已经包含使用统计信息优化连接操作的优化了。——译者注

4. fullOuterJoin()

语法：

```
RDD.fullOuterJoin(<otherRDD>, numPartitions=None)
```

fullOuterJoin() 无论是否有匹配的键，都会返回两个 RDD 中的所有元素。左数据集或者右数据集中没有匹配的元素都用 None（空）来表示。

程序清单 4.38 演示了如何使用转化操作 fullOuterJoin() 来找出没有销售人员的商店以及没有指定商店的销售人员。

程序清单 4.38　转化操作 fullOuterJoin()

```
salespeople.keyBy(lambda x: x[2]) \
           .fullOuterJoin(stores) \
           .filter(lambda x: x[1][0] is None or x[1][1] is None) \
           .collect()
# 返回 [(,([5,'Janice',], None)),(103,(None,[103,'Naperville']))]
```

5. cogroup()

语法：

```
RDD.cogroup(<otherRDD>, numPartitions=None)
```

转化操作 cogroup() 将多个键值对数据集按键进行分组。它在概念上和 fullOutherJoin() 有些类似，但是在实现上有以下几点关键区别：

- 转化操作 cogroup() 返回可迭代对象，类似前面讲的 groupByKey() 函数。
- 转化操作 cogroup() 将两个 RDD 中的多个元素进行分组，而 fullOuterJoin() 则对同一个键创建出多个分开的输出元素。
- 转化操作 cogroup() 可以通过 Scala API 或者函数别名 groupWith() 对三个以上的 RDD 进行分组。

对 A、B 两个 RDD 按照键 K 进行 cogroup() 操作生成的 RDD 输出具有下面的结构：

```
[K, Iterable(K,VA, ...), Iterable(K,VB, ...)]
```

如果一个 RDD 中没有另一个 RDD 中包含的给定键的值，相应的可迭代对象则为空。程序清单 4.39 展示了使用前面的例子中的 salespeople 和 stores 这两个 RDD 进行 cogroup() 转化操作。

程序清单 4.39　转化操作 cogroup()

```
salespeople.keyBy(lambda x: x[2]) \
           .cogroup(stores).take(1)
# 返回：
# [(None, (<pyspark.resultiterable.ResultIterable object at ...>,
#   <pyspark.resultiterable.ResultIterable object at ...>))]
salespeople.keyBy(lambda x: x[2]) \
           .cogroup(stores) \
           .mapValues(lambda x: [item for sublist in x for item in sublist]) \
```

```
            .collect()
# 使用mapValues()来处理返回的可迭代对象:
# [(None, [(5, 'Janice', None)]),
#  (100, [(1, 'Henry', 100), (2, 'Karen', 100), 'Boca Raton']),
#  (102, [(4, 'Jimmy', 102), 'Cambridge']), (101, [(3, 'Paul', 101), 'Columbia']),
#  (103, ['Naperville'])]
```

6. cartesian()

语法：

```
RDD.cartesian(<otherRDD>)
```

转化操作 cartesian() 即笛卡儿积，有时也被口语化地称为交叉连接，它会根据两个 RDD 的记录生成所有可能的组合。该操作生成的记录条数等于第一个 RDD 的记录条数乘以第二个 RDD 的记录条数。

程序清单 4.40 展示了转化操作 cartesian() 的用法。

程序清单 4.40 转化操作 cartesian()

```
salespeople.keyBy(lambda x: x[2]) \
          .cartesian(stores).take(1)
# 返回:
# [((100, (1, 'Henry', 100)), (100, 'Boca Raton'))]
salespeople.keyBy(lambda x: x[2]) \
          .cartesian(stores).count()
# 返回20，因为有5 x 4 = 20条记录
```

> **慎用转化操作 cartesian()**
>
> 笛卡儿积操作可能会生成过于大量的数据。尽管这个函数在机器学习中测试项目的各种组合时很有用，但你可能会因此制造出一些本不存在的大数据问题！

4.3.7 在 Spark 中连接数据集

在下面这个练习中，你会使用到美国湾区共享自行车数据挑战赛的数据。湾区共享自行车项目可以让会员从专用站点取用自行车，用完后可以还到同一站点，也可以还到另一个站点。湾区共享自行车通过群组的开放数据项目公开了行程数据，让公众使用。欲知更多详情，请访问下列网站：

- http://www.bayareabikeshare.com/open-data
- https://www.fordgobike.com/system-data

为了简化工作，本练习所需的数据文件可以直接从本书的 AWS S3 存储桶中下载：

- https://s3.amazonaws.com/sparkusingpython/bike-share/stations/stations.csv
- https://s3.amazonaws.com/sparkusingpython/bike-share/status/status.csv
- https://s3.amazonaws.com/sparkusingpython/bike-share/trips/trips.csv
- https://s3.amazonaws.com/sparkusingpython/bike-share/weather/weather.csv

你可以把这些文件下载到本地 Spark 安装路径中，并使用 Spark 对这些文件进行本地访问。对于本练习而言，你需要把文件下载到 $SPARK_HOME/data 目录中，并按如下目录组织进行存储：

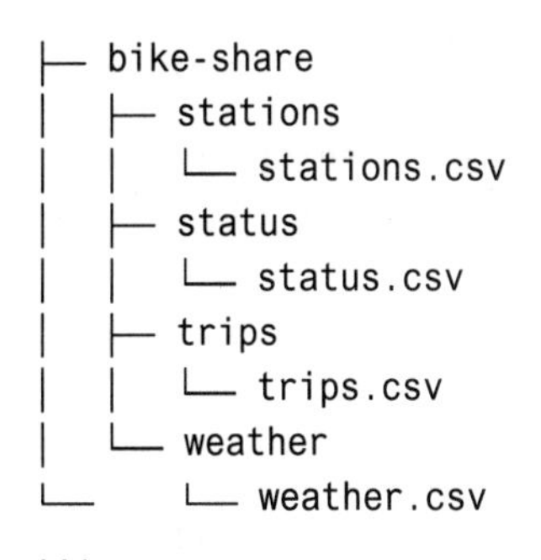

```
├── bike-share
│   ├── stations
│   │   └── stations.csv
│   ├── status
│   │   └── status.csv
│   ├── trips
│   │   └── trips.csv
│   └── weather
└──     └── weather.csv
...
```

在这个练习中，你会使用这些数据计算一周时间（2 月 22 日至 2 月 28 日）内美国圣何塞地区各站点各小时内可用自行车的平均数量，具体操作步骤如下：

1）打开交互式 pyspark 会话：

```
$ pyspark --master local
```

2）创建一个名为 stations 的 RDD：

```
stations = sc.textFile('/opt/spark/data/bike-share/stations')
```

表 4.2 展示了 stations 目录中文件的结构信息。

表 4.2　stations.csv 中的字段

字段名	描述
station_id	站点 ID 号
name	站点名字
lat	站点纬度
long	站点经度
dockcount	站点内停车基座数量
landmark	城市
installation	站点投入使用的日期

3）创建名为 status 的 RDD：

```
status = sc.textFile('/opt/spark/data/bike-share/status')
```

表 4.3 展示了 status 目录中文件的结构信息。

表 4.3　status.csv 中的字段

字段名	描述
station_id	站点 ID 号
bikes_available	可用的自行车数
docks_available	可用的停车基座数
time	太平洋标准时间（PST）的日期和时间

4）把 status 数据分到相应的字段中，选出有用的字段，并且解析日期字符串，这样在下一步就可以更容易地按照日期过滤记录：

```
status2 = status.map(lambda x: x.split(',')) \
.map(lambda x: (x[0], x[1], x[2], x[3].replace('"',''))) \
.map(lambda x: (x[0], x[1], x[2], x[3].split(' '))) \
.map(lambda x: (x[0], x[1], x[2], x[3][0].split('-'), x[3][1].split(':'))) \
.map(lambda x: (int(x[0]), int(x[1]), int(x[3][0]), int(x[3][1]), int(x[3][2]),
   int(x[4][0])))
```

查看 RDD status2：

```
status2.first()
```

RDD status2 的结构信息如下所示：

```
[(station_id, bikes_available, year, month, day, hour),...]
```

5）由于 status.csv 是最大的数据集（有着超过 3600 万条记录），从这个数据集内选出所需日期的数据，然后删掉日期字段，因为已经用不到了：

```
status3 = status2.filter(lambda x: x[2]==2015 and \
        x[3]==2 and \
        x[4]>=22) \
        .map(lambda x: (x[0], x[1], x[5]))
```

status3 的结构信息和 status2 的一样，因为我们只是去掉了一些没用的记录[⊖]。

6）过滤 stations 数据集，仅保留满足 landmark='San Jose' 的站点：

```
stations2 = stations.map(lambda x: x.split(',')) \
        .filter(lambda x: x[5] == 'San Jose') \
        .map(lambda x: (int(x[0]), x[1]))
```

查看 RDD stations2：

```
stations2.first()
```

7）把两个 RDD 都转化为键值对 RDD，为 join() 操作做准备：

```
status_kv = status3.keyBy(lambda x: x[0])
stations_kv = stations2.keyBy(lambda x: x[0])
```

查看两个新创建出来的键值对 RDD：

```
status_kv.first()
stations_kv.first()
```

8）根据键 station_id 连接键值对 RDD status_kv 和 stations_kv：

```
joined = status_kv.join(stations_kv)
```

查看 RDD joined：

⊖ 原文如此，然而事实上 status3 的字段仅剩下 (station_id, bikes_available, hour)。——译者注

```
joined.first()
```

9）整理 RDD joined：

```
cleaned = joined.map(lambda x: (x[0], x[1][0][1], x[1][0][2], x[1][1][1]))
```

查看 RDD cleaned：

```
cleaned.first()
```

RDD cleaned 的结构信息如下所示：

```
[(station_id,bikes_available,hour,name),...]
```

10）以站点名和小时组成的二元组为键，创建出键值对 RDD，然后按照站点和小时统计出可用自行车数量的平均值：

```
avgbyhour = cleaned.keyBy(lambda x: (x[3],x[2])) \
        .mapValues(lambda x: (x[1], 1)) \
        .reduceByKey(lambda x, y: (x[0] + y[0], x[1] + y[1])) \
        .mapValues(lambda x: (x[0]/x[1]))
```

查看 RDD avgbyhour：

```
avgbyhour.first()
```

RDD avgbyhour 的结构信息如下所示：

```
[((name,hour),bikes_available),...]
```

11）使用 sortBy() 函数，找出按站点和小时统计的可用自行车平均数量最多的 10 组数据：

```
topavail = avgbyhour.keyBy(lambda x: x[1]) \
        .sortByKey(ascending=False) \
        .map(lambda x: (x[1][0][0], x[1][0][1], x[0]))
topavail.take(10)
```

这个练习的完整源代码可以在 https://github.com/sparktraining/spark_using_python 的 joining-datasets 文件夹下找到。

4.3.8　集合操作

集合操作在概念上类似数学上的集合操作。集合函数操作两个 RDD 然后输出一个 RDD。图 4.9 中的维恩图展示了一个正奇数集和一个斐波那契数的子集。后续部分将使用这两个集合来展示 Spark API 提供的各种集合操作。

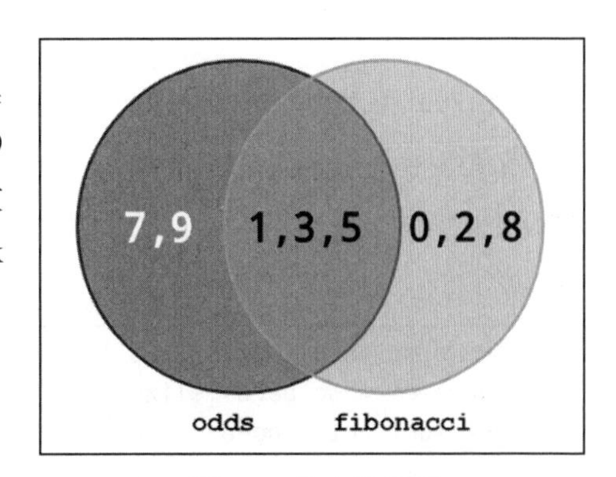

图 4.9　集合维恩图

1. union()

语法：

```
RDD.union(<otherRDD>)
```

转化操作 union() 将另一个 RDD 追加到 RDD 的后面，组合出一个输出 RDD。两个 RDD 不一定要有相同的结构。例如，第一个 RDD 有 5 个字段的话，第二个 RDD 的字段数可以多于 5 个或者少于 5 个。

如果两个输入 RDD 有相同的记录，转化操作 union() 不会从输出 RDD 中过滤这些重复的数据。要过滤重复的数据，你需要在 union() 操作后面使用先前讨论过的 distinct() 函数。

由 union() 操作得到的 RDD 没有排序过，不过你可以在 union() 之后使用 sortBy() 函数来对数据进行排序。

程序清单 4.41 展示了使用 union() 的一个示例。

程序清单 4.41　转化操作 union()

```
odds = sc.parallelize([1,3,5,7,9])
fibonacci = sc.parallelize([0,1,2,3,5,8])
odds.union(fibonacci).collect()
# 返回[1, 3, 5, 7, 9, 0, 1, 2, 3, 5, 8]
```

2. intersection()

语法：

```
RDD.intersection(<otherRDD>)
```

转化操作 intersection() 返回两个 RDD 中共有的元素。换句话说，该操作会返回两个集合相交的部分。返回的元素或者记录必须在两个集合中是一模一样的，需要记录的数据结构和每个字段都能对得上。

程序清单 4.42 展示了转化操作 intersection()。

程序清单 4.42　转化操作 intersection()

```
odds = sc.parallelize([1,3,5,7,9])
fibonacci = sc.parallelize([0,1,2,3,5,8])
odds.intersection(fibonacci).collect()
# 返回[1, 3, 5]
```

3. subtract()

语法：

```
RDD.subtract(<otherRDD>, numPartitions=None)
```

如程序清单 4.43 所示，转化操作 subtract() 返回第一个 RDD 中所有没有出现在第二个 RDD 中的元素。这是数学上的集合减法的一个实现。

程序清单 4.43　转化操作 subtract()

```
odds = sc.parallelize([1,3,5,7,9])
fibonacci = sc.parallelize([0,1,2,3,5,8])
odds.subtract(fibonacci).collect()
# 返回[7, 9]
```

4. subtractByKey()

语法：

```
RDD.subtractByKey(<otherRDD>, numPartitions=None)
```

转化操作 subtractByKey() 是一个和 subtract 类似的集合操作。subtractByKey() 操作返回一个键值对 RDD 中所有在另一个键值对 RDD 中没有对应键的元素。

参数 numPartitions 可以指定生成的结果 RDD 包含多少个分区，缺省值为配置项 spark.default.parallelism 的值。

程序清单 4.44 通过使用两个以城市名称为键、以对应城市经纬度数据的元组为值的 RDD，展示了 subtractByKey() 操作。

程序清单 4.44　转化操作 subtractByKey()

```
cities1 = sc.parallelize([('Hayward',(37.668819,-122.080795)),
                          ('Baumholder',(49.6489,7.3975)),
                          ('Alexandria',(38.820450,-77.050552)),
                          ('Melbourne', (37.663712,144.844788))])
cities2 = sc.parallelize([('Boulder Creek',(64.0708333,-148.2236111)),
                          ('Hayward',(37.668819,-122.080795)),
                          ('Alexandria',(38.820450,-77.050552)),
                          ('Arlington', (38.878337,-77.100703))])
cities1.subtractByKey(cities2).collect()
# 返回:
# [('Baumholder', (49.6489, 7.3975)), ('Melbourne', (37.663712, 144.844788))]
cities2.subtractByKey(cities1).collect()
# 返回:
# [('Boulder Creek', (64.0708333, -148.2236111)),
#  ('Arlington', (38.878337, -77.100703))]
```

4.3.9　数值型 RDD 的操作

数值型 RDD 仅由数值组成。它们常用于统计分析，因此你将发现数值型 RDD 提供的许多函数都是常见的统计函数。本章之前讨论的 DoubleRDD 就是数值型 RDD 的一种。接下来的这一节将展示这些函数并提供一些简单的例子。

1. min()

语法：

```
RDD.min(key=None)
```

min() 函数是返回数值型 RDD 最小值的行动操作。可以通过参数 key 指定一个函数，它根据生成值进行比较获得最小值。程序清单 4.45 展示了 min() 函数的用法。

程序清单 4.45　min() 函数

```
numbers = sc.parallelize([0,1,1,2,3,5,8,13,21,34])
numbers.min()
# 返回0
```

2. max()

语法：

```
RDD.max(key=None)
```

max() 函数是返回数值型 RDD 最大值的行动操作。可以通过参数 key 指定一个函数，它根据生成值进行比较获得最大值。程序清单 4.46 展示了 max() 函数的用法。

程序清单 4.46 max() 函数

```
numbers = sc.parallelize([0,1,1,2,3,5,8,13,21,34])
numbers.max()
# 返回34
```

3. mean()

语法：

```
RDD.mean()
```

mean() 函数计算数值型 RDD 的算术平均数。程序清单 4.47 展示了 mean() 函数的用法。

程序清单 4.47 mean() 函数

```
numbers = sc.parallelize([0,1,1,2,3,5,8,13,21,34])
numbers.mean()
# 返回8.8
```

4. sum()

语法：

```
RDD.sum()
```

sum() 函数返回数值型 RDD 中一组数据的和。程序清单 4.48 展示了 sum() 函数的用法。

程序清单 4.48 sum() 函数

```
numbers = sc.parallelize([0,1,1,2,3,5,8,13,21,34])
numbers.sum()
# 返回88
```

5. stdev()

语法：

```
RDD.stdev()
```

stdev() 函数是计算数值型 RDD 中一组数据的标准差的行动操作。程序清单 4.49 展示了 stdev() 的一个示例。

程序清单 4.49 stdev() 函数

```
numbers = sc.parallelize([0,1,1,2,3,5,8,13,21,34])
numbers.stdev()
# 返回10.467091286503619
```

6. variance()

语法：

```
RDD.variance()
```

variance() 函数计算数值型 RDD 中一组数据的方差。方差衡量一组数据的离散程度。程序清单 4.50 展示了 variance() 的一个示例。

程序清单 4.50　variance() 函数

```
numbers = sc.parallelize([0,1,1,2,3,5,8,13,21,34])
numbers.variance()
# 返回109.55999999999999
```

7. stats()

语法：

```
RDD.stats()
```

stats() 函数返回 StatCounter 对象，一次调用即可获得这样一个包括 count()、mean()、stdev()、max() 以及 min() 的结构。程序清单 4.51 展示了 stats() 函数。

程序清单 4.51　stats() 函数

```
numbers = sc.parallelize([0,1,1,2,3,5,8,13,21,34])
numbers.stats()
# 返回(count: 10, mean: 8.8, stdev: 10.4670912865, max: 34.0, min: 0.0)
```

4.4　本章小结

本章从深入 Spark RDD（Spark 编程模型中最基本的原子数据结构）开始，介绍了 Spark 编程的基础知识，包括了解如何读入数据到 RDD、RDD 如何求值和处理、RDD 如何实现容错和弹性。本章还讨论了 Spark 中转化操作和行动操作的概念，对 Spark 核心（RDD）API 的最重要的一些函数提供了具体的描述和示例。本章可以说是本书最重要的一章，因为它为包括流式处理、机器学习、SQL 在内的所有 Spark 编程打下了基础。本书后续内容将会不断地涉及本章讲的这些函数和概念。

第二部分

基础拓展

第 5 章

Spark 核心 API 高级编程

科技哺育科技，科技让更多科技成为可能。

——阿尔文·托夫勒，美国作家和未来学家

本章提要

- Spark 中的共享变量（广播变量和累加器）简介
- Spark RDD 的分区与重新分区
- RDD 的存储选项
- RDD 的缓存、分布式持久化，以及 RDD 检查点

本章重点介绍 Spark API 提供的其他编程工具，例如广播变量和累加器，它们可以在 Spark 集群中作为跨工作节点的共享变量使用。本章还深度剖析了 Spark 分区和 RDD 存储，这都是很重要的知识点。你会了解各种存储功能，它们可以用于程序优化、耐用性提高，以及进程重启和恢复。你还可以学会如何在 Spark 维护的谱系中使用外部程序和脚本处理 RDD 中的数据。本章内容以第 4 章中介绍的 Spark API 转化操作为基础，同时介绍了构建高效的 Spark 端到端处理流水线所需的其他工具。

5.1 Spark 中的共享变量

Spark API 提供了两种在 Spark 集群中创建和使用共享变量（就是 Spark 集群中不同的工作节点都可以访问或修改的变量）的机制。这两种机制是**广播变量**（broadcast variable）和**累加器**（accumulator），现在分别对它们进行介绍。

5.1.1 广播变量

广播变量是由 Spark 驱动器程序设置的只读变量，可供 Spark 集群内的工作节点访问，也就是说工作节点上的执行器内运行的所有任务都可以访问这些变量。广播变量由驱动器设置后，就只能读了。广播变量通过一种高效的**点到点**（peer-to-peer，P2P）共享协议在工作节点间共享，这种协议来自 BitTorrent。相比简单地从 Spark 驱动器直接向所有执行器进程推

送这些变量，P2P 的方式具有更好的伸缩性。图 5.1 演示了广播变量初始化、在工作节点间传播并在任务中被节点访问的过程。

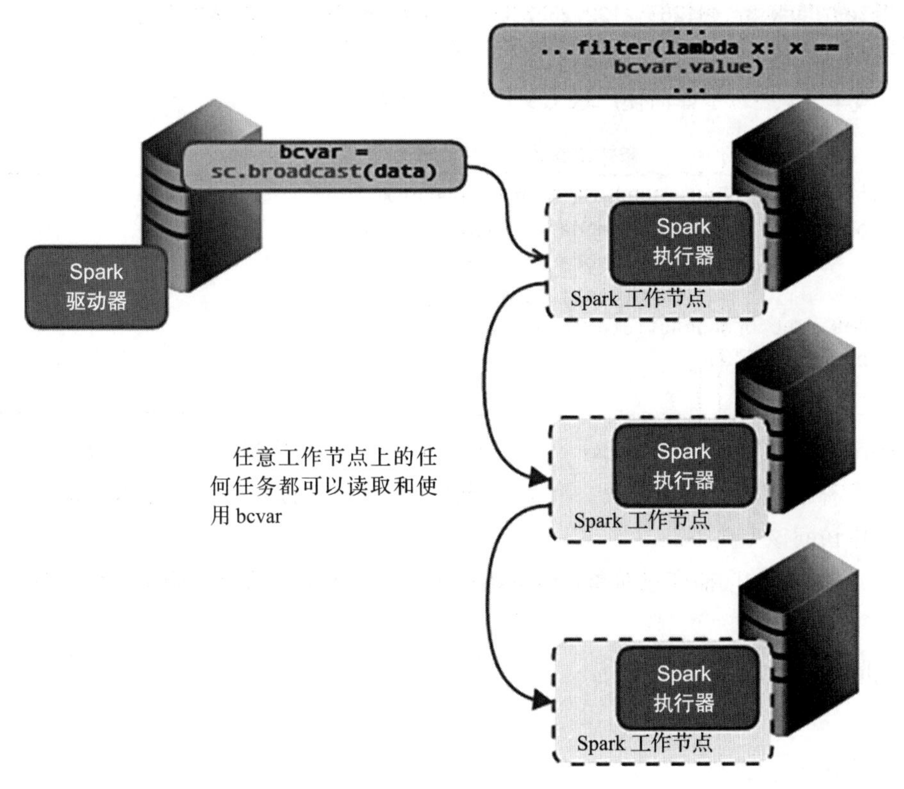

图 5.1　Spark 广播变量

文档《 Performance and Scalability of Broadcast in Spark 》可通过 www.cs.berkeley.edu/~agearh/cs267.sp10/files/mosharaf-spark-bc-report-spring10.pdf 访问，讲解了 BitTorrent 的广播方法，以及 Spark 考虑过的其他广播机制，这篇文章值得一读。

广播变量在 SparkContext 内创建，然后在该 Spark 应用的环境中可以作为对象进行访问。下面几段介绍了创建和访问广播变量的语法。

1. broadcast()

语法：

```
sc.broadcast(value)
```

broadcast() 方法会在指定的 SparkContext 内创建出一个 Broadcast 对象实例。value 参数可以是任意的 Python 对象，它会被序列化并封装到 Broadcast 对象中。在创建完成后，这些变量可以被应用内所有运行的任务访问。程序清单 5.1 展示了 broadcast() 方法的一个示例。

程序清单 5.1　使用 broadcast() 函数初始化广播变量

```
stations = sc.broadcast({'83':'Mezes Park', '84':'Ryland Park'})
stations
# 返回 <pyspark.broadcast.Broadcast object at 0x…>
```

也可以基于文件内容创建广播变量，不论文件在本地、网络，还是在分布式文件系统上。以 stations.csv 文件为例，这个文件包含以逗号分隔的数据，如下所示：

```
83,Mezes Park,37.491269,-122.236234,15,Redwood City,2/20/2014
84,Ryland Park,37.342725,-121.895617,15,San Jose,4/9/2014
```

程序清单 5.2 展示了如何使用这个文件创建广播变量。

程序清单 5.2 从文件创建广播变量

```
stationsfile = '/opt/spark/data/stations.csv'
stationsdata = dict(map(lambda x: (x[0],x[1]), \
                    map(lambda x: x.split(','), \
                    open(stationsfile))))
stations = sc.broadcast(stationsdata)
stations.value["83"]
# 返回'Mezes Park'
```

程序清单 5.2 展示了如何从 csv 文件（stations.csv）创建广播变量，这个文件包含由站点 ID 和站点名称组成的键值对字典。有了广播变量，你就可以在任何 map() 或 filter() 这样的 RDD 操作中访问该字典了。

针对实例化好的广播变量对象，SparkContext 中有很多方法可供调用，详见接下来的几小节。

2. value()

语法：

```
Broadcast.value()
```

程序清单 5.2 演示了如何使用 value() 函数从广播变量中获取值。在这个例子中，获取的值是 dict（字典）或 map（映射表），可以通过键访问对应的值。value() 函数可以在 Spark 程序的 map() 或 filter() 操作的 lambda 函数中使用。

3. unpersist()

语法：

```
Broadcast.unpersist(blocking=False)
```

Broadcast 对象的 unpersist() 方法用来把广播变量从集群中所有保存该广播变量的工作节点的内存中移除。

布尔类型的 blocking 参数指定该操作是堵塞直至变量已经从所有节点删除，还是作为异步非堵塞操作执行。如果你希望立刻释放内存，应该把这个参数设置为 True。

程序清单 5.3 提供了 unpersist() 方法的示例。

程序清单 5.3 unpersist() 方法

```
stations = sc.broadcast({'83':'Mezes Park', '84':'Ryland Park'})
stations.value['84']
# 返回'Ryland Park'
stations.unpersist()
# 广播变量最终会从缓存中移除
```

还有几个 Spark 配置项和广播变量有关，如表 5.1 所示。一般来说，直接使用这些配置项的默认值就可以了，不过了解它们也是有好处的。

表 5.1　与广播变量有关的 Spark 配置项

配置项	说　明
spark.broadcast.compress	指定在向工作节点传送广播变量时是否先进行压缩。默认值为 True（推荐使用压缩）
spark.broadcast.factory	指定使用何种广播实现。默认值为 TorrentBroadcastFactory
spark.broadcast.blockSize	指定广播变量每个数据块的大小（由 TorrentBroadcastFactory 使用）。默认值为 4MB
spark.broadcast.port	指定驱动器的 HTTP 广播服务器要监听的端口。默认值为 random

广播变量的优点是什么呢？为什么它们非常有用，甚至在一些场景下不可或缺呢？第 4 章中介绍过，我们经常必须把两个数据集组合起来获取结果数据集。这可以通过多种方式实现。

我们以两个有关联的数据集 stations（相对较小的查找集）和 status（规模较大的事件数据源）为例。这两个数据集可以使用共同的 station_id 键进行自然连接。可以在 Spark 应用中以 RDD 的形式直接连接这两个数据集，如程序清单 5.4 所示。

程序清单 5.4　使用 RDD 的 join() 方法连接查找表

```
status = sc.textFile('file:///opt/spark/data/bike-share/status') \
           .map(lambda x: x.split(',')) \
           .keyBy(lambda x: x[0])
stations = sc.textFile('file:///opt/spark/data/bike-share/stations') \
             .map(lambda x: x.split(',')) \
             .keyBy(lambda x: x[0])
status.join(stations) \
   .map(lambda x: (x[1][0][3],x[1][1][1],x[1][0][1],x[1][0][2])) \
   .count()
# 返回907200
```

这很有可能会导致数据混洗操作，代价巨大。

相比起来，如果在驱动器程序中设置一个表变量保存 stations，然后在 Spark 的任务实现 map() 操作时访问这个运行时变量，这样就避免了数据混洗的发生（参见程序清单 5.5）。

程序清单 5.5　使用驱动器进程中的变量连接查找表

```
stationsfile = '/opt/spark/data/bike-share/stations/stations.csv'
sdata = dict(map(lambda x: (x[0],x[1]), \
                 map(lambda x: x.split(','), \
                 open(stationsfile))))
status = sc.textFile('file:///opt/spark/data/bike-share/status') \
           .map(lambda x: x.split(',')) \
           .keyBy(lambda x: x[0])
status.map(lambda x: (x[1][3], sdata[x[0]], x[1][1], x[1][2])) \
      .count()
# 返回907200
```

这种方案可以正常运行，而且在大多数情况下比第一种方案更好。但是这种方案缺乏伸缩性。在这种方案中，这个变量是函数闭包的一部分。这可能会导致不必要且低效的网络传输，并造成每个工作节点重复接收多份数据。

最佳方案是把较小的 stations 表初始化为广播变量。这种方案会使用点到点的方式把变量复制到每个工作节点，并且对于应用启动的所有执行器上执行的所有任务，只要对应到同一个工作节点上，就只需要复制一份数据。接下来就和第二种方案差不多了，你可以在 map() 操作中使用这些变量。程序清单 5.6 提供了这样的一个例子。

程序清单 5.6　使用广播变量连接查找表

```
stationsfile = '/opt/spark/data/bike-share/stations/stations.csv'
sdata = dict(map(lambda x: (x[0],x[1]), \
                 map(lambda x: x.split(','), \
                 open(stationsfile))))
stations = sc.broadcast(sdata)
status = sc.textFile('file:///opt/spark/data/bike-share/status') \
         .map(lambda x: x.split(',')) \
         .keyBy(lambda x: x[0])
status.map(lambda x: (x[1][3], stations.value[x[0]], x[1][1], x[1][2])) \
      .count()
# 返回907200
```

在刚才所描述的这种场景中我们可以发现，使用广播变量是运行在 Spark 集群的不同节点上的进程之间在运行时共享数据的高效方式。记住广播变量的下列要点：

- 使用广播变量避免了数据混洗操作。
- 广播变量使用了一种高效而伸缩性强的点到点分发机制。
- 每个工作节点只会复制一次数据，而不是每个任务复制一次。一个 Spark 应用的任务可能数以千计，所以每个任务复制一次的代价不容小觑。
- 广播变量可以被多个任务多次重用。
- 广播变量是序列化过的对象，因此可以高效读取。

5.1.2　累加器

Spark 中另一种共享变量是**累加器**。和广播变量不同的是，你可以更新累加器。具体地说，累加器是可以增长的数值。

可以把累加器看作 Spark 编程中的通用型计数器。累加器让开发者可以在程序运行时聚合各种值。

累加器由驱动器程序设置，可以由相应的 SparkContext 中运行任务的执行器更新。驱动器程序可以读回累加器的最终结果，而这通常发生在程序结束时。

在 Spark 应用中，每成功完成一个任务只能更新一次累加器。工作节点把对累加器的更新量发送回驱动器程序，而只有驱动器程序可以读取累加器的值。累加器可以使用整型或浮点型的数值。程序清单 5.7 与图 5.2 演示了如何创建、更新并读取累加器。

程序清单 5.7　创建并访问累加器

```
acc = sc.accumulator(0)
```

```
def addone(x):
    global acc
    acc += 1
    return x + 1
myrdd=sc.parallelize([1,2,3,4,5])
myrdd.map(lambda x: addone(x)).collect()
# 返回[2, 3, 4, 5, 6]
print("records processed: " + str(acc.value))
# 返回"records processed: 5"
```

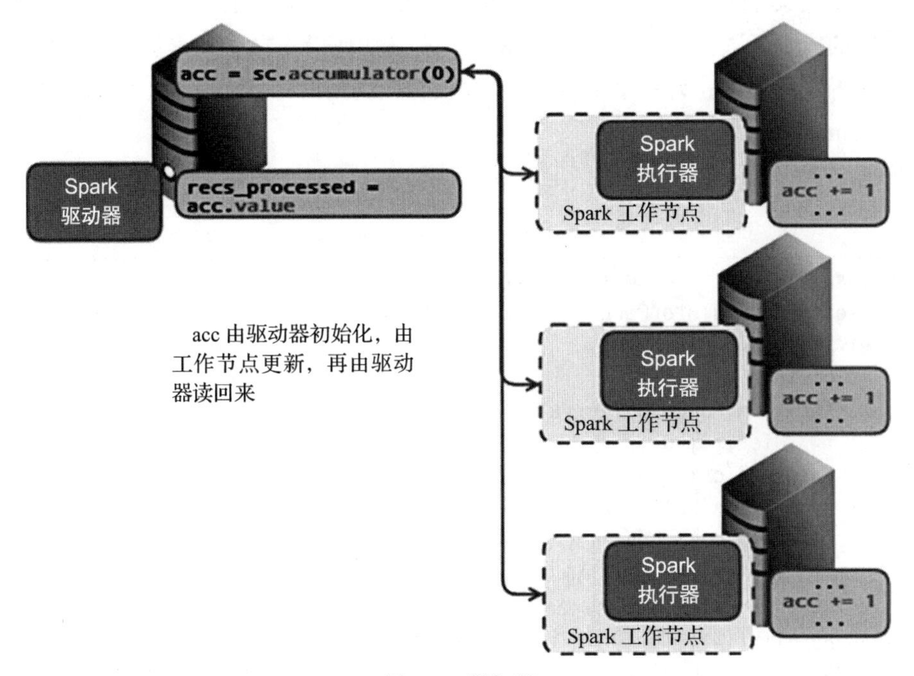

图 5.2　累加器

从编程的角度来看，累加器非常易懂。程序清单 5.7 所使用的 Spark 编程中与累加器相关的函数会在接下来的几节中详细说明。

1. accumulator()

语法：

```
sc.accumulator(value, accum_param=None)
```

accumulator() 方法在指定的 SparkContext 中创建出 Accumulator 对象的一个实例，并把它根据 value 参数给定的初始值初始化。accum_param 参数可以用来定义自定义累加器，等会儿会介绍。

2. value()

语法：

```
Accumulator.value()
```

value() 方法用来获取累加器的值。这个方法只能在驱动器程序中使用。

3. 自定义累加器

在 SparkContext 中创建的标准累加器支持原生数值类型，例如 int 和 float。而自定义累加器可以对标量数值以外的数据类型执行聚合操作。自定义累加器需要通过 AccumulatorParam 辅助对象创建。唯一的要求是所执行的操作需满足交换律和结合律，也就是说改变操作顺序或改变前后次序都不会影响结果。

自定义累加器常用来把向量累加为 Python 中的列表或者字典。从概念上来说，对于非数学环境中的非数值操作，也适用相同的原则。比如，自定义累加器也可以用来连接字符串。

要使用自定义累加器，需要扩展 AccumulatorParam 类为一个自定义类。这个类需要包含两个特殊的成员函数：一个是 addInPlace()，定义如何操作自定义累加器对应数据类型的两个对象获得新的结果；另一个是 zero()，提供对应类型的“零值”，比如 map 类型的“零值”是空的 map。

程序清单 5.8 展示了一个使用自定义累加器把向量累加为 Python 字典的示例。

程序清单 5.8　自定义累加器

```
from pyspark import AccumulatorParam
class VectorAccumulatorParam(AccumulatorParam):
    def zero(self, value):
        dict1={}
        for i in range(0,len(value)):
            dict1[i]=0
        return dict1
    def addInPlace(self, val1, val2):
        for i in val1.keys():
            val1[i] += val2[i]
        return val1
rdd1=sc.parallelize([{0: 0.3, 1: 0.8, 2: 0.4}, {0: 0.2, 1: 0.4, 2: 0.2}])
vector_acc = sc.accumulator({0: 0, 1: 0, 2: 0}, VectorAccumulatorParam())
def mapping_fn(x):
    global vector_acc
    vector_acc += x
# 做其他一些RDD处理……
rdd1.foreach(mapping_fn)
print vector_acc.value
# 返回{0: 0.5, 1: 1.2000000000000002, 2: 0.6000000000000001}
```

4. 累加器的用处

累加器一般用于运维场景，比如统计所处理的记录总数，或者跟踪错误记录的条数。你也可以用它们对记录的类型进行大致的计数，比如在映射处理日志事件时，统计发现的各种响应码的数量。

在某些情况下，用户可以把累加器用于应用内数据处理。下面的练习就展示了这样一个例子。

累加器的结果可能错误

如果在转化操作里使用累加器，可能会获得错误的结果，比如在 map() 操作内调用累加器执行累加操作计算结果的时候。阶段重试或预测执行会导致累加器重复计算，造成计算结果错误。如果要求绝对的正确性，你应该仅在由 Spark 驱动器执行的行动操作中使用累加器，比如行动操作 foreach()。如果你只是想要对超大数据集进行大致或定性的统计，那么完全可以在转化操作中更新累加器。这一行为可能在将来的版本中修改，就目前而言，只能凑合使用。

5.1.3　练习：使用广播变量和累加器

在第 4 章的 MapReduce 与单词计数练习中，我们下载了莎士比亚作品的文本文件，这个练习会展示如何计算单词的平均长度。在这个练习里，你会使用广播变量去掉一些已知的终止词（a、and、or、the），然后使用累加器计算单词的平均长度，具体步骤如下：

1）使用可用的任意模式（本地模式、YARN 客户端模式或独立集群模式）打开 PySpark shell。这里以本地模式的单实例 Spark 部署为例：

```
$ pyspark --master local
```

2）使用 Python 3 内置的 urllib2 模块，从本书的 S3 存储桶导入英语的终止词列表（stop-word-list.csv），然后使用 split() 函数把数据转为 Python 中的一个列表：

```
import urllib.request
stopwordsurl = "https://s3.amazonaws.com/sparkusingpython/stopwords/
stop-word-list.csv"
req = urllib.request.Request(stopwordsurl)
with urllib.request.urlopen(req) as response:
    stopwordsdata = response.read().decode("utf-8")
stopwordslist = stopwordsdata.split(",")
```

3）从 stopwordslist 对象创建广播变量：

```
stopwords = sc.broadcast(stopwordslist)
```

4）分别初始化用于累加单词数与所有单词总长度的累加器：

```
word_count = sc.accumulator(0)
total_len = sc.accumulator(0.0)
```

注意因为之后把 total_len 作为除法操作的被除数，所以需要把它定义为浮点数来确保结果的精度。

5）构建函数来累加单词数量与单词总长度：

```
def add_values(word,word_count,total_len):
word_count += 1
total_len += len(word)
```

6）加载莎士比亚文本文件，将文档中的全部文本进行切分和标准化，使用广播变量 stopwords 筛除终止词，创建出 RDD：

```
words = sc.textFile('file:///opt/spark/data/shakespeare.txt') \
    .flatMap(lambda line: line.split()) \
```

```
    .map(lambda x: x.lower()) \
    .filter(lambda x: x not in stopwords.value)
```

7）使用行动操作 foreach 遍历结果 RDD 并调用 add_values 函数：

```
words.foreach(lambda x: add_values(x, word_count, total_len))
```

8）使用累加器的值计算单词平均长度，并展示最终结果：

```
avgwordlen = total_len.value/word_count.value
print("Total Number of Words: " + str(word_count.value))
print("Average Word Length: " + str(avgwordlen))
```

这段程序会返回单词总数 966958 以及单词平均长度 3.608722405730135。

9）现在，把本练习的全部代码都放到名为 average_word_length.py 的文件中，使用 spark-submit 执行程序。记住需要在脚本前添加下面几行代码：

```
from pyspark import SparkConf, SparkContext
conf = SparkConf().setAppName('Broadcast Variables and Accumulators')
sc = SparkContext(conf=conf)
```

本练习的完整源代码可以从 https://github.com/sparktraining/spark_using_python 的 average-word-length 文件夹中找到。

5.2 Spark 中的数据分区

大多数情况下，分区对于 Spark 处理不可或缺。高效的分区可以把应用性能提高几个数量级。反过来，低效的分区会导致程序无法跑完，过大的分区会引起执行器内存不足的错误等问题。

下面几段概述已经介绍过的 RDD 分区知识，然后讨论影响分区行为或更高效访问分区内数据的 API 方法。

5.2.1 分区概述

RDD 的转化操作创建的分区数一般是可以配置的。不过 Spark 还有一些默认行为需要我们了解。

在使用 HDFS 时，Spark 会把每个数据块（HDFS 中一个数据块一般是 128MB）作为一个 RDD 分区，如下所示：

```
myrdd = sc.textFile("hdfs:///dir/filescontaining10blocks")
myrdd.getNumPartitions()
# 返回10
```

groupByKey()、reduceByKey() 等一系列操作都会导致数据混洗，而且没有指定 numPartitions 值，这些操作产生的分区数等于配置项 spark.default.parallelism 对应的值。参见如下示例：

```
# 配置spark.default.parallelism=4
```

```
myrdd = sc.textFile("hdfs:///dir/filescontaining10blocks")
mynewrdd = myrdd.flatMap(lambda x: x.split()) \
  .map(lambda x:(x,1)) \
  .reduceByKey(lambda x, y: x + y)
mynewrdd.getNumPartitions()
# 返回4
```

如果 spark.default.parallelism 配置参数没有设置，那么转化操作产生的分区数与当前 RDD 谱系中的上游 RDD 的最大分区数相等。下面是一个例子：

```
# 不配置spark.default.parallelism的值
myrdd = sc.textFile("hdfs:///dir/filescontaining10blocks")
mynewrdd = myrdd.flatMap(lambda x: x.split()) \
  .map(lambda x:(x,1)) \
  .reduceByKey(lambda x, y: x + y)
mynewrdd.getNumPartitions()
# 返回10
```

Spark 使用的默认分区方式类是 HashPartitioner，它把所有的键以确定性的哈希方法求哈希值，然后使用键的哈希值创建出一组大致均衡的桶。目的是根据键把数据均匀地分到指定数量的分区中。

filter() 等一些 Spark 转化操作不允许用户改变所产生的 RDD 的分区行为。比如，如果你对一个有 4 个分区的 RDD 使用 filter() 函数，所产生的过滤后的新 RDD 仍然为 4 个分区，分区方式也和原 RDD 一样（也就是哈希分区）。

尽管默认行为一般也没什么问题，但在某些特殊情况下，还是可能导致效率低下。幸好 Spark 提供了集中解决这些潜在问题的机制。

5.2.2　掌控分区

一个 RDD 应该有多少分区？对于这个问题来说，分区过多或过少都会导致问题。如果分区过少，则单个分区过大，可能导致执行器内存不足。而小分区过多也不好，因为输入集即使规模很小，也会生成过多任务。大小分区混合会在打开了预测执行的情况下导致发生不必要的预测执行。**预测执行**（speculative execution）是集群调度器对于执行较慢的进程的抢占机制。如果 Spark 应用中少数进程慢的根本原因是低效的分区，那么预测执行在这种情况下也无济于事。

让我们分析图 5.3 所示的场景。

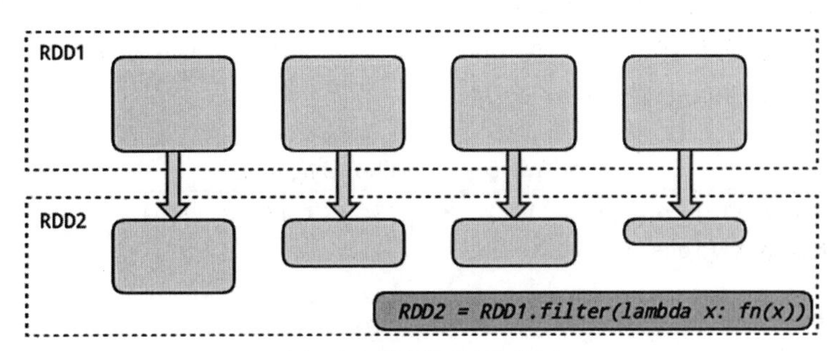

图 5.3　数据倾斜的分区

filter() 操作对每个输入分区一对一地创建了一个新分区，把满足过滤条件的记录写入对应的新分区里。这会导致一些分区中的数据明显少于其他分区，造成不好的结果，比如数据倾斜，这可能在后续阶段中引起预测执行和性能表现欠佳。

在这种场景下，你可以使用 Spark API 中提供的重分区方法，包括 partitionBy()、coalesce()、repartition() 以及 repartitionAndSortWithinPartitions()，稍后就逐一介绍它们。

这些函数接收已分区的输入 RDD，创建分区数为 n 的新 RDD，这里的 n 可以比原始的分区数更多，也可以更少。以图 5.3 的情况为例，在图 5.4 里，repartition() 函数使用默认的 HashPartitioner 把 4 个不均匀分布的分区合并为两个较为均匀的分区。

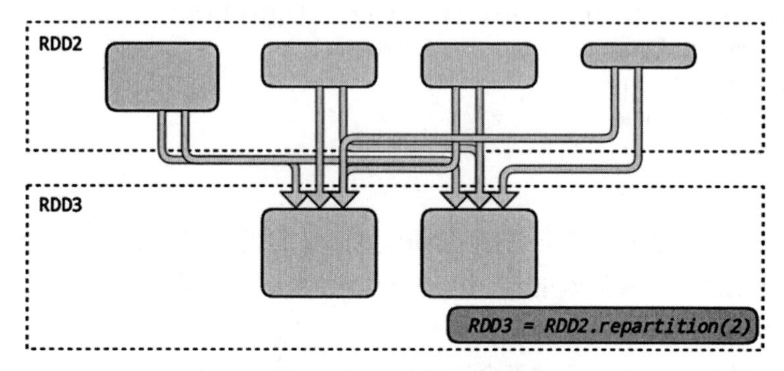

图 5.4　repartition() 函数

> **确定最佳的分区数**
>
> 通常来说，要找到最佳的分区数，需要尝试不同的值，直到找到收益递减点（无论增减分区都会引起性能下降）。选择起始点的简单公理是使用两倍的集群核心，也就是两倍的所有工作节点处理器核心。另外，当数据集变化时，最好也要重新考虑使用的分区数。

5.2.3　重分区函数

下面几段介绍了几个主要的 RDD 重分区函数。

1. partitionBy()

语法：

```
RDD.partitionBy(numPartitions, partitionFunc=portable_hash)
```

partitionBy() 方法返回的 RDD 包含的数据与输入 RDD 相同，但是分区数变成了 numPartitions 参数指定的分区数，默认使用 portable_hash 函数（HashPartitioner）进行分区。程序清单 5.9 展示了 partitionBy() 的一个例子。

程序清单 5.9　partitionBy() 函数

```
kvrdd = sc.parallelize([(1,'A'),(2,'B'),(3,'C'),(4,'D')],4)
kvrdd.getNumPartitions()
# 返回4
kvrdd.partitionBy(2).getNumPartitions()
# 返回2
```

partitionBy() 函数也会被其他函数调用，比如 sortByKey() 就会使用 rangePartitioner 函数而不是 portable_hash 函数来调用 partitionBy()。rangePartitioner 把记录根据键排序，分入大小均匀的范围分区。这是哈希分区的一种替代方式。

转化操作 partitionBy() 对于实现自定义分区很有用，例如假设想把网络日志按月分区。自定义分区函数需要用键作为输入，返回一个在 0 和 partitionBy() 函数指定的 numPartitions 之间的值，然后使用返回值把元素放到对应的目标分区中。

2. repartition()

语法：

```
RDD.repartition(numPartitions)
```

repartition() 方法返回的 RDD 包含的数据与输入 RDD 相同，分区数与 numPartitions 指定的完全一样。repartition() 方法会引起数据混洗，并且它不像 partitionBy() 可以改变分区函数，也就是无法改变分区依据。repartition() 方法也允许创建比输入 RDD 更多的分区数。程序清单 5.10 展示了 repartition() 函数的一个示例。

程序清单 5.10 repartition() 函数

```
kvrdd = sc.parallelize([(1,'A'),(2,'B'),(3,'C'),(4,'D')],4)
kvrdd.repartition(2).getNumPartitions()
# 返回2
```

3. coalesce()

语法：

```
RDD.coalesce(numPartitions, shuffle=False)
```

coalesce() 方法返回的 RDD 的分区数由 numPartitions 参数指定。coalesce() 方法也允许用户用布尔类型的 shuffle 参数控制是否触发数据混洗。coalesce(n, shuffle=True) 操作等价于 repartition(n)。

coalesce() 方法是对 repartition() 优化的实现。不过，与 repartition() 不同的是，coalesce() 让用户能更多地控制混洗行为，同时在很多情况下允许避免数据移动。另外，coalesce() 只允许使用比输入 RDD 更少的目标分区数，这也和 repartition() 不同。

程序清单 5.11 演示了 coalesce() 函数在 shuffle 参数设置为 False 时的用法。

程序清单 5.11 coalesce() 函数

```
kvrdd = sc.parallelize([(1,'A'),(2,'B'),(3,'C'),(4,'D')],4)
kvrdd.coalesce(2, shuffle=False).getNumPartitions()
# 返回2
```

4. repartitionAndSortWithinPartitions()

语法：

```
RDD.repartitionAndSortWithinPartitions(numPartitions=None,
partitionFunc=portable_hash,
```

```
ascending=True,
keyfunc=<lambda function>)
```

repartitionAndSortWithinPartitions() 方法把输入 RDD 根据 partitionFunc 参数指定的函数，重新分区为 numPartitions 参数指定的分区数。在生成的每个分区中，记录根据键按照 keyfunc 参数定义的函数和 ascending 参数定义的顺序排序。

repartitionAndSortWithinPartitions() 方法常用来实现辅助排序。键值对 RDD 的排序功能通常基于键的任意哈希值或范围，而对于使用 ((k1, k2), v) 这样的复合键的键值对，情况就更加复杂了。如果你想要先根据 k1 排序，然后在分区内对每个 k1 值再根据 k2 排序，这样就需要使用辅助排序。

程序清单 5.12 演示了如何使用 repartitionAndSortWithinPartitions() 方法对具有复合键的键值对 RDD 进行辅助排序。键的第一个部分按组分到各自对应的分区里，然后使用键的第二部分按降序排序。注意我们使用了 glom() 函数来查看分区，稍后会有进一步介绍。

程序清单 5.12 repartitionAndSortWithinPartitions() 函数

```
kvrdd = sc.parallelize([((1,99),'A'),((1,101),'B'),((2,99),'C'),((2,101),'D')],2)
kvrdd.glom().collect()
# 返回:
# [[((1, 99), 'A'), ((1, 101), 'B')], [((2, 99), 'C'), ((2, 101), 'D')]]
kvrdd2 = kvrdd.repartitionAndSortWithinPartitions( \
numPartitions=2,
ascending=False,
keyfunc=lambda x: x[1])
kvrdd2.glom().collect()
# 返回:
# [[((1, 101), 'B'), ((1, 99), 'A')], [((2, 101), 'D'), ((2, 99), 'C')]]
```

5.2.4 针对分区的 API 方法

Spark 中的许多方法都是把分区作为原子单位进行交互的，这些方法中既有行动操作，也有转化操作。下面几节会介绍其中的一些方法。

1. foreachPartition()

语法：

```
RDD.foreachPartition(func)
```

foreachPartition() 方法是一个行动操作，它类似于行动操作 foreach()，会把 func 参数指定的函数应用到 RDD 的每个分区。程序清单 5.13 展示了 foreachPartition() 方法的一个例子。

程序清单 5.13 行动操作 foreachPartition()

```
def f(x):
    for rec in x:
        print(rec)
kvrdd = sc.parallelize([((1,99),'A'),((1,101),'B'),((2,99),'C'),((2,101),'D')],2)
kvrdd.foreachPartition(f)
```

```
# 返回:
# ((1, 99), 'A')
# ((1, 101), 'B')
# ((2, 99), 'C')
# ((2, 101), 'D')
```

牢记 foreachPartition() 是行动操作，而不是转化操作，因此它会触发对输入 RDD 及其整个谱系的计算。另外，这个函数还会导致数据传输到驱动器端，因此在运行这个函数时需要注意最终 RDD 的数据量。

2. glom()

语法：

```
RDD.glom()
```

glom() 方法把 RDD 的每个分区中的元素合并为一个列表，以新的 RDD 返回。这个方法可以用于以列表的形式查看 RDD 分区。示例详见程序清单 5.12。

3. lookup()

语法：

```
RDD.lookup(key)
```

lookup() 方法返回 RDD 中与 key 参数指定的键相匹配的数据的列表。如果操作的 RDD 的分区方式是已知的，那么 lookup() 会利用它来收紧对键所属的分区的搜索。

程序清单 5.14 展示了 lookup() 方法的一个示例。

程序清单 5.14 lookup() 方法

```
kvrdd = sc.parallelize([(1,'A'),(1,'B'),(2,'C'),(2,'D')],2)
kvrdd.lookup(1)
# 返回['A', 'B']
```

4. mapPartitions()

语法：

```
RDD.mapPartitions(func, preservesPartitioning=False)
```

mapPartitions() 方法将 func 参数指定的方法用于输入 RDD 的每个分区，返回一个新的 RDD。程序清单 5.15 演示了使用 mapPartitions() 方法反转每个分区内记录的键和值。

程序清单 5.15 mapPartitions() 函数

```
kvrdd = sc.parallelize([(1,'A'),(1,'B'),(2,'C'),(2,'D')],2)
def f(iterator): yield [(b, a) for (a, b) in iterator]
kvrdd.mapPartitions(f).collect()
# 返回[[('A', 1), ('B', 1)], [('C', 2), ('D', 2)]]
```

mapPartitions() 方法的一大优势在于它只对每个分区使用一次指定函数，而不是每个元素一次。如果创建这个函数有很大的额外开销，那么使用这种方式就好得多。

Spark 里许多其他的转化操作会在内部使用 mapPartitions() 函数。还有一个有关的转化操作 mapPartitionsWithIndex()，它提供类似的功能，但是还跟踪了原始分区的序号。

5.3　RDD 的存储选项

到目前为止，我们已经介绍了 RDD 是对象的分布式不可变的集合，其中的对象分布在集群中工作节点的内存中。其实 RDD 还有其他的基于一系列原因而更合适的存储选项。在介绍 RDD 的各种存储级别和 RDD 缓存以及持久化之前，让我们先复习一下 RDD 谱系的概念。

5.3.1　回顾 RDD 谱系

我们介绍过，Spark 会把程序的执行过程以 DAG（有向无环图）的形式进行规划，DAG 把操作按阶段和阶段依赖进行了划分。像 map() 这样的一些操作可以完全地并发执行，而像 reduceByKey() 这样的一些操作则需要数据混洗。这样自然而然就引入了阶段依赖。

Spark 驱动器记录着每个 RDD 的谱系，也就是为生成一个 RDD 或其分区所需的一系列转化操作。这使得每个 RDD 的每个阶段都可以在发生故障时进行重算，提供了弹性分布式数据集的所谓弹性。

图 5.5 中是一个简单的例子，它只包含一个阶段。

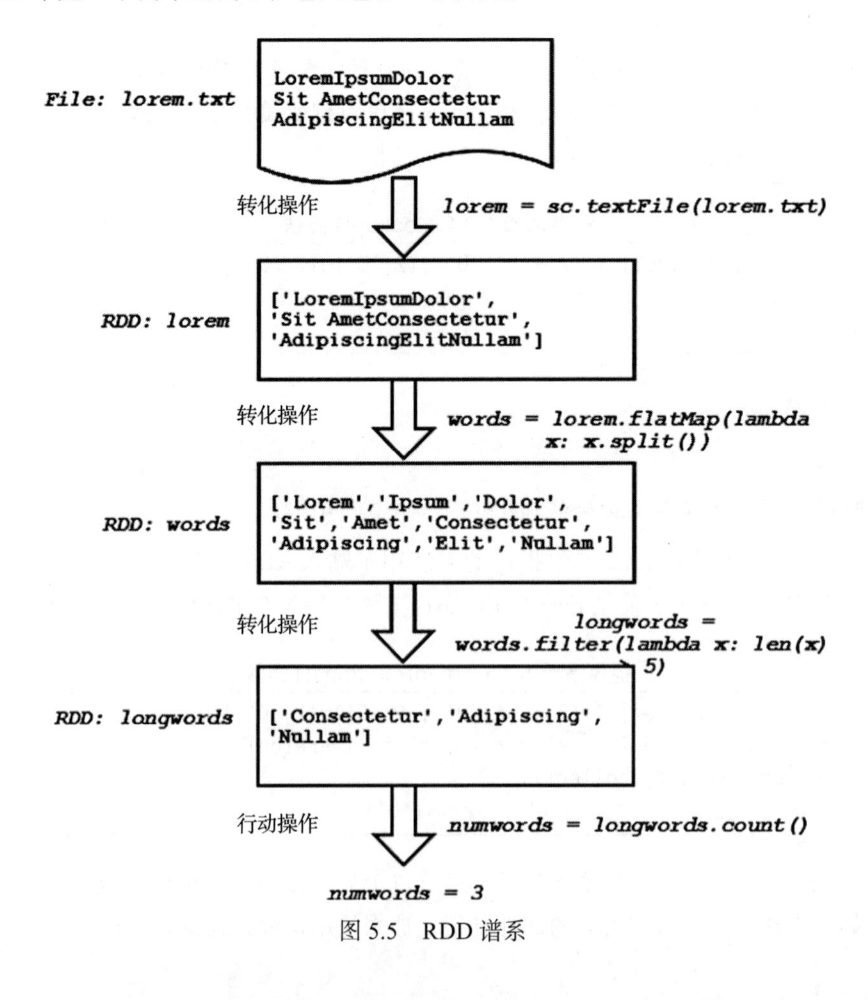

图 5.5　RDD 谱系

程序清单 5.16 展示了使用 toDebugString() 函数展示 Spark 创建的物理执行计划的概要情况。

程序清单 5.16　toDebugString() 函数

```
>>> print(longwords.toDebugString())
(1) PythonRDD[6] at collect at <stdin>:1 []
| MapPartitionsRDD[1] at textFile at ..[]
| file://lorem.txt HadoopRDD[0] at textFile at ..[]
```

行动操作 longwords.count() 强制计算了 longwords 的所有父 RDD。如果在调用这个行动操作之后，再次调用这个行动操作或其他行动操作，比如 longwords.take(1) 或 longwords.collect()，还是会触发整个谱系的重新计算。在数据量不大并且只有一两个阶段这样的简单情况里，这些重复计算问题不大，但在大多数情况下重复计算非常低效，并且严重影响了故障时的恢复时间。

5.3.2　RDD 存储选项

不论 Spark 集群部署在 YARN、独立集群还是 Mesos 上，RDD 都以分区的形式存储在集群中不同的工作节点上。表 5.2 总结了全部 6 种可供选择的基本存储级别。

表 5.2　RDD 存储级别

存储级别	说　明
MEMORY_ONLY	仅把 RDD 分区存储在内存中。这是存储级别的缺省值。
MEMORY_AND_DISK	把内存里存不下的 RDD 分区存储在硬盘上。
MEMORY_ONLY_SER*	把 RDD 分区以序列化的对象的形式存储在内存中。使用这个选项可以节省内存，因为序列化的对象会比未序列化的对象占用更少的空间。
MEMORY_AND_DISK_SER*	把 RDD 分区以序列化的对象的形式存储在内存里。内存中放不下的对象溢写到硬盘上。
DISK_ONLY	仅把 RDD 分区存储在硬盘上。
OFF_HEAP	把 RDD 分区以序列化的对象的形式存储在内存里。该选项要求使用堆外内存。注意这个存储选项仅供试验性目的使用。

* 这些选项只能在 Java 或 Scala 中使用。在使用 Spark 的 Python API 时，对象始终使用 Pickle 库序列化，因此没有必要指明是否序列化。

另外，表 5.2 列出的所有基本存储级别都有对应的带备份的存储选项。这些选项会把每个分区存在集群的多个节点上。RDD 备份会在集群上消耗更多的空间，但是也可以让任务在发生故障时得以继续执行，而无须等待丢失分区的重新计算。尽管 Spark 所有的 RDD 不论使用什么存储级别，都具有容错性，带备份的存储级别可以提供更快的错误恢复。

1. 存储级别标记值

存储级别是由一组控制 RDD 存储的标记值实现的。这些标记值决定是否使用内存、是否在内存放不下时溢写到硬盘、是否以序列化的形式存储对象，还有是否把 RDD 分区复制到多个节点上。这些标记值在 StorageLevel 的构造函数中实现，如程序清单 5.17 所示。

程序清单 5.17　StorageLevel 构造函数

```
StorageLevel(useDisk,
    useMemory,
    useOffHeap,
    deserialized,
    replication=1)
```

参数 useDisk、useMemory、useOffHeap 还有 deserialized 是布尔类型的值，而参数 replication 是整型值且默认为 1。表 5.2 列出的 RDD 存储级别实际上是可以作为常用存储级别使用的静态常量。表 5.3 展示了这些静态常量，以及它们对应的标记值。

表 5.3　StorageLevel 常量与对应的标记值

常量	useDisk（使用硬盘）	useMemory（使用内存）	useOffHeap（使用堆外内存）	deserialized（未序列化）	replication（复制份数）
MEMORY_ONLY	False	True	False	True	1
MEMORY_AND_DISK	True	True	False	True	1
MEMORY_ONLY_SER	False	True	False	False	1
MEMORY_AND_DISK_SER	True	True	False	False	1
DISK_ONLY	True	False	False	False	1
MEMORY_ONLY_2	False	True	False	True	2
MEMORY_AND_DISK_2	True	True	False	True	2
MEMORY_ONLY_SER_2	False	True	False	False	2
MEMORY_AND_DISK_SER_2	True	True	False	False	2
DISK_ONLY_2	True	False	False	False	2
OFF_HEAP	False	False	True	False	1

2. getStorageLevel()

语法：

```
RDD.getStorageLevel()
```

Spark API 包含一个名为 getStorageLevel() 的函数，你可以用它查看 RDD 的存储级别。getStorageLevel() 函数返回给定 RDD 的各种存储选项的标记值。如果使用 PySpark，返回值则是类 pyspark.StorageLevel 的一个实例。程序清单 5.18 展示了如何使用 getStorageLevel() 函数。

程序清单 5.18　getStorageLevel() 函数

```
>>> lorem = sc.textFile('file://lorem.txt')
>>> lorem.getStorageLevel()
StorageLevel(False, False, False, False, 1)
# 获取单个标记值
>>> lorem_sl = lorem.getStorageLevel()
>>> lorem_sl.useDisk
False
>>> lorem_sl.useMemory
False
```

```
>>> lorem_sl.useOffHeap
False
>>> lorem_sl.deserialized
False
>>> lorem_sl.replication
1
```

3. 选择存储级别

RDD 存储级别让用户可以调优 Spark 作业，并且可以容纳集群所有内存都放不下的大规模操作。此外，可用存储级别的复制选项可以减少任务或节点发生故障时的恢复时间。

一般来说，如果 RDD 能保存在集群的可用内存中，那么使用默认的仅使用内存的存储级别就足够了，所提供的性能也是最好的。

5.3.3　RDD 缓存

Spark 里的 RDD 及其所有父 RDD 会在同一个会话或应用中每次调用行动操作时重新计算。缓存 RDD 会把数据持久化到内存中。当后续调用行动操作时，其他要用到这个 RDD 的计算就可以多次重用缓存，而无须重新计算。

缓存不会触发执行或计算。实际上，缓存更像是一种建议。如果没有足够的内存可以缓存 RDD，RDD 还会在每次有行动操作触发时计算整个谱系。缓存不会溢写到硬盘，因为缓存只使用内存。缓存的 RDD 使用存储级别 MEMORY_ONLY 持久化。

在适当的场景下，缓存是提高应用性能的有力工具。程序清单 5.19 展示了缓存 RDD 的一个示例。

程序清单 5.19　缓存 RDD

```
doc = sc.textFile("file:///opt/spark/data/shakespeare.txt")
words = doc.flatMap(lambda x: x.split()) \
    .map(lambda x: (x,1)) \
    .reduceByKey(lambda x, y: x + y)
words.cache()
words.count() # 触发计算
# 返回：33505
words.take(3) # 无须计算
# 返回：[('Quince', 8), ('Begin', 9), ('Just', 12)]
words.count() # 无须计算
# 返回：33505
```

5.3.4　持久化 RDD

缓存的分区，也就是调用了 cache() 方法的 RDD 的分区，存储在 Spark 工作节点上的执行器的 JVM 中。如果有一个工作节点要宕机或变为不可用状态，Spark 需要从对应 RDD 的谱系重新计算缓存的分区。

第 4 章介绍的 persist() 方法提供了其他的存储选项，包括 MEMORY_AND_DISK、DISK_

ONLY、MEMORY_ONLY_SER、MEMORY_AND_DISK_SER，还有与 cache() 方法一样的 MEMORY_ONLY。在使用任意一种需要硬盘的存储选项时，持久化的分区会以本地文件的形式，存储在运行对应应用的 Spark 执行器的工作节点上。你可以使用持久化在硬盘上的数据，重建出因执行器或内存出故障而丢失的分区。

另外，persist() 可以使用备份，把同一个分区持久化到多个节点。备份可以进一步减少重新计算的发生，因为重新计算的触发需要不止一个节点发生故障或进入不可用状态。

持久化在提供了比缓存更高的耐用性的同时，依旧提供了性能提升。我们再次强调，不论 Spark 中的 RDD 是否持久化，它们都是容错的，总是可以在发生故障时重建。持久化只是加快了重建的过程。

持久化和缓存一样，只是一个建议，只会在有行动操作触发该 RDD 计算时才真正发生。如果没有足够的资源，持久化就不会发生，比如在内存不足时。

你可以使用 getStorageLevel() 方法查看任意阶段的任意 RDD 的持久化状态和当前的存储级别。这个方法在本章中已经有所介绍。

下面介绍了 RDD 持久化和解除持久化的方法。

1. persist()

语法：

```
RDD.persist(storageLevel=StorageLevel.MEMORY_ONLY_SER)
```

persist() 方法指定了 RDD 所需的存储级别和存储属性。在 RDD 第一次被计算时，所需的存储选项才真正达成。如果无法实现这样的存储级别，比如如果要把 RDD 持久化在内存中而恰好内存不足，那么 Spark 会回到没有持久化时的那种仅仅在内存中保留所需分区的行为。

storageLevel 参数可以使用静态常量，也可以使用存储标记值的集合（见 5.3.2 节）。例如，要设置存储级别为 MEMORY_AND_DISK_SER_2，你可以使用下列两种中的任意一种：

```
myrdd.persist(StorageLevel.MEMORY_AND_DISK_SER_2)
myrdd.persist(StorageLevel(True, True, False, False, 2))
```

默认的存储级别为 MEMORY_ONLY。

2. unpersist()

语法：

```
RDD.unpersist()
```

unpersist() 方法“解除持久化”RDD。当某个 RDD 不再需要持久化时调用这个方法。还有，如果你想要改变一个已经持久化的 RDD 的存储选项，你必须先解除这个 RDD 的持久化。如果尝试改变已经标记为持久化的 RDD 的存储级别，则会遇到异常提示：无法在为 RDD 设置存储级别后再修改存储级别（Cannot change storage level of an RDD after it was already assigned a level.）。

程序清单 5.20 展示了持久化的几个例子。

程序清单 5.20 持久化 RDD

```
doc = sc.textFile("file:///opt/spark/data/shakespeare.txt")
words = doc.flatMap(lambda x: x.split()) \
    .map(lambda x: (x,1)) \
    .reduceByKey(lambda x, y: x + y)
words.persist()
words.count()
# 返回：33505
words.take(3)
# 返回：[('Quince', 8), ('Begin', 9), ('Just', 12)]
print(words.toDebugString().decode("utf-8"))
# 返回：
# (1) PythonRDD[46] at RDD at PythonRDD.scala:48 [Memory Serialized 1x Replicated]
#  |       CachedPartitions: 1; MemorySize: 644.8 KB; ExternalBlockStoreSize: ...
#  |  MapPartitionsRDD[45] at mapPartitions at PythonRDD.scala:427 [...]
#  |  ShuffledRDD[44] at partitionBy at NativeMethodAccessorImpl.java:0 [...]
#  +-(1) PairwiseRDD[43] at reduceByKey at <stdin>:3 [Memory Serialized 1x ...]
#     |  PythonRDD[42] at reduceByKey at <stdin>:3 [Memory Serialized 1x Replicated]
#     |  file:///opt/spark/data/shakespeare.txt MapPartitionsRDD[41] at textFile ...
#     |  file:///opt/spark/data/shakespeare.txt HadoopRDD[40] at textFile at ...
```

注意 unpersist() 方法也可以用于把使用 cache() 方法缓存的 RDD 移出缓存。

我们也可以在 Spark 应用的用户界面的 Storage（存储）标签页中查看持久化的 RDD，如图 5.6 和图 5.7 所示。

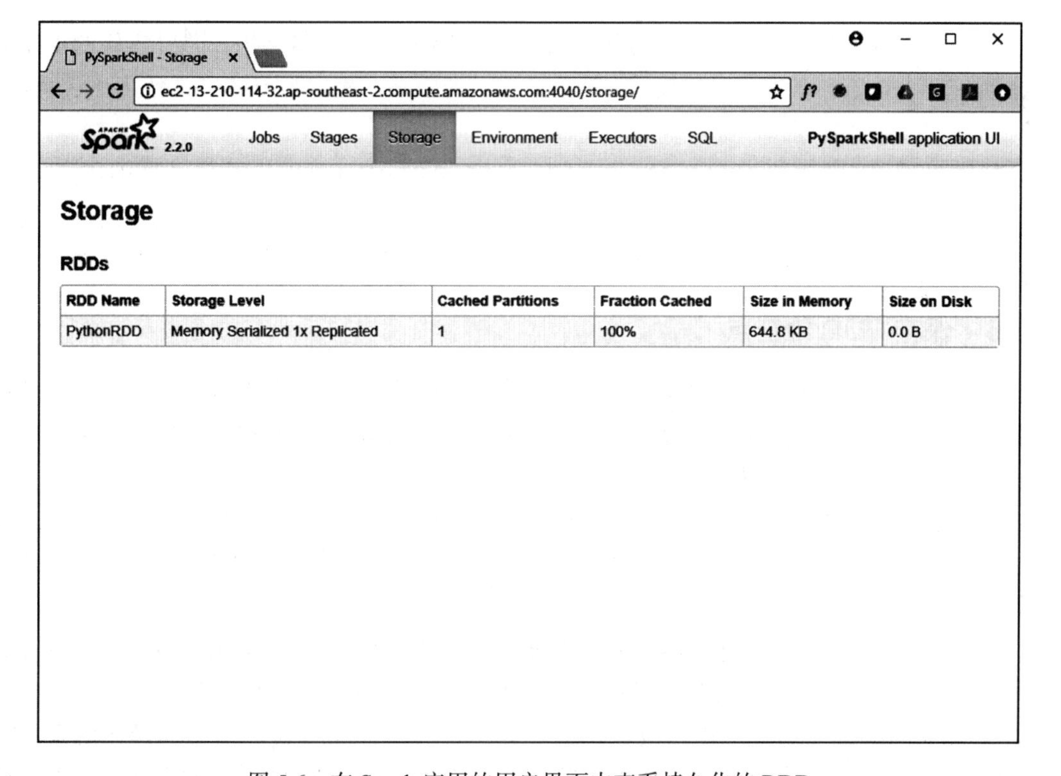

图 5.6 在 Spark 应用的用户界面中查看持久化的 RDD

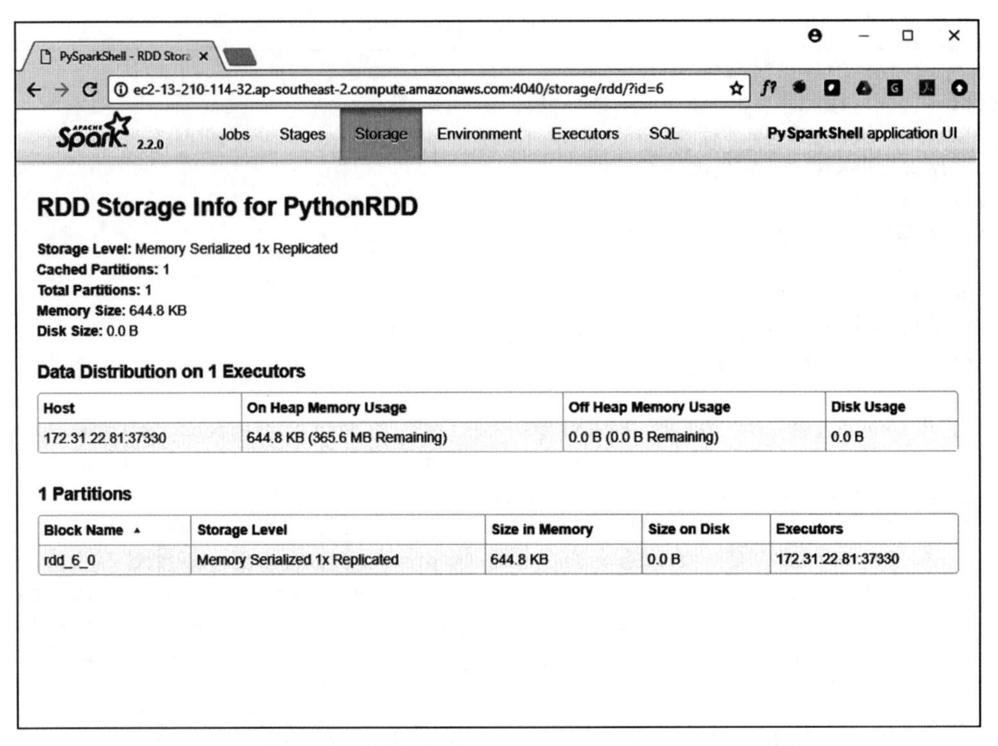

图 5.7　在 Spark 应用的用户界面中查看持久化的 RDD 的详情

5.3.5　选择何时持久化或缓存 RDD

缓存可以提高性能，减少恢复时间。如果一个 RDD 可能重复使用，并且集群的工作节点上有充足的内存，缓存这些 RDD 一般会有不错的效果。机器学习中经常使用迭代算法，这种算法就很适合缓存。

缓存减少了发生故障的恢复时间，因为需要重算的 RDD 可以从缓存住的 RDD 开始计算。然而，如果想获得更高一级的耐用性，可以考虑使用一种基于硬盘的持久化选项，或是更高的备份级别，这都可以提高 RDD 在 Spark 集群上的某处存在持久化的备份的可能性。

5.3.6　保存 RDD 检查点

保存检查点会把数据保存到文件里。和刚刚介绍的基于硬盘的持久化选项的不同之处在于，这种持久化会在 Spark 驱动器程序完成时删除持久化的 RDD 数据，而检查点保存的数据在应用结束后依然保存着。

检查点机制让 Spark 可以不再维护 RDD 谱系，因为当谱系过长时会导致很多问题，例如在流式处理或迭代处理应用中就可能发生。长长的谱系一般会导致很长的恢复时间，并且可能导致栈溢出。

把数据的检查点保存到 HDFS 这样的分布式文件系统上，也可以让我们获得更好的存储容错性。保存检查点的代价较大，因此在要保存 RDD 检查点时，三思而后行。

与缓存和持久化选项一样，检查点也只会在有例如 count() 这样的行动操作触发了该 RDD 的计算时真正保存。注意需要在有任何行动操作用到这个 RDD 之前，就请求保存该

RDD 的检查点。

下面介绍了与检查点有关的一些方法。

1. setCheckpointDir()

语法：

```
sc.setCheckpointDir(dirName)
```

setCheckpointDir() 方法设置把 RDD 的检查点存到哪个目录内。如果在 Hadoop 集群上运行 Spark，dirName 参数指定的目录需要是一个 HDFS 路径。

2. checkpoint()

语法：

```
RDD.checkpoint()
```

checkpoint() 方法把 RDD 标记为需要保存检查点。在执行第一个用到该 RDD 的行动操作时，它的检查点就会保存下来，而文件保存的目录是通过 setCheckpointDir() 方法设置的。checkpoint() 方法必须在任何行动操作请求该 RDD 之前调用。

当检查点保存完毕时，包括所有引用该 RDD 和父 RDD 的完整的 RDD 谱系都会被删除。

> **在执行 checkpoint() 之前指定检查点路径**
>
> *你需要使用 setCheckpointDir() 方法，在尝试保存 RDD 检查点之前，指定检查点路径。否则，你会遇到如下错误：*
>
> ```
> org.apache.spark.SparkException:
> Checkpoint directory has not been set in the SparkContext
> ```

这个检查点路径只对当前 SparkContext 有效，因此你需要在每个 Spark 应用中分别执行 setCheckpointDir()。另外还要注意，检查点路径不能由不同的 Spark 应用共享。

3. isCheckpointed()

语法：

```
RDD.isCheckpointed()
```

isCheckpointed() 函数返回一个布尔值，表示该 RDD 是否被设置了检查点。

4. getCheckpointFile()

语法：

```
RDD. getCheckpointFile()
```

getCheckpointFile() 函数返回 RDD 检查点所保存的文件的文件名。

程序清单 5.21 演示了检查点的用法。

程序清单 5.21　保存 RDD 检查点

```
sc.setCheckpointDir('file:///opt/spark/data/checkpoint')
doc = sc.textFile("file:///opt/spark/data/shakespeare.txt")
```

```
words = doc.flatMap(lambda x: x.split()) \
    .map(lambda x: (x,1)) \
    .reduceByKey(lambda x, y: x + y)
words.checkpoint()
words.count()
# 返回：33505
words.isCheckpointed()
# 返回：True
words.getCheckpointFile()
# 返回：
# 'file:/opt/spark/data/checkpoint/df6370eb-7b5f-4611-99a8-bacb576c2ea1/rdd-15'
```

5.3.7 练习：保存 RDD 检查点

本练习展示了检查点对于迭代程序的作用。使用以任何方式安装的 Spark，跟着下列步骤做：

1）在这个练习中，你要以非交互模式运行一个脚本，并且需要限制输出的日志消息，因此应执行下列步骤：

a. 复制默认的 log4j.properties 模板文件，如下所示：

```
cd /opt/spark/conf
cp log4j.properties.template log4j.properties.erroronly
```

b. 使用文本编辑器（比如 Vi 或 Nano）打开新建的 log4j.properties.erroronly 文件，找到下面这一行：

```
log4j.rootCategory=INFO, console
```

c. 把这一行改为如下内容：

```
log4j.rootCategory=ERROR, console
```

保存文件。

2）新建一个名为 looping_test.py 的脚本，复制下列代码粘贴到该文件中：

```
import sys
from pyspark import SparkConf, SparkContext
sc = SparkContext()
sc.setCheckpointDir("file:///tmp/checkpointdir")
rddofints = sc.parallelize([1,2,3,4,5,6,7,8,9,10])
try:
    # 这会为rddofints创建一个超长谱系
    for i in range(1000):
        rddofints = rddofints.map(lambda x: x+1)
        if i % 10 == 0:
            print("Looped " + str(i) + " times")
            #rddofints.checkpoint()
            rddofints.count()
except Exception as e:
    print("Exception : " + str(e))
```

```
        print("RDD Debug String : ")
        print(rddofints.toDebugString())
        sys.exit()
    print("RDD Debug String : ")
    print(rddofints.toDebugString())
```

3）使用 spark-submit 和自定义的 log4j.properties 文件执行 looping_test.py 脚本，如下所示：

```
$ spark-submit \
--master local \
--driver-java-options \
"-Dlog4j.configuration=log4j.properties.erroronly" \
looping_test.py
```

迭代一定次数之后，你会看到如下所示的异常：

```
PicklingError: Could not pickle object as excessively deep recursion required.
```

4）再次使用文本编辑器打开 looping_test.py 文件，反注释下面这行：

```
#rddofints.checkpoint()
```

反注释后的文件应该是这样：

```
...
print("Looped " + str(i) + " times")
rddofints.checkpoint()
rddofints.count()
...
```

5）再次使用 spark-submit 执行该脚本，如第 3 步所示。现在你应该可以看到多亏了不时保存 RDD 的检查点，全部 1000 次迭代才得以完成。另外，注意在程序结束时打印的调试字符串：

```
(1) PythonRDD[301] at RDD at PythonRDD.scala:43 []
| PythonRDD[298] at RDD at PythonRDD.scala:43 []
| ReliableCheckpointRDD[300] at count at ...
```

检查点、缓存，还有持久化都是 Spark 编程中有用的功能。它们不仅能提高性能，还能在某些情况下带来程序是否能成功执行完成的区别，就像刚才这个练习所展示的那样。

这个练习的完整源代码可以在 https://github.com/sparktraining/spark_using_python 的 checkpointing 文件夹中找到。

5.4　使用外部程序处理 RDD

Spark 提供了一种使用 Spark 原生支持的语言（Scala、Python 以及 Java）之外的其他语言运行函数（转化操作）的机制。你可以使用 Ruby、Perl 或 Bash，还有其他语言。也不一定需要使用脚本语言，如果要在 Spark 里使用 C 或者 FORTRAN 也是可以的。

有各种原因让我们想要使用 Spark 原生语言以外的其他语言，比如我们可能想要在

Spark 程序中使用已有的而 Python、Scala 或 Java 中不存在的代码库，而不是使用 Spark 原生语言重新实现一遍。

可以通过 pipe() 函数实现在 Spark 中使用外部程序。

> **在 Spark 中使用外部进程可能导致的问题**
>
> 谨慎使用 pipe() 函数，因为调用的命令可能会使用过多的内存。因为 pipe() 函数生成的子进程不受 Spark 的资源管理控制，它们可能会导致运行在这些工作节点上的其他任务出现性能下降。

pipe()

语法：

```
RDD.pipe(command, env=None, checkCode=False)
```

pipe() 方法返回一个 RDD，它通过把输入 RDD 的元素通过“管道”传给 command 参数指定的外部进程，获取新 RDD 的对应元素。参数 env 是一个由环境变量组成的字典对象，默认值为 None。checkCode 参数指定是否检查 shell 命令的返回值。

使用 command 参数提供的脚本或程序需要从标准输入（STDIN）读取数据，并把输出写到标准输出（STDOUT）。

以程序清单 5.22 中保存为 parsefixedwidth.pl 的 Perl 脚本为例，这个脚本用来解析固定宽度的输出数据，这是一种常见的文件格式，来自大型机和古老的系统。要让这个脚本可执行，需要运行下列命令：

```
chmod +x parsefixedwidth.pl.
```

程序清单 5.22　外部转化操作程序示例（parsefixedwidth.pl）

```
#!/usr/bin/env perl
my $format = 'A6 A8 A20 A2 A5';
while (<>) {
       chomp;
       my( $custid, $orderid, $date,
        $city, $state, $zip) =
       unpack( $format, $_ );
       print "$custid\t$orderid\t$date\t$city\t$state\t$zip";
}
```

程序清单 5.23 演示了使用 pipe() 命令运行程序清单 5.22 中的 parsefixedwidth.pl 脚本。

程序清单 5.23　pipe() 函数

```
sc.addFile("/home/ubuntu/parsefixedwidth.pl")
fixed_width = sc.parallelize(['3840961028752220160317Hayward      CA94541'])
piped = fixed_width.pipe("parsefixedwidth.pl") \
.map(lambda x: x.split('\t'))
```

```
piped.collect()
# 返回[['384096', '10287522', '20160317', 'Hayward', 'CA', '94541']]
```

addFile() 操作不可或缺，因为你需要在运行转化操作 pipe() 之前，把 Perl 脚本 parsefixedwidth.pl 分发到集群中所有参与执行的工作节点上。

注意你还需要确保解释器或托管程序（在这个例子中是 Perl）在所有工作节点的工作路径上可以找到。这个示例的完整源代码可以在 https://github.com/sparktraining/spark_using_python 的 using-external-programs 文件夹内找到。

5.5　使用 Spark 进行数据采样

在使用 Spark 进行开发和探索时，你可能想要在对整个输入数据集执行处理之前，对 RDD 中的数据先进行采样。Spark 的 API 提供了几个可以用于采样 RDD，生成包含采样数据的新 RDD 的函数。这些采样函数包括返回新 RDD 的转化操作和返回数据到 Spark 驱动器程序的行动操作。下面几段会介绍 Spark 提供的一对分别为转化操作和行动操作的采样函数。

1. sample()

语法：

```
RDD.sample(withReplacement, fraction, seed=None)
```

转化操作 sample() 根据原 RDD 整体数据集的百分比，创建出由采样数据子集组成的新 RDD。

参数 withReplacement 是布尔类型的值，指定 RDD 中的元素是否会被多次采样（有放回采样还是无放回采样）。

参数 fraction 是一个在 0 和 1 之间的双精度浮点数，代表一个元素被选中的概率。也就是说，这个参数代表你希望返回的采样结果 RDD 占原始数据的大致百分比。注意如果把大于 1 的值传给这个参数，会默认当成 1 使用。

可选参数 seed 是一个整型值，代表随机数生成器使用的随机种子，这个随机数生成器用来决定一个元素是否包含在返回的 RDD 中。

程序清单 5.24 展示了使用转化操作 sample() 从一大堆网络日志创建约 10% 事件的子集数据的一个示例。

程序清单 5.24　使用 sample() 函数采样数据

```
doc = sc.textFile("file:///opt/spark/data/shakespeare.txt")
doc.count()
# 返回：129107
sampled_doc = doc.sample(False, 0.1, seed=None)
sampled_doc.count()
# 返回：12879 (大约是原始RDD的10%)
```

还有一个类似的 sampleByKey() 函数，用来操作键值对 RDD。

2. takeSample()

语法：

```
RDD.takeSample(withReplacement, num, seed=None)
```

行动操作 takeSample() 从被采样的 RDD 中返回一个随机的值列表。

参数 num 是随机选择的返回记录的条数。

参数 withReplacement 和 seed 的行为与刚才介绍的 sample() 函数中的类似。

程序清单 5.25 展示了行动操作 takeSample() 的一个示例。

程序清单 5.25　使用 takeSample() 函数

```
dataset = sc.parallelize([1,2,3,4,5,6,7,8,9,10])
dataset.takeSample(False, 3)
# 返回[6, 7, 5] (你的结果可能不一样! )
```

5.6　理解 Spark 应用与集群配置

Spark 中几乎一切都是可配置的，并且所有可配置的参数一般都有默认值。这一节详细介绍 Spark 应用和集群的配置，尤其是作为 Spark 工程师或 Spark 开发人员必须了解的一些设置和概念。

5.6.1　Spark 环境变量

Spark 环境变量通过 $SPARK_HOME/conf 路径下的 spark-env.sh 文件设置。它们设置 Spark 守护进程的行为和配置项，还有环境级的应用配置参数，比如应用应该选择何种 Spark 主进程。读取脚本文件 spark-env.sh 的如下所列：

- Spark 独立集群主进程和工作节点守护进程（在启动时）。
- 使用 spark-submit 提交的 Spark 应用。

程序清单 5.26 提供了一些常见环境变量的设置示范。这些环境变量可以在 spark-env.sh 文件里设置，也可以在运行交互式 Spark 进程（比如 pyspark 或 spark-shell）之前设置为 shell 的环境变量。

程序清单 5.26　Spark 环境变量

```
export SPARK_HOME=${SPARK_HOME:-/usr/lib/spark}
export SPARK_LOG_DIR=${SPARK_LOG_DIR:-/var/log/spark}
export HADOOP_HOME=${HADOOP_HOME:-/usr/lib/hadoop}
export HADOOP_CONF_DIR=${HADOOP_CONF_DIR:-/etc/hadoop/conf}
export HIVE_CONF_DIR=${HIVE_CONF_DIR:-/etc/hive/conf}
export STANDALONE_SPARK_MASTER_HOST=sparkmaster.local
export SPARK_MASTER_PORT=7077
export SPARK_MASTER_IP=$STANDALONE_SPARK_MASTER_HOST
export SPARK_MASTER_WEBUI_PORT=8080
export SPARK_WORKER_DIR=${SPARK_WORKER_DIR:-/var/run/spark/work}
export SPARK_WORKER_PORT=7078
export SPARK_WORKER_WEBUI_PORT=8081
export SPARK_DAEMON_JAVA_OPTS="-XX:OnOutOfMemoryError='kill -9 %p'"
```

接下来的几段介绍了一些最常见的 Spark 环境变量，以及它们的用处。

1. 与集群管理器无关的变量

表 5.4 介绍了一些与所使用的集群管理器无关的环境变量。

表 5.4 与集群管理器无关的变量

环境变量	说明
SPARK_HOME	Spark 安装路径的根目录（比如 /opt/spark 或 /usr/lib/spark）。这个变量要始终设置，尤其是系统里安装了多个不同版本的 Spark 的话。这个变量不正确设置是引起运行 Spark 应用遇到问题的常见原因。
JAVA_HOME	Java 安装的位置。
PYSPARK_PYTHON	供 PySpark 的驱动器和工作节点上的执行器使用的 Python 二进制可执行文件。如果没有指定，PySpark 会使用系统默认的 Python（which python 命令显示的那一个）。如果在任何驱动器或工作节点实例上使用了多个不同版本的 Python，这个变量一定要设置。
PYSPARK_DRIVER_PYTHON	供 PySpark 的驱动器使用的 Python 二进制可执行文件。默认值为 PYSPARK_PYTHON 设置的值。
SPARKR_DRIVER_R	供 SparkR shell 使用的 R 的二进制可执行文件。默认值为 R。

2. 与 Hadoop 有关的环境变量

如果以任意模式部署的 Spark 需要访问 HDFS，或者使用 YARN 客户端或 YARN 集群模式运行的 Spark 需要访问 YARN 资源，又或者 Spark 要访问 HCatalog 或 Hive 中的对象，我们就需要设置表 5.5 介绍的这些环境变量。

表 5.5 与 Hadoop 有关的环境变量

环境变量	说明
HADOOP_CONF_DIR 或 YARN_CONF_DIR	Hadoop 配置文件的位置（例如位于 /etc/hadoop/conf）。Spark 使用这个路径寻找默认的文件系统（一般是 HDFS NameNode 的 URI）和 YARN 资源管理器的地址。这两个环境变量设置一个就可以了，一般倾向于设置 HADOOP_CONF_DIR。
HADOOP_HOME	Hadoop 安装路径。Spark 使用这个环境变量寻找 Hadoop 配置文件。
HIVE_CONF_DIR	Hive 配置文件的位置。Spark 使用这个环境变量来定位 Hive 元数据库以及其他初始化 HiveContext 对象时需要的 Hive 属性。还有一些针对 HiveServer2 的环境变量，比如 HIVE_SERVER2_THRIFT_BIND_HOST 和 HIVE_SERVER2_THRIFT_PORT。一般来说，只要设置 HIVE_CONF_DIR 就足够了，因为 Spark 能推断出与它有关的其他属性。

3. YARN 专用的环境变量

表 5.6 介绍的环境变量是专门针对在 YARN 集群上运行的 Spark 应用的，不论使用集群部署模式还是客户端部署模式。

表 5.6 YARN 专用的环境变量

环境变量	说明
SPARK_EXECUTOR_INSTANCES	要在 YARN 集群上启动的 Spark 执行器的数量。默认值为 2。
SPARK_EXECUTOR_CORES	为每个执行器分配的 CPU 核心数。默认值为 1。
SPARK_EXECUTOR_MEMORY	为每个执行器分配的内存。默认值为 1GB。
SPARK_DRIVER_MEMORY	在以集群部署模式运行时，分配给驱动器进程的内存。默认值为 1GB。

（续）

环境变量	说　明
SPARK_YARN_APP_NAME	应用的名字。用于在 YARN 资源管理器用户界面中展示。默认值为 Spark。
SPARK_YARN_QUEUE	默认把应用提交到 YARN 的哪个队列中。默认值为 default。也可以通过 spark-submit 的参数进行设置。这用来决定资源分配和调度的优先级。
SPARK_YARN_DIST_FILES 或 SPARK_YARN_DIST_ARCHIVES	一个以逗号分隔的压缩文件列表，以随作业分发。这样执行器就能在运行时访问到这些文件。

前面提到过，在 YARN 集群上运行 Spark 应用时，需要设置环境变量 HADOOP_CONF_DIR。

4. 以集群模式部署应用时相关的环境变量

表 5.7 列出的变量用于以集群模式运行的应用，也就是使用 spark-submit 选择独立集群或 YARN 集群管理器并使用 --deploy-mode cluster 的情况。当使用 YARN 时，可以直接通过 --master yarn-cluster 一起去设置主进程参数与部署模式[⊖]。集群内的工作节点（Spark 工作节点或 YARN 的 NodeManager）上运行的执行器和驱动器进程会读取这些变量。

表 5.7　以集群模式部署应用时相关的环境变量

环境变量	说　明
SPARK_LOCAL_IP	用于在机器上绑定 Spark 进程的本地 IP 地址。
SPARK_PUBLIC_DNS	Spark 驱动器用于告知其他主机的主机名。
SPARK_CLASSPATH	Spark 默认的类路径。如果你要引入没有和 Spark 打包在一起的类，在运行时使用，那就有必要设置这个变量。
SPARK_LOCAL_DIRS	系统中用于 RDD 存储和混洗数据的路径。

运行交互式 Spark 会话（使用 pyspark 或 spark-shell）时，不会读取 spark-env.sh 文件，使用的是当前用户环境中的环境变量（如果设置过的话）。

许多 Spark 环境变量都有等价的配置属性，而配置属性可以用多种其他方式进行设置。我们很快就会对配置属性进行介绍。

5. 用于 Spark 独立集群守护进程的环境变量

表 5.8 展示了由 Spark 独立集群的守护进程（主进程和工作节点进程）读取的环境变量。

表 5.8　用于 Spark 独立集群守护进程的环境变量

环境变量	说　明
SPARK_MASTER_IP	运行 Spark 主进程的主机名或 IP 地址。Spark 集群的所有节点和任意用来提交应用的客户端都需要设置它。
SPARK_MASTER_PORT 和 SPARK_MASTER_WEBUI_PORT	分别用于 IPC 通信和主进程网络用户界面的端口号。如果没有指定，分别默认使用 7077 和 8080。
SPARK_MASTER_OPTS 和 SPARK_WORKER_OPTS	托管 Spark 主进程和工作节点进程的 JVM 使用的额外的 Java 选项。使用时，这个值需要设置为 -Dx=y 这样的标准形式。你也可以设置环境变量 SPARK_DAEMON_JAVA_OPTS，它适用于系统中运行的所有 Spark 守护进程。
SPARK_DAEMON_MEMORY	给主进程、工作节点进程，以及历史服务器进程分配的内存量。默认值为 1GB。

⊖　这种方式在新版本中已经标记为不鼓励使用。——译者注

（续）

环境变量	说　明
SPARK_WORKER_INSTANCES	每个从节点上启动的工作节点守护进程数。默认值为 1。
SPARK_WORKER_CORES	Spark 工作节点进程用来分配给执行器的 CPU 总核心数。
SPARK_WORKER_MEMORY	工作节点用来分配给执行器的内存总量。
SPARK_WORKER_PORT 和 SPARK_WORKER_WEBUI_PORT	分别用于 IPC 通信和工作节点网络用户界面的端口号。如果没有指定，用户界面会默认使用 8081 端口，而工作节点通信会使用随机端口。
SPARK_WORKER_DIR	设置工作节点进程的工作路径。

5.6.2 Spark 配置属性

Spark 配置属性一般设置在一个节点上，比如主节点或工作节点，或者由提交应用的驱动器所在的主机设置。配置属性的作用范围一般要比环境变量更小，比如只作用于应用的生命周期内。配置属性比环境变量的优先级更高。

Spark 配置属性有很多，与各种操作方面相关。表 5.9 介绍了一些最常见的配置属性。

表 5.9　常见的 Spark 配置属性

属性	说　明
spark.master	Spark 主进程的地址（比如独立集群为 spark://<masterhost>:7077）。如果这个属性的值为 yarn，就会读取 Hadoop 配置文件来定位 YARN 的 ResourceManager。这个属性没有默认值。
spark.driver.memory	分配给驱动器进程的内存量。默认为 1GB。
spark.executor.memory	每个执行器进程使用的内存量。默认为 1GB。
spark.executor.cores	每个执行器使用的核心数。在独立模式集群中，默认会使用工作节点上所有可用的 CPU 核心。把这个属性设置为比可用的核心数小的值，这样可以在一个节点上生成多个并行的执行器进程。在 YARN 模式中，每个执行器默认使用 1 个核心。
spark.driver.extraJavaOptions 和 spark.executor.extraJavaOptions	托管 Spark 驱动器和执行器进程的 JVM 使用的额外的 Java 选项。使用时，这个值需要设置为 -Dx=y 这样的标准形式。
spark.driver.extraClassPath 和 spark.executor.extraClassPath	如果要使用或引入没有打包的其他类，需要设置这个驱动器和执行器进程所需的额外的类路径入口。
spark.dynamicAllocation.enabled 和 spark.shuffle.service.enabled	共同使用这两个属性可以改变 Spark 的默认调度行为（本章稍后会介绍动态分配的相关内容）。

1. 设置 Spark 配置属性

Spark 配置属性可以通过 $SPARK_HOME/conf/spark-defaults.conf 文件进行配置，Spark 应用和守护进程启动时会读取这个文件。程序清单 5.27 展示了一个典型的 spark-defaults.conf 文件的片段。

程序清单 5.27　spark-defaults.conf 文件里的 Spark 配置属性

```
spark.master                      yarn
spark.eventLog.enabled            true
spark.eventLog.dir                hdfs:///var/log/spark/apps
spark.history.fs.logDirectory     hdfs:///var/log/spark/apps
spark.executor.memory             2176M
spark.executor.cores              4
```

Spark 配置属性也可以通过驱动器程序代码使用 SparkConf 对象在程序中设置，如程序清单 5.28 所示。

程序清单 5.28 在程序中设置 Spark 配置属性

```
from pyspark.context import SparkContext
from pyspark.conf import SparkConf
conf = SparkConf()
conf.set("spark.executor.memory","3g")
sc = SparkContext(conf=conf)
```

SparkConf 对象提供了一些方法用于设置特定的常用属性。程序清单 5.29 使用了一些这样的方法。

程序清单 5.29 Spark 配置对象的方法

```
from pyspark.context import SparkContext
from pyspark.conf import SparkConf
conf = SparkConf()
conf.setAppName("MySparkApp")
conf.setMaster("yarn")
conf.setSparkHome("/usr/lib/spark")
sc = SparkContext(conf=conf)
```

在大多数情况下，推荐使用 spark-shell、pyspark 和 spark-submit 的命令参数来设置 Spark 配置属性，因为在程序中设置配置属性需要改动代码，如果是 Scala 或 Java 程序，还需要重新编译构建。

使用 spark-shell、pyspark 和 spark-submit 的命令参数来设置 Spark 配置属性时，需要使用常见参数专用的参数名，比如 --executor-memory。没有提供专用参数的任意属性可以使用 --conf PROP=VALUE 来设置，也可以使用 --properties-file FILE 从配置文件加载其他的参数。程序清单 5.30 提供了两种方式的示例。

程序清单 5.30 向 spark-submit 传递 Spark 配置参数

```
# 使用参数设置配置属性
$SPARK_HOME/bin/spark-submit --executor-memory 1g \
 --conf spark.dynamicAllocation.enabled=true \
 myapp.py
# 使用配置文件设置配置属性
$SPARK_HOME/bin/spark-submit \
 --properties-file test.conf \
 myapp.py
```

可以使用 SparkConf.toDebugString() 方法在 Spark 应用中打印当前的配置项，如程序清单 5.31 所示。

程序清单 5.31 展示当前的 Spark 配置

```
from pyspark.context import SparkContext
from pyspark.conf import SparkConf
```

```
conf = SparkConf()
print(conf.toDebugString())
...
spark.app.name=PySparkShell
spark.master=yarn-client
spark.submit.deployMode=client
spark.yarn.isPython=true ...
```

你应该已经发现，可用多种方式设置同一个配置参数，包括环境变量、Spark 默认的配置属性，还有命令行参数。表 5.10 展示了 Spark 中一些可以用多种方式设置的属性。许多其他属性也有类似的配置方式。

表 5.10　设置 Spark 配置参数的各种方式

参数	配置属性	属性环境变量
--master	spark.master	SPARK_MASTER_IP 或 SPARK_MASTER_PORT
--name	spark.app.name	SPARK_YARN_APP_NAME
--queue	spark.yarn.queue	SPARK_YARN_QUEUE
--executor-memory	spark.executor.memory	SPARK_EXECUTOR_MEMORY
--executor-cores	spark.executor.cores	SPARK_EXECUTOR_CORES

环境变量与配置属性的默认值

查看纯净安装的 Spark 目录下的 conf 文件夹，你会发现默认情况下 spark-defaults.conf 和 spark-env.sh 文件都不存在，文件夹中只有对应的模板文件（spark-defaults.conf.template 和 spark-env.sh.template）。你应该复制模板文件并重命名去掉 .template 后缀，根据实际环境进行适当修改。

2. Spark 配置的优先级

直接在应用内使用 SparkConf 对象设置的配置属性具有最高的优先级，其次是传给 spark-submit、pyspark 或 spark-shell 的参数，再次是 spark-defaults.conf 文件里设置的选项。许多配置属性没有通过我们介绍的这些方式明确设置，这时就会系统的默认值。图 5.8 展示了 Spark 配置属性的优先级顺序。

3. 配置管理

管理配置是管理 Spark 集群或任意其他集群所涉及的最大挑战之一。通常情况下，不同主机应该使用一致的配置设置，Spark 集群内不同的工作节点就是这样。Puppet 和 Chef 这种配置管理和部署工具可以用于管理 Spark 部署和配置项。Hadoop 的商业发行版经常把 Spark 作为 Hadoop 的一部分部署，如果你使用其中的 Spark 并要进行管理，可以使用 Hadoop 供应商提供的管理界面，比如 Cloudera 版本的 Hadoop 提供的 Cloudera Manager，或是 Hortonworks 提供的 Ambari。

另外，还有其他的管理配置的方式，比如 Apache Amaterasu（详见 http://amaterasu.incubator.apache.org/），它会以代码的形式使用流水线来构建、运行和管理环境。

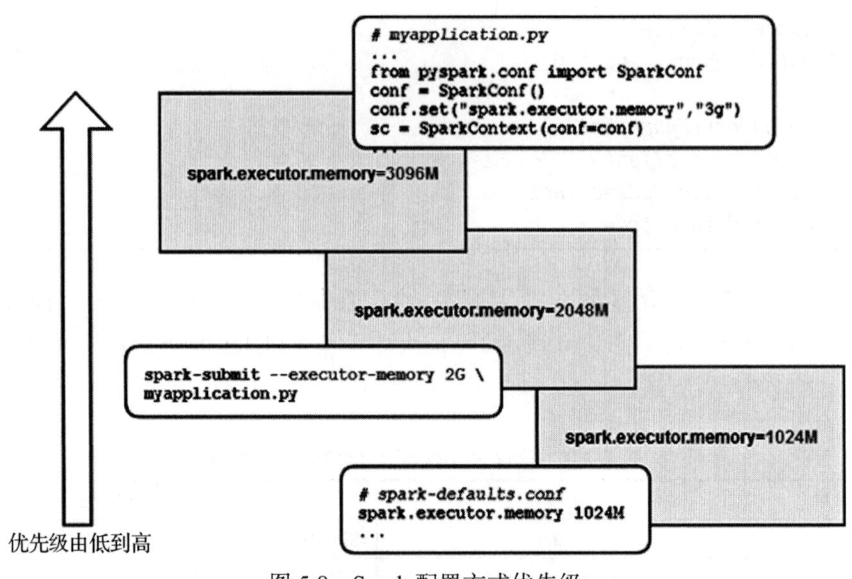

图 5.8　Spark 配置方式优先级

5.7　Spark 优化

Spark 运行时框架总是尽可能优化 Spark 应用的阶段和任务。但是，开发者还是可以优化显著提高应用性能。我们在下面几节中介绍一些优化的方法。

5.7.1　早过滤，勤过滤

这一点显而易见，而且在应用中尽早过滤不需要的记录或字段可能带来显著的性能提升。大数据（特别是事件数据、日志数据和传感器数据）一般都有很低的信噪比。尽早过滤掉背景噪声可以节省处理所需的 CPU 周期、输入输出开销，以及后续阶段的存储。对于 RDD 而言，可以使用转化操作 filter() 移除不需要的记录，使用转化操作 map() 选出需要的字段。在有操作（比如 reduceByKey() 和 groupByKey()）引起数据混洗之前执行这些操作。join() 操作的前后也要多过滤。这些小小的改动可以将程序执行时间减少一个数量级，小时级和分钟级的任务只需分钟级和秒级即可完成。

5.7.2　优化满足结合律的操作

在使用 Spark 编程时，sum() 和 count() 这种满足结合律的操作非常常见，在本书中你也看到了关于这些操作数不清的例子。在分布式分区的数据集上，这些满足结合律的键值对操作经常会引起数据混洗。通常 join()、cogroup()，还有名字里有 By 或者 ByKey 的转化操作（例如 groupByKey() 或 reduceByKey()）都可以引发数据混洗。这也算不上坏事，毕竟很多时候都无法避免。

但是，如果你要执行混洗操作，而最终目标是执行满足结合律的操作，比如统计一个键出现的次数，那么不同的方式会产生差异较大的性能结果。使用 groupByKey() 和 reduceByKey() 执行 sum() 或 count() 操作的区别就是一个很好的例子。这两个操作能够获得相同的结果。但是，如果在分布式分区的数据集上把数据根据键进行分组仅仅是为了根据键聚合结果，那么使用 reduceByKey() 一般会更好。

reduceByKey() 在任何必需的数据混洗之前就把值按照对应的键进行组合，因此减少了通过网络传输的数据量，也减少了下一个阶段的计算量和内存需求。思考程序清单 5.32 中呈现的两段示例代码。

程序清单 5.32 Spark 中满足结合律的操作

```
rdd.map(lambda x: (x[0],1)) \
  .groupByKey() \
  .mapValues(lambda x: sum(x)) \
  .collect()
# 更好的方法
rdd.map(lambda x: (x[0],1)) \
  .reduceByKey(lambda x, y: x + y) \
  .collect()
```

观察图 5.9，它描绘了 groupByKey() 的实现。

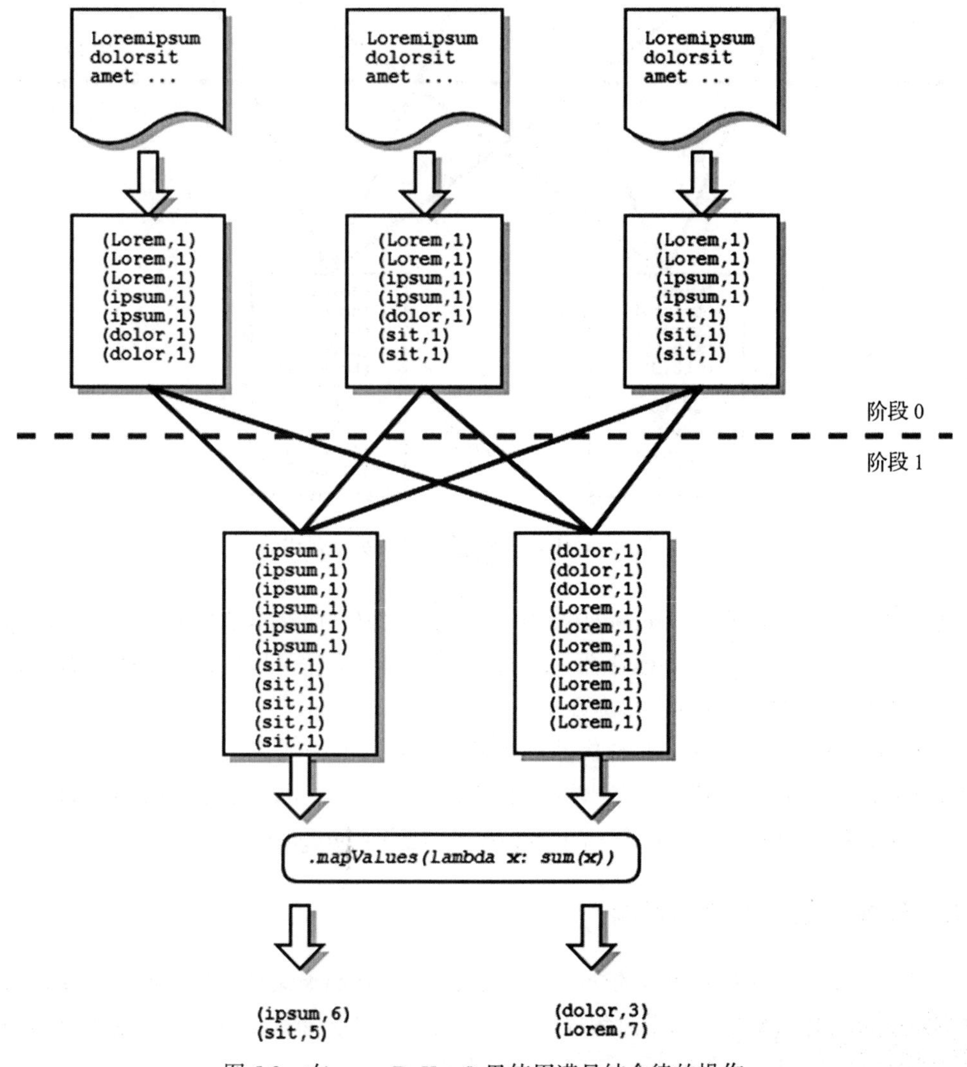

图 5.9 在 groupByKey() 里使用满足结合律的操作

这与图 5.10 所呈现的使用 reduceByKey() 实现的等价功能有所不同。

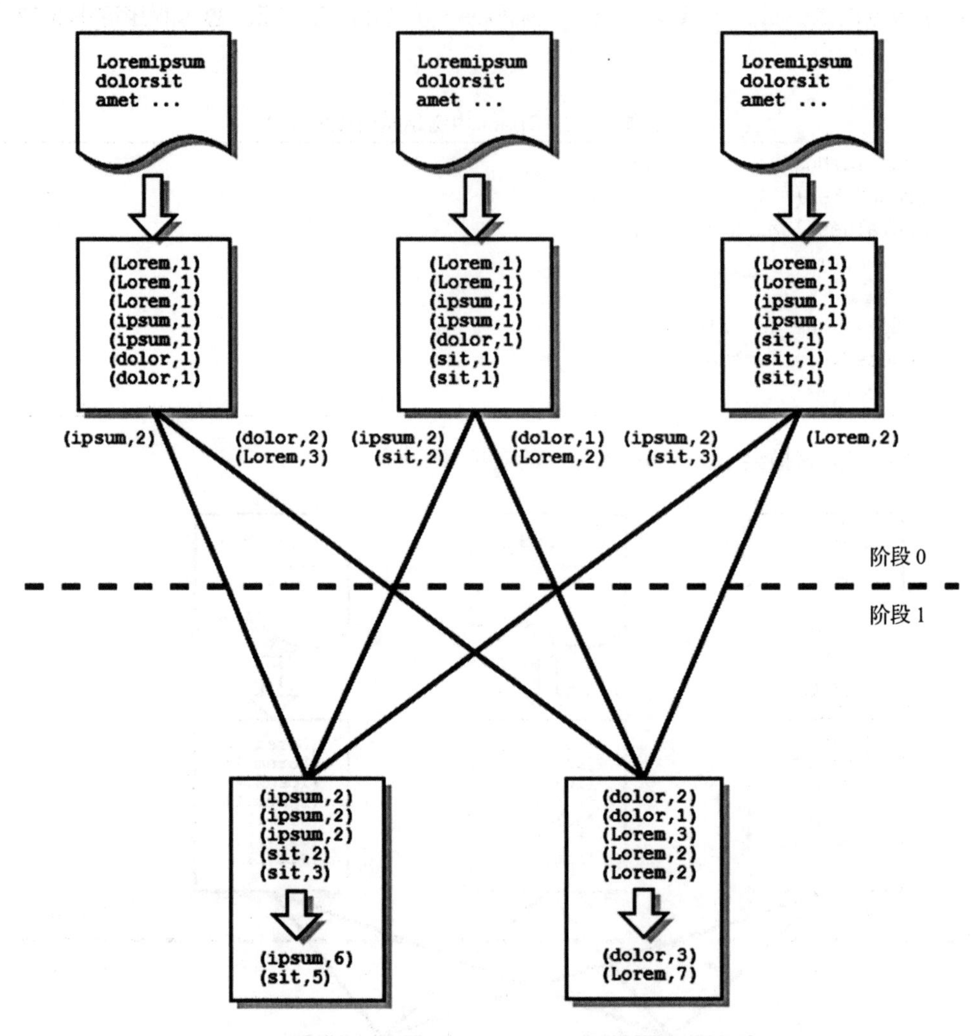

图 5.10　在 reduceByKey() 里使用满足结合律的操作

在这两张图中可以看出，reduceByKey() 在混洗数据之前在本地根据键组合了记录。这在 MapReduce 术语中通常称为**组合器**（combiner）。组合数据可以使得混洗的数据量大大减少，从而导致应用性能相应地获得提升。

groupByKey() 还有其他一些替代品，如果归约函数的输入输出类型不一样，可以使用 combineByKey()，而如果满足结合律的操作需要提供零值，可以使用 foldByKey()。可以考虑的其他函数包括 treeReduce()、treeAggregate()，还有 aggregateByKey()。

5.7.3　理解函数和闭包的影响

回顾第 1 章中对函数和闭包的介绍。函数会被发到 Spark 集群的执行器里，并且附带所有的绑定变量和自由变量。这个过程提供了高效无共享的分布式处理。但是这也可能同时造成一些影响性能和稳定性的问题。理解这一点很重要。

有一个可能的问题是在 Spark 应用中，向函数传递了过多数据。这会导致运行时向应用的执行器发送过量的数据，造成过多网络传输开销，也可能导致工作节点的内存出问题。

在程序清单 5.33 中，我们虚构了一个附带较大对象的函数声明，然后把这个函数传给 Spark 的转化操作 map()。

程序清单 5.33　向函数传递大量数据

```
...
massive_list = [...]
def big_fn(x):
# 附带massive_list的函数
...
...
rdd.map(lambda x: big_fn(x)).saveAsTextFile...
# 把原本会被包含的数据并行化
massive_list_rdd = sc.parallelize(massive_list) rdd.join(massive_list_rdd).saveAsTextFile...
```

以本章前面介绍的使用 broadcast 方法创建广播变量，是解决这个问题的一种更好的方式。我们介绍过，广播变量是通过一种高效的基于 BitTorrent 的点到点共享协议分发的。你也可以考虑尽可能把较大的对象并行化。但这并不是要杜绝向函数传输数据，只是你需要理解闭包是如何运作的。

5.7.4　收集数据的注意事项

Spark 中有两个有用的函数 collect() 和 take()。我们介绍过这两个行动操作会触发 RDD 及其整个谱系的计算。在执行 collect() 时，RDD 中所有的结果记录都会从执行谱系最后任务的执行器返回到驱动器进程中。对于大规模数据集来说，可能有 GB 或 TB 级别的数据。这会导致不必要的网络传输，而如果驱动器所在主机没有足够的内存来存放收集到的对象，也经常会导致发生异常。

如果只是想要查看输出数据，使用 take(n) 和 takeSample() 更好。如果转化操作是数据清洗过程的一部分，最好把数据集存储到 HDFS 这样的文件系统或数据库中。

这里的关键之处在于，如果并非必要，不要把过多的数据带回驱动器进程。

5.7.5　使用配置参数调节和优化应用

除了在应用开发中进行优化，还有一些系统层面或平台层面的修改可以提供显著的性能和吞吐量提升。下面介绍了这些显著影响性能的配置项的其中几个。

1. 优化并行度

spark.default.parallelism 就是在应用层面或使用 spark-defaults.conf 设置的一个可能有帮助的配置参数。这个设置指定了 reduceByKey()、join() 和 parallelize() 这样的转化操作返回的 RDD 在没有提供 numPartitions 参数时使用的默认分区数。本章已经展示过这个配置参数的效果。

通常推荐把这个值设置为等于或双倍于工作节点核心数的总数。和其他很多设置一样，你可能需要用不同的值进行实验，从而找到自己环境的最佳设置。

2. 动态分配

Spark 默认的运行时行为是，在应用的整个生命周期中始终占住所申请的执行器。如果一个应用长时间运行，比如 pyspark 会话或 Spark 流式应用，这种行为就不是很合适，尤其是，如果执行器有比较长的时间段都空闲着，其他应用也无法获取它们所需的资源。

使用动态分配时，如果执行器空闲达到一定时长，就会被释放回集群的资源池。动态分配一般作为系统配置实现，利于最大化利用系统资源。

程序清单 5.34 展示了控制动态分配功能的配置参数。

程序清单 5.34　打开 Spark 动态分配

```
# 打开动态分配，这是默认关闭的功能
spark.dynamicAllocation.enabled=True
spark.dynamicAllocation.minExecutors=n
# 执行器数量的下限
spark.dynamicAllocation.maxExecutors=n
# 执行器数量的上限
# 设置当执行器空闲多久时释放，默认为60秒spark.dynamicAllocation.executorIdleTimeout=ns
```

5.7.6　避免低效的分区

低效的分区是在分布式 Spark 处理中造成性能不佳的主要因素之一。下面深入介绍低效分区的一些常见原因。

1. 小文件导致过多的小分区

小分区，也就是所含数据量较小的数据分区，是低效的，因为它们会导致很多小任务出现。生成这些任务的额外开销甚至经常超过执行这些任务所需的处理开销。

对分区的 RDD 执行 filter() 操作可能会导致一些分区明显小于别的分区。这个问题的解决方法是在 filter() 操作之后执行 repartition() 或 coalesce() 函数，并指定小于输入 RDD 的分区数。这样可以把小分区合并，获得分区数量更少而大小更合适的分区。

回顾一下 repartition() 和 coalesce() 的区别，repartiiton() 总是在需要时混洗记录，而 coalesce() 接收一个 shuffle 参数，在该参数设置为 False 时不进行数据混洗。因此，coalesce() 只能用于减少分区的数量，而 repartition() 则既可以用来减少分区数量，也可以用来增加分区数量。

操作分布式文件系统中的小文件也会导致小而低效的分区。尤其是使用 HDFS 这样的文件系统时，Spark 会自然地使用数据块作为 RDD 分区的边界，比如在使用 textFile() 操作创建 RDD 时。在这种情况下，一个数据块只会关联一个文件对象，因此小文件就会导致小的数据块，也就导致了小的 RDD 分区。解决这个问题的一个办法是指定 textFile() 函数的 numPartitions 参数，这个参数可以控制从输入数据创建多少个 RDD 分区（见图 5.11）。

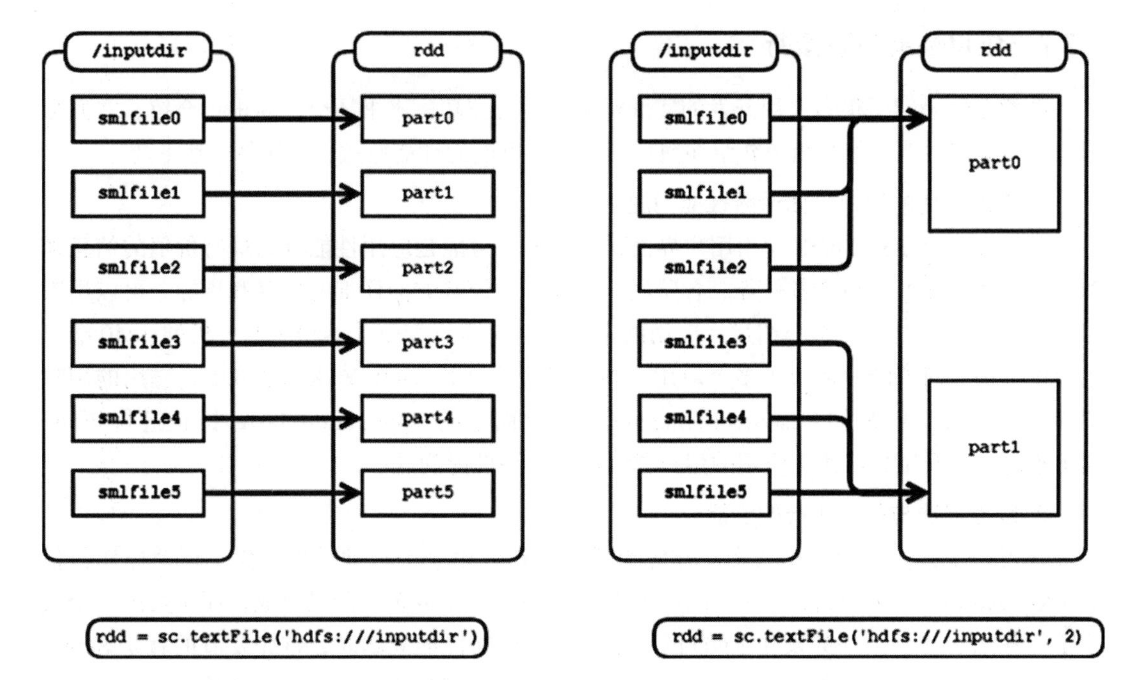

图 5.11 优化加载小文件产生的分

前一节提到的配置属性 spark.default.parallelism 也可以用来指定想要的 RDD 分区数。

2. 避免出现特别大的分区

特别大的分区也会导致性能问题。加载使用 Gzip 来的不可切分的压缩格式压缩的一个或多个大文件到 RDD，是导致大分区的常见原因之一。

因为不可切分的压缩文件没有索引并且不可以切分（顾名思义），整个文件都必须在一个执行器中处理。如果解压出来的数据大小超出了执行器可用的内存量，该分区就会溢写到硬盘上，导致性能出现问题。

这个问题有下列解决方案：

- 尽量避免使用不支持切分的压缩。
- 在本地（比如 /tmp 目录下）解压每个文件，然后再把文件加载到 RDD 中。
- 在对 RDD 进行第一个转化操作后马上执行重新分区。

另外，使用自定义的分区函数进行混洗操作也可能导致大分区出现。例如，选用所属月份作为一大堆日志数据的分区依据，而其中有一个月的数据量明显多于别的月份。在这种情况下，一个解决方案是，在归约操作后，使用哈希分区方式调用 repartition() 或 coalesce()。

另一个值得借鉴的做法是，在大规模数据混洗之前先对数据进行重新分区，这可以带来显著的性能提升。

3. 选择合适的分区数量或大小

一般来说，如果分区数小于执行器个数，一些执行器就会空闲下来。然而最佳分区数或分区大小通常只能通过反复实验找到。不妨把这个值作为程序的输入参数，这样你就可以轻松地尝试不同的值，看看对自己的应用或系统而言什么值最合适。

5.7.7 应用性能问题诊断

本章已经介绍了很多应用开发的实践经验和编程技巧，本书还会不断进行介绍，它们会显著提高应用性能。本节简单介绍如何找到应用中可能的性能瓶颈，来让你对症下药。

1. 使用应用的用户界面诊断性能问题

本书多次展示过 Spark 应用用户界面，这个界面可能是应用性能方面最有价值的信息来源。应用用户界面中包含各任务、各阶段、调度、存储等方面详细的信息和指标，可以用来帮助诊断性能问题。我们介绍过，应用的用户界面在运行着驱动器程序的主机的 4040 端口上提供服务（如果同时运行了多个应用，则端口号顺延）。而在 YARN 集群中，应用的用户界面可以通过 YARN 的 ResourceMananger 用户界面上的 ApplicationMaster 链接进行访问。接下来进一步介绍如何使用应用的用户界面找到各种性能问题。

2. 数据混洗与任务执行的性能

复习一下，应用由一个或多个作业组成，而作业由一个行动操作产生，行动操作包括 saveAsTextFile()、collect() 或 count() 等操作。作业由一个或多个阶段组成，而阶段由一个或多个任务组成。一个任务操作 RDD 的一个分区。诊断性能问题时，首先要看的就是 Stages（阶段）标签页中的阶段汇总信息。在这个标签页内，你可以看到每个阶段的持续时间，还有混洗的数据量，如图 5.12 所示。

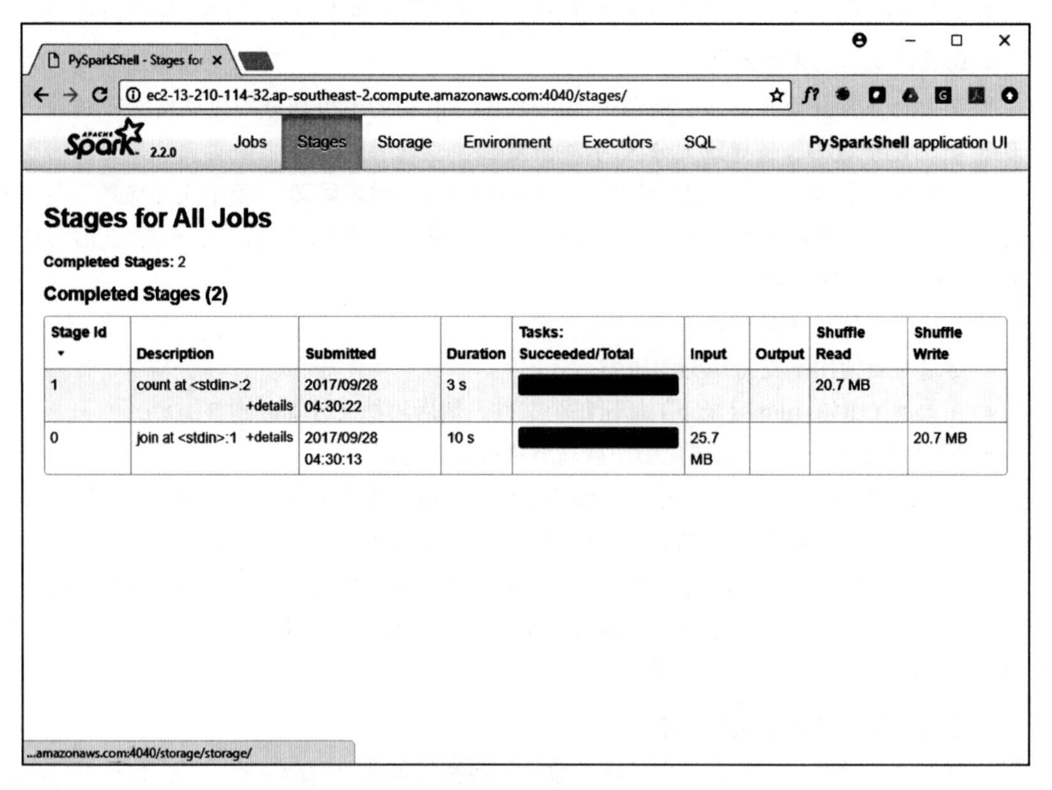

图 5.12 Spark 应用用户界面中的阶段综述页面

通过点击（Completed Stages 已完成阶段）表中一个阶段对应的 Description（说明）栏，

你可以看到这个阶段的详情，包括该阶段内每个任务的持续时间和写数据时间。在这里你可能发现不同的任务的持续时间或写数据时间差距悬殊，如图 5.13 所示。

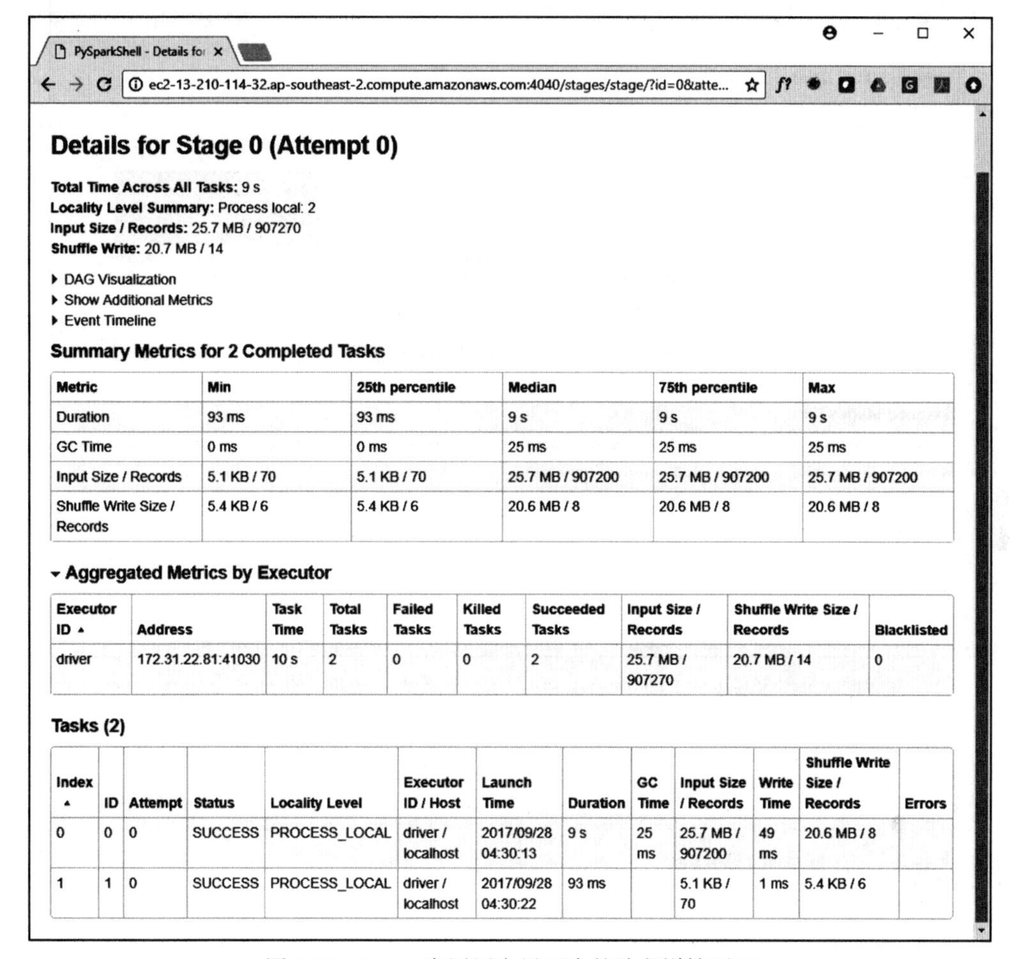

图 5.13　Spark 应用用户界面中的阶段详情页面

任务持续时间或写数据时间的差异可以作为前一节介绍的低效分区的指标。

3. 数据收集的性能

如果程序中有数据收集阶段，那么 Spark 应用的用户界面上会显示摘要和详细的性能信息。在详情页中，你可以看到与数据收集过程相关的指标，包括收集的数据大小，以及数据收集任务的持续时间，如图 5.14 所示。

4. 使用 Spark 历史界面诊断性能问题

应用的用户界面（位于端口 404x）只在应用尚未结束时可以访问，因此用它诊断正在运行的应用的问题较为方便。有时我们也需要分析已完成（包括成功和失败）的应用的性能。Spark 历史服务器为已完成的应用提供了与应用的用户界面相同的信息。另外，Spark 历史服务器中已完成应用的信息一般还可以用来作为当前运行的相同应用的性能基准。图 5.15 展示了 Spark 历史服务器的用户界面，它一般在历史服务器进程所在主机的 18080 端口上提供服务。

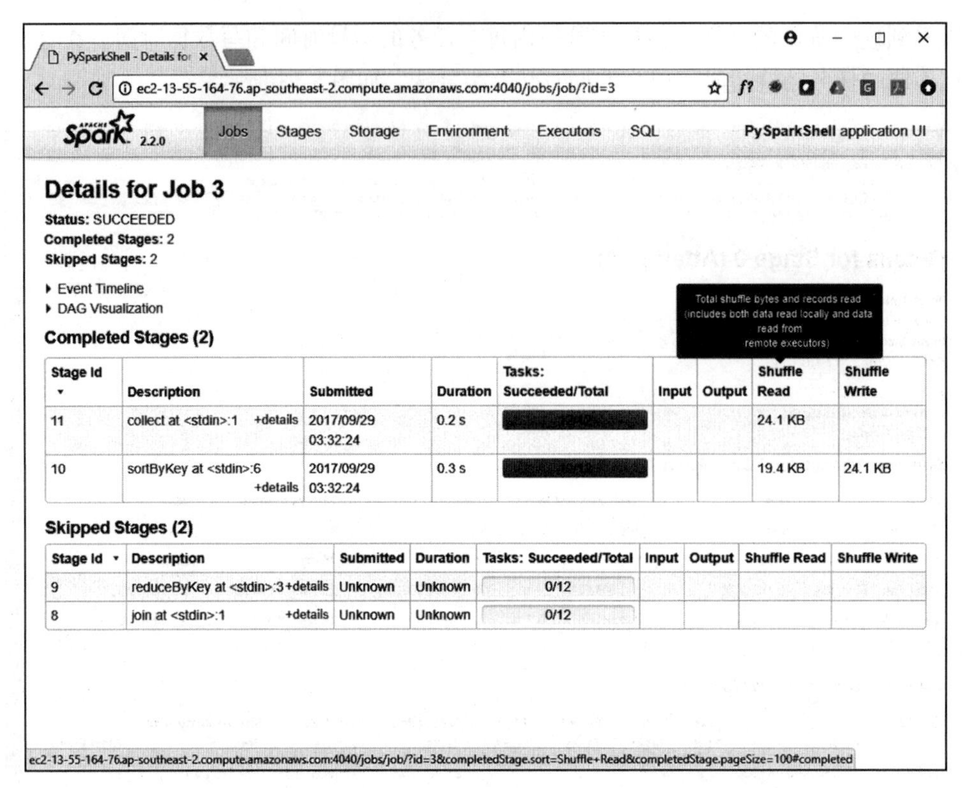

图 5.14　Spark 应用用户界面显示的阶段详情：数据收集的相关信息

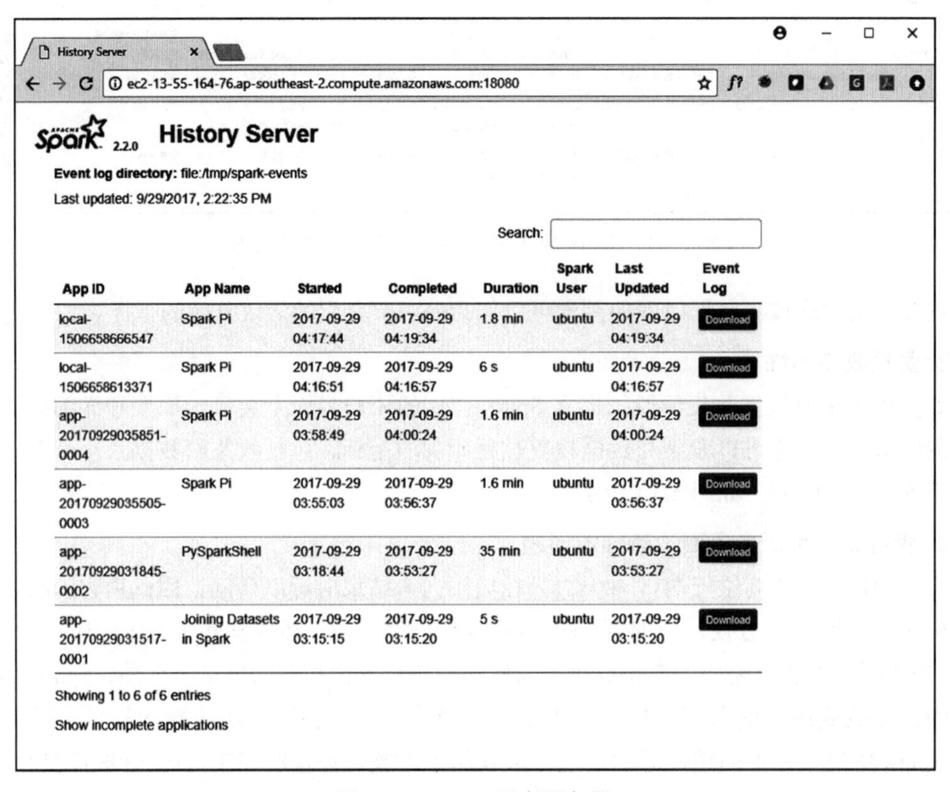

图 5.15　Spark 历史服务器

5.8 本章小结

本章讲完了在 Python 中使用 Spark 的核心 API（也就是 RDD API）的所有内容。本章介绍了 Spark API 中提供的两种共享变量，也就是广播变量和累加器，以及它们的使用场景和用法。广播变量可以用于向工作节点分发查找表等参考信息，以避免在归约端连接，否则代价巨大。而累加器则可以在 Spark 应用中作为通用型计数器使用，也可以带来数据处理上的优化。本章还详细探讨了 RDD 分区和可用于 RDD 重新分区的方法，比如 repartition() 和 coalesce() 等，还介绍了以分区为单位操作 RDD 的函数，比如 mapPartitions()。本章还介绍了分区行为以及它对性能的影响，还有 RDD 的存储选项。你也了解了 RDD 检查点的作用。迭代算法需要不时保存状态，而且 RDD 谱系特别长，恢复起来代价巨大，检查点在这种场景下的作用尤其明显。另外，我们也介绍了 pipe() 函数，可以用来在 Spark 中使用外部程序。最后，本章介绍了如何在 Spark 中对数据进行采样，以及优化 Spark 程序的一些思路。

第6章

使用 Spark 进行 SQL 与 NoSQL 编程

数据是宝贵的，而且生命力比收集它的系统更持久。

——万维网之父蒂姆·伯纳斯－李

本章提要

- Hive 与 Spark SQL 简介
- SparkSession 对象与 DataFrame API 简介
- 创建并访问 Spark DataFrame
- 在外部应用中使用 Spark SQL
- NoSQL 概念与相关平台简介
- 在 Spark 中使用 HBase、Cassandra 和 DynamoDB

摩尔定律以及移动普适计算（mobile ubiquitous computing）的诞生和爆发，彻底改变了数据、计算和数据库的格局。本章重点介绍如何将 Spark 用于语法众所周知的 SQL 应用中，以及不适用 SQL 方式的 NoSQL 应用中。

6.1 Spark SQL 简介

结构化查询语言（Structured Query Language，SQL）是最常用的定义和表达数据问题的语言。如今，绝大多数的操作数据都以表格形式存储在关系型数据库系统里。许多数据分析师拥有把复杂问题解构为一系列 SQL 数据操作语言（Data Manipulation Language，DML），也就是 SELECT 语句的能力。在介绍 Spark SQL 之前，需要对来自 Hadoop 生态圈的 Hive 项目有一个基本的了解。

6.1.1 Hive 简介

大数据处理平台上很多 SQL 抽象都基于 Hive，Spark 就是其中之一。对于 Spark SQL 这样的项目来说，Hive 和 Hive 元数据库是不可或缺的组件。

Apache Hive 项目是 2010 年由 Facebook 发起的，在 Hadoop 的 MapReduce 之上提供高

层的类 SQL 抽象。Hive 引入了一种新的语言，称为 Hive 查询语言（Hive Query Language，HiveQL）。SQL-92 是一种国际认可的 SQL 语言标准，HiveQL 实现了它的一个子集，并加上了一些扩展。

很少有分析师具有使用 Java 的 MapReduce 接口编程的能力，而大多数分析师都熟悉 SQL 语言。正是这样的背景促使了 Hive 项目的出现。SQL 更是商务智能、数据可视化和报表工具的常用语言，一般使用 ODBC/JDBC 作为标准接口。

在 Hive 原先的实现中，Hive 客户端解析 HiveQL，并转为一系列 Java 的 MapReduce 操作，然后将其作为作业提交到 Hadoop 集群上执行。客户端会监控执行进度，结果也会返回到客户端，或写入 HDFS 上的指定位置。图 6.1 高屋建瓴地描绘了 Hive 处理 HDFS 数据的过程。

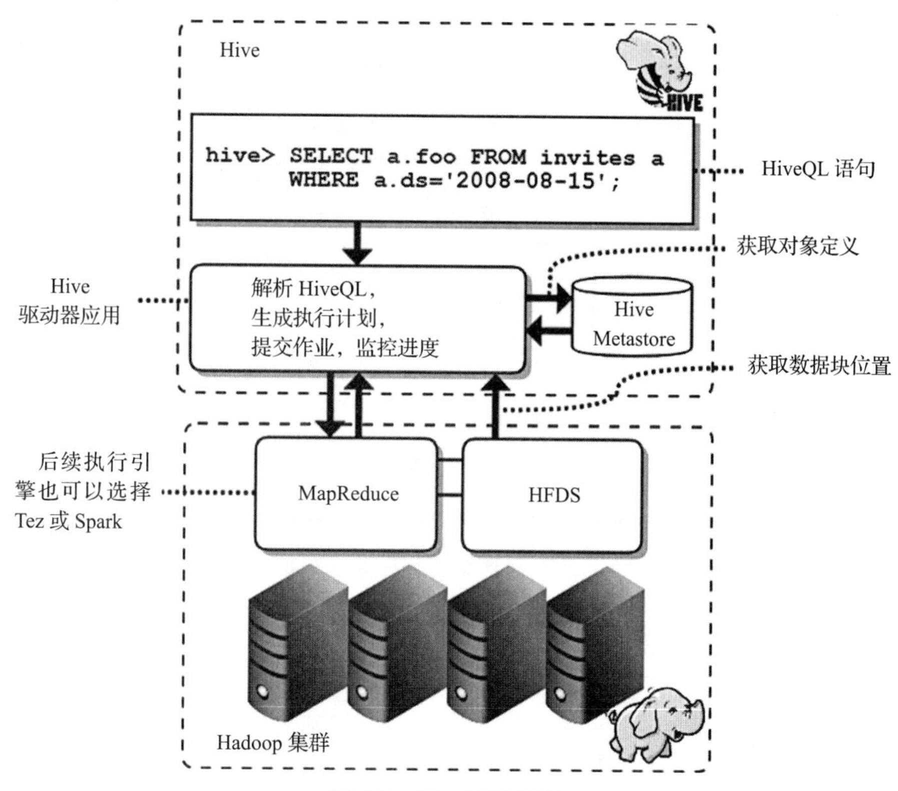

图 6.1　Hive 高层概览

1. Hive 对象和 Hive 元数据库

Hive 实现了 HDFS 上对象的表格抽象，在编程模型中把目录和其中所有的文件当作数据表对待。和传统的关系型数据库一样，数据表中的各列都预先定义，并指定了数据类型。HDFS 上的数据可以像传统的数据库管理系统一样通过 SQL 的 DML 语句访问。然而，Hive 与传统数据库系统的相似之处也就仅止于此，毕竟 Hive 平台是读时系统，且下层存储 HDFS 是不可变的文件系统。因为 Hive 只是对 HDFS 上的原始文件实现了 SQL 表格抽象，所以和传统的关系型数据库平台有下列几点关键区别：

- 并不真正支持 UPDATE 操作。尽管 HiveQL 中有 UPDATE 语句，但 HDFS 是不可变的文件系统，因此 UPDATE 会是一个粗粒度操作，而在传统关系型数据库中真正的 UPDATE 操作是只会修改一条记录的细粒度操作。

- 没有事务、日志、回滚和真正的事务隔离级别[㊀]。
- 没有声明引用完整性（Declarative Referential Integrity，DRI），也就是没有主键和外键的概念。
- 格式错误的数据，比如输入错误或数据错误，只是作为空值传给客户端。

数据表与 HDFS 目录位置的对应关系，以及表中所包含的列和列的定义，都由 Hive **元数据库**（metastore）维护。元数据库是供 Hive 客户端读写的数据库。对象定义中还包含文件的输入、输出格式，由表对象（CSVInputFormat 等）和序列化 – 反序列化（SerDes）方式表示，它们告诉 Hive 如何从文件中获取记录和其中的字段。图 6.2 从高层展示了 Hive 与元数据库交互的示例。

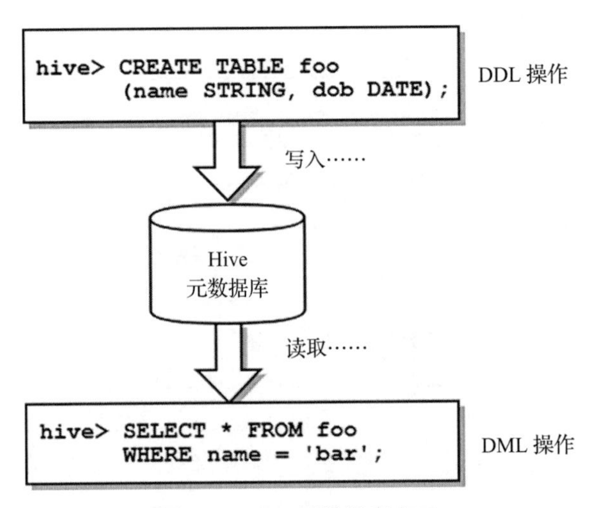

图 6.2　Hive 元数据库交互

元数据库可以是内嵌的 Derby 数据库（默认情况），也可以是本地或远程的数据库，比如 MySQL 或者 Postgres。大多数情况下，用户会选择共享的数据库，这可以让开发人员和分析师共享对象定义。

Hive 还有个子项目，名为 HCatalog，用于将 Hive 中创建的对象扩展为通用接口以供其他项目使用，例如 Apache Pig。Spark SQL 也使用 Hive 元数据库，稍后会进一步介绍。

2. 访问 Hive

Hive 提供了命令行界面（Command Line Interface，CLI）客户端，可以接收并解析所输入的 HiveQL 命令。这是执行即席查询的常见方式。图 6.3 展示了 Hive CLI。

当 Hive 客户端或驱动器应用以及元数据库连接都部署于本地机器时，会使用 Hive CLI。对于大规模部署来说，客户端 / 服务器的方式更合适，因为这样只要有一台服务器端的机器维护元数据库的连接细节，元数据库的访问权限也可以限定到集群内。这种方式要使用 Hive 的服务器组件 HiveServer2。

㊀ 事实上 Hive 从 0.14 起宣布支持事务操作，当然所支持的事务也是粗粒度的。——译者注

```
[javen@hadoop-01 ~]$hive

Logging initialized using configuration in file:/etc/hive/conf.dist/hive-log4j.properties
hive> SHOW TABLES IN movielens;
OK
data
genre
info
item
occupation
user
Time taken: 0.678 seconds, Fetched: 6 row(s)
hive>
```

图 6.3　Hive 命令行界面

HiveServer2 现在可以充当针对多客户端的多会话驱动器应用。HiveServer2 提供 JDBC 接口以供外部客户端使用，例如可视化工具，还有名为 Beeline 的轻量级 CLI。Beeline 是附带的，并且可以直接用于 Spark SQL。此外，HUE（Hadoop 用户体验）项目中使用了名为 Beeswax 的网页界面。

3. Hive 数据类型与数据定义语言（DDL）

和大多数数据库系统类似，Hive 支持大多数常见的原生数据类型，以及几种复杂数据类型。这些类型见表 6.1 所列，它们也是 Spark SQL 在 Hive 元数据库中使用的类型。

表 6.1　Hive 数据类型

数据类型	分类	说明
TINYINT	原生类型	占 1 字节的有符号整数
SMALLINT	原生类型	占 2 字节的有符号整数
INT	原生类型	占 4 字节的有符号整数
BIGINT	原生类型	占 8 字节的有符号整数
FLOAT	原生类型	占 4 字节的单精度浮点数
DOUBLE	原生类型	占 8 字节的双精度浮点数
BOOLEAN	原生类型	真 / 假
STRING	原生类型	字符串
BINARY	原生类型	字节数组
TIMESTAMP	原生类型	纳秒精度的时间戳
DATE	原生类型	年 / 月 / 日，格式为 YYYYMMDD
ARRAY	复杂类型	由同类型字段组成的有序集合
MAP	复杂类型	由键值对组成的无序集合
STRUCT	复杂类型	由不同类型的具名字段组成的集合

程序清单 6.1 展示了 Hive 中执行建表操作的 DDL 示例。

程序清单 6.1　Hive 的 CREATE TABLE 语句

```
CREATE EXTERNAL 表 stations (
station_id INT,
```

```
name STRING,
lat DOUBLE,
long DOUBLE,
dockcount INT,
landmark STRING,
installation STRING )
ROW FORMAT DELIMITED FIELDS TERMINATED BY ','
STORED AS TEXTFILE
LOCATION 'hdfs:///data/bike-share/stations';
```

比较 Hive 中的内部表与外部表

在 Hive 中建表时，默认创建的是 Hive 内部表。Hive 管理内部表的目录，对内部表运行 DROP TABLE 语句会从 HDFS 上删除对应文件。推荐在 CREATE TABLE 语句中指定 EXTERNAL 关键字创建外部表。这种建表语句需要提供表结构和 HDFS 上对应对象的路径。此时，DROP TABLE 操作不会删除相应目录和文件。

6.1.2 Spark SQL 架构

Spark SQL 针对其基于 RDD 的存储、调度、执行模型，提供了基本兼容 HiveQL 的 SQL 抽象。Spark SQL 包含 Spark 项目核心的很多关键特性，包括惰性执行和中间查询容错。另外，Spark SQL 可以在一个应用中与 Spark 核心 API 一起使用。

Spark SQL 为了优化关系型数据的典型访问模式，对核心 API 添加了一些关键扩展。具体包括如下所列：

- **DAG 部分执行（PDE）**：PDE 让我们可以在执行时根据处理过程中发现的一些数据，动态修改和优化 DAG。DAG 修改包括优化表连接操作、处理数据倾斜、调整 Spark 使用的并行度[⊖]。
- **分区统计信息**：Spark SQL 维护各数据分区的统计信息，这些统计信息可以在 PDE 中使用，也可以用于裁剪映射任务（根据分区内各列的统计信息，过滤或裁剪要加载的分区）和优化通常代价较大的连接操作。
- **DataFrame API**：本章的 6.1.3 节会进一步介绍。
- **列式存储**：Spark SQL 在内存中存储数据时使用列式存储，也就是把数据按列存储，而不是按行存储。这对不同 SQL 访问模式有显著的性能影响。图 6.4 展示了列式数据存储和行式数据存储的区别。

Spark SQL 还包含了对 Parquet 格式文件的原生支持。Parquet 格式是一种基于文件的列式存储格式，并针对关系型访问进行了优化。

Spark SQL 是为已经在使用 Hive 的环境设计的，针对 HDFS、S3 或其他外部源上存储的数据，需要 Hive 元数据库和 Hive（或 HCatalog）对象定义。Spark SQL 支持的 SQL 方言

⊖ 事实上直到 Spark 2.4 为止，Spark SQL 尚不支持 PDE，PDE 是 Spark SQL 问世之前的 Shark 项目的特性，社区有相关讨论和代码补丁，详见 SPARK-9850、SPARK-23128。——译者注

是 HiveQL 的子集[⊖]，Spark SQL 还支持很多 HiveQL 的内建函数和用户自定义函数（UDF）。Spark SQL 也可以在没有 Hive 和 Hive 元数据库的情况下使用。图 6.5 从高层概括了 Spark SQL 架构，并展示了 Spark SQL 暴露出来的接口。

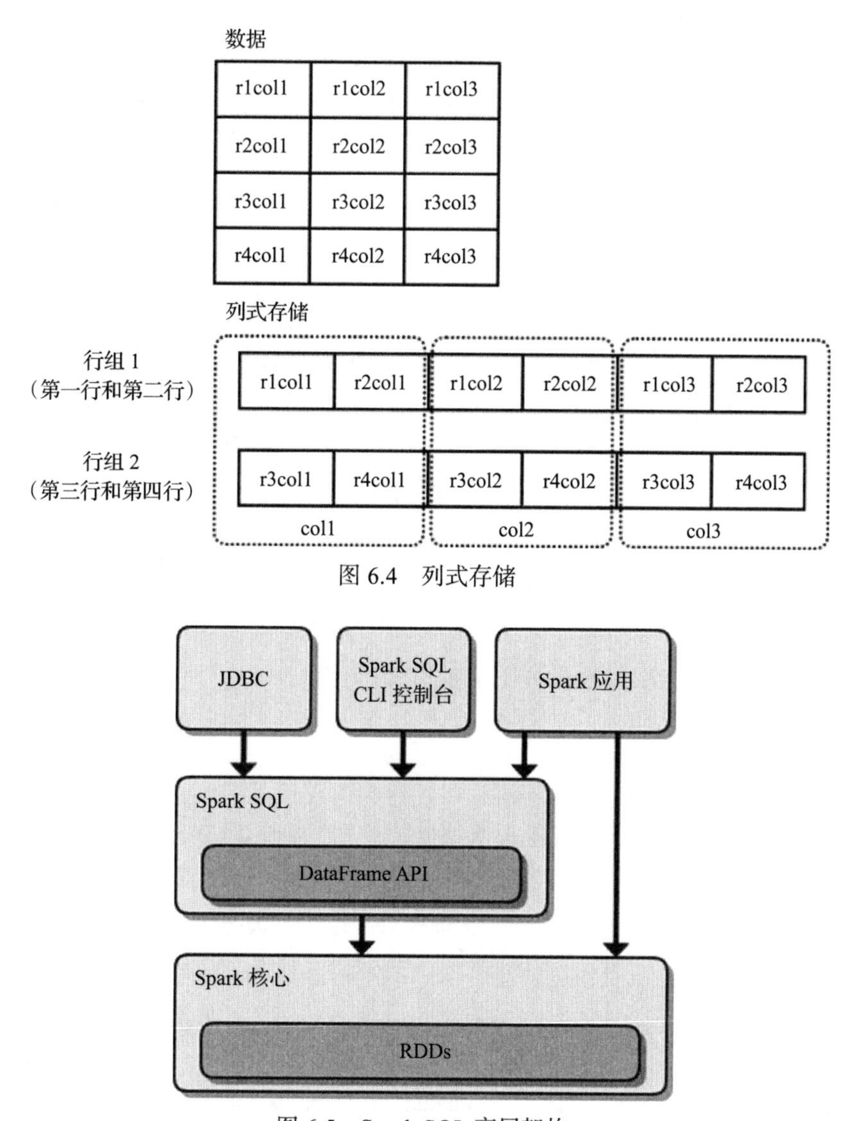

图 6.4　列式存储

图 6.5　Spark SQL 高层架构

关于 Spark SQL 架构的更多信息，可以阅读白皮书《Spark SQL: Relational Data Processing in Spark》，它可从 http://people.csail.mit.edu/matei/papers/2015/sigmod_spark_sql.pdf 下载。

SparkSession 入口

使用 Spark 核心 API 的应用以 SparkContext 对象作为程序主入口，而 Spark SQL 应用则以 SparkSession 对象作为程序主入口。在 Spark 2.0 发布之前，Spark SQL 应用使用的专用主入口是 SQLContext 和 HiveContext。SparkSession 把它们封装为一个简洁而统一的入口。

⊖ 实际上是子集的超集，Spark SQL 不支持部分 Hive 支持的操作，但也支持部分 Hive 不支持的操作。——译者注在交互式 shell 中，入口 SparkSession 初始化的实例名为 spark，实例中包含对元数据库（托管对象（表）定义）的引用。如果有可用的 Hive，而且配置正确，Spark 会使用 Hive 的元数据库。否则，Spark 会使用自己本地的元数据库。

要配置 Hive 供 Spark 使用，只要把 hive-site.xml、core-site.xml（为获取安全配置）以及 hdfs-site.xml（为获取 HDFS 配置）文件放到 $SPARK_HOME 下的 conf/ 目录中。Hive 的配置文件 hive-site.xml 中包含 Hive 元数据库的位置和连接方式的具体信息。

程序清单 6.2 展示了如何在批处理应用中初始化 SparkSession。注意如果使用 pyspark 和 spark-shell 这些 shell 的话，则不用手动初始化。

> **SparkSession 与 SQLContext**
>
> 你可能还是会在各种示例程序中发现对 SQLContext 对象的引用，它的实例通常名为 sqlContext。该对象可以在交互式 Spark shell 中使用，并且可以与 spark 对象互换使用。一般来说，使用 SparkSession 的对象实例更好，因为 SQLContext 可能会在将来的版本中被废弃。

程序清单 6.2　创建一个带有 Hive 支持的 SparkSession 对象

```
from pyspark.sql import SparkSession
spark = SparkSession \
    .builder \
    .appName("My Spark SQL Application") \
    .enableHiveSupport() \
    .getOrCreate()
...
```

SparkSession 对象暴露了 DataFrame API，下一节会深入介绍。SparkSession 还让用户可以使用 SQL 语句和操作符，创建并查询数据表对象。如果有可用的 Hive 并如程序清单 6.2 那样配置好，你就可以使用 HiveQL 语句查询 Hive 元数据库所引用的数据表对象，如程序清单 6.3 所示。

程序清单 6.3　使用 Spark SQL 执行 Hive 查询

```
# 可以通过'spark'访问SparkSession
sql_cmd = """SELECT name, lat, long FROM stations WHERE landmark = 'San Jose'"""
spark.sql(sql_cmd).show()
# 返回:
# +--------------------+---------+-----------+
# |                name|      lat|       long|
# +--------------------+---------+-----------+
# |San Jose Diridon ...|37.329732|-121.901782|
# |San Jose Civic Ce...|37.330698|-121.888979|
# |Santa Clara at Al...|37.333988|-121.894902|
# |    Adobe on Almaden|37.331415|  -121.8932|
# |    San Pedro Square|37.336721|-121.894074|
# +--------------------+---------+-----------+
# 只展示前5行
```

6.1.3 DataFrame 入门

Spark SQL 的 DataFrame 表示记录的分布式集合，有着同样的预定义结构，在概念上类似于关系型数据库中的共享表。Spark SQL 中的 DataFrame 前身为 SchemaRDD 对象，采纳了 R 语言中数据框结构和 Pandas（Python 中用于数据操作与分析的库）的一些设计思想。第 8 章会介绍 R 语言的数据框概念。

DataFrame 是 Spark RDD 的抽象。然而，DataFrame 有别于原生 RDD，区别在于 DataFrame 维护表结构，并且对许多常见的 SQL 函数和关系型操作符提供了原生支持。而 DataFrame 和 RDD 的相似之处包括它们都是作为 DAG 求值，都使用惰性求值，并且都提供了谱系和容错性。另外，DataFrame 支持使用类似于第 5 章所介绍的方法进行缓存和持久化，这一点也和 RDD 类似。

DataFrame 可以由很多不同方式创建，包括如下所列几种：

- 已有的 RDD。
- JSON 文件。
- 文本文件、Parquet 文件，或 ORC 文件。
- Hive 表。
- 外部数据库中的表。
- Spark 临时表。

接下来会介绍使用已有的 SparkSession 对象构建 DataFrame 的一些常见方法。

1. 从已有 RDD 创建 DataFrame

接下来介绍从 RDD 创建 DataFrame 要使用的主要方法 createDataFrame()。

createDataFrame()

语法：

```
SparkSession.createDataFrame(data, schema=None, samplingRatio=None)
```

createDataFrame() 方法从已有 RDD 创建 DataFrame 对象。参数 data 接收由元组或列表元素组成的 RDD 对象。参数 schema 表示要对 DataFrame 对象投影的表结构。如果需要推断表结构，参数 samplingRatio 用于设置数据采样率（稍后会介绍更多 DataFrame 对象的表结构定义和推断的相关内容）。程序清单 6.4 展示了从已有 RDD 加载 DataFrame 的示例。

程序清单 6.4 从 RDD 创建 DataFrame

```
myrdd = sc.parallelize([('Jeff', 48),('Kellie', 45)])
spark.createDataFrame(myrdd).collect()
# 返回：
# [Row(_1=u'Jeff', _2=48), Row(_1=u'Kellie', _2=45)]
```

注意行动操作 collect 返回的是 Row（pyspark.sql.Row）对象组成的列表。因此，由于缺失了包含字段名的表结构信息，返回记录的字段需要通过 _<fieldnumber> 引用，其中字段下标从 1 开始。

2. 从 Hive 表创建 DataFrame

要从 Hive 表加载数据到 Spark SQL 的 DataFrame 中，需要先创建 HiveContext 实例。我

们介绍过，HiveContext 会读取 Hive 客户端配置（hive-site.xml）来获取 Hive 元数据库的连接信息。这使得 Spark 应用可以无缝访问 Hive 表。从 Hive 表创建 DataFrame 的方法有好几种，包括使用 sql() 方法或 table() 方法，下面会分别介绍。

（1）sql()

语法：

```
SparkSession.sql(sqlQuery)
```

sql() 方法根据提供的 sqlQuery 参数，从 Hive 表或对 Hive 表执行的 DML 操作创建 DataFrame 对象。如果要操作的表在 Hive 当前所使用的数据库以外，则需要使用 <databasename>.<tablename> 这样的格式引用该表。sqlQuery 参数可以接收任意有效的 HiveQL 语句，包括带有 WHERE 子句或 JOIN 谓词的 SELECT * 或 SELECT 语句。程序清单 6.5 展示了使用 HiveQL 语句从 Hive 默认数据库中的一张表创建 DataFrame 的示例。

程序清单 6.5　从 Hive 表创建 DataFrame

```
sql_cmd = """SELECT name, lat, long
             FROM stations
             WHERE landmark = 'San Jose'"""
df = spark.sql(sql_cmd)
df.count()
# 返回：16
df.show(5)
# 返回：
# +--------------------+---------+-----------+
# |                name|      lat|       long|
# +--------------------+---------+-----------+
# |San Jose Diridon ...|37.329732|-121.901782|
# |San Jose Civic Ce...|37.330698|-121.888979|
# |Santa Clara at Al...|37.333988|-121.894902|
# |    Adobe on Almaden|37.331415|  -121.8932|
# |    San Pedro Square|37.336721|-121.894074|
# +--------------------+---------+-----------+
# 只展示前5行
```

（2）table()

语法：

```
SparkSession.table(tableName)
```

table() 方法从 Hive 表创建 DataFrame 对象。与 sql() 方法的区别是，table() 方法不允许对原始表的列进行裁剪，也不允许使用 WHERE 子句过滤部分行。整张表都会加载到 DataFrame 中。程序清单 6.6 演示了 table() 方法的用法。

程序清单 6.6　用 table() 方法从 Hive 表创建 DataFrame 对象

```
df = spark.table('stations')
df.columns
# 返回：
```

```
# ['station_id', 'name', 'lat', 'long', 'dockcount', 'landmark', 'installation']
df.count()
# 返回：70
```

还有其他一些方法可以用于与 Hive 系统和数据库目录进行交互，比如 tables() 方法和 tableNames() 方法。前者会返回由指定的数据库内所有表的名字组成的 DataFrame，而后者会返回指定的 Hive 数据库内表名组成的列表。

3. 从 JSON 对象创建 DataFrame

JSON 是在网络服务响应中经常使用的一种常见的、标准的、人类可读的序列化方式或数据传输格式。因为 JSON 是一种包含结构信息的半结构化数据源，Spark SQL 内建支持 JSON 格式。

read. json()

语法：

```
DataFrameReader.read.json(path,
                          schema=None,
                          primitivesAsString=None,
                          prefersDecimal=None,
                          allowComments=None,
                          allowUnquotedFieldNames=None,
                          allowSingleQuotes=None,
                          allowNumericLeadingZero=None,
                          allowBackslashEscapingAnyCharacter=None,
                          mode=None,
                          columnNameOfCorruptRecord=None,
                          dateFormat=None,
                          timestampFormat=None,
                          multiLine=None)
```

DataFrameReader 的 json() 方法从 JSON 文件创建 DataFrame 对象。程序清单 6.7 演示了 read.json() 方法，注意 DataFrameReader 可以通过 SparkSession 对象的 read 方法访问到。参数 path 指向 JSON 文件的完整路径（位于本地文件系统或 HDFS 之类的远程文件系统上）。schema 参数可以显式指定生成的 DataFrame 的表结构，本章稍后会进一步介绍。还有许多额外的参数可以用来指定格式相关的一些选项，对于这些参数的完整说明可以去 https://spark.apache.org/docs/latest/api/python/pyspark.sql.html#pyspark.sql.DataFrameReader 的 Spark SQL 的 Python API 文档中寻找。

程序清单 6.7　用 read.json() 方法从 JSON 文件创建 DataFrame

```
people_json_file = '/opt/spark/examples/src/main/resources/people.json'
people_df = spark.read.json(people_json_file)
people_df.show()
# 返回：
# +----+-------+
# | age|   name|
# +----+-------+
# |null|Michael|
```

```
# |  30|   Andy|
# |  19| Justin|
# +----+-------+
```

注意 JSON 文件中的每一行都必须是一个有效的 JSON 对象。一个文件中所有的 JSON 对象不需要有统一的结构信息或键。在生成的 DataFrame 中，某些 JSON 对象中不存在的键会以空值（null）的形式出现。

另外，read.json() 方法也允许用户从已有的由一组字符串形式的离散 JSON 对象所组成的 RDD 创建 DataFrame（见程序清单 6.8）。

程序清单 6.8 从 JSON 格式的 RDD 创建 DataFrame

```
rdd= sc.parallelize( \
 ['{"name":"Adobe on Almaden", "lat":37.331415, "long":-121.8932}', \
  '{"name":"Japantown", "lat":37.348742, "long":-121.894715}'])
json_df = spark.read.json(rdd)
json_df.show()
# 返回:
# +---------+----------+---------------+
# |      lat|      long|           name|
# +---------+----------+---------------+
# |37.331415|  -121.8932|Adobe on Almaden|
# |37.348742|-121.894715|      Japantown|
# +---------+----------+---------------+
```

4. 从普通文件创建 DataFrame

DataFrameReader 也可以用于从其他类型的文件读取 DataFrame，比如 CSV 文件，或者外部的 SQL 和 NoSQL 数据源。下面分别介绍了从纯文本文件以及 Parquet、ORC 等一些列式存储格式的文件，创建 DataFrame 的示例。

（1）text()

语法：

```
DataFrameReader.read.text(path)
```

DataFrameReader 的 text() 方法用于从外部文件系统（本地文件系统、NFS、HDFS、S3 等）上的文本文件读取 DataFrame。该方法的行为类似于 RDD 中等价的 sc.textFile() 方法。参数 path 指代的路径可以是一个文件，也可以是目录，或是文件通配符（通配符类似于正则表达式，返回满足指定条件的文件列表）。

程序清单 6.9 演示了 read.text() 函数的用法。

程序清单 6.9 从一个或多个纯文本文件创建 DataFrame

```
# 读取单个文件
df = spark.read.text('file:///opt/spark/data/bike-share/stations/stations.csv')
df.take(1)
# 返回:
# [Row(value=u'9,Japantown,37.348742,-121.894715,15,San Jose,8/5/2013')]
# 也可以读取一个目录中所有的文件
```

```
df = spark.read.text('file:///opt/spark/data/bike-share/stations/')
df.count()
# 返回：83
```

注意文本文件中的每一行会返回一个对应的 Row 对象，该对象包含一个字符串，即文件中对应的整行数据。

列式存储与 Parquet 文件

本章已经介绍过了列式存储的概念，它从内存中的数据结构扩展到了 Parquet 和 ORC（Optimized Row Columnar，优化的列式行）这样的持久化文件格式。Apache Parquet 是一种常见的通用的列式存储格式，设计者希望能与 Hadoop 生态圈的各种项目集成。Parquet 是 Spark 项目的“一等公民”，是官方推荐用于 Spark SQL 处理的存储格式。RCFile 是为提高 Hive 读性能而构建的列式存储格式，而 ORC 是优化 RCFile 的继任格式。如果要和 Hive 以及别的非 Spark 访问模式（比如 Tez）共享数据结构，那么 ORC 可能更合适。Hive 项目也能支持 Parquet 格式的数据。

（2）parquet()

语法：

```
DataFrameReader.read.parquet(paths)
```

DataFrameReader 的 parquet() 方法用于读取以 Parquet 列式存储格式存储的文件。这些文件通常来自其他进程的输出，比如前一个 Spark 进程的输出。参数 paths 指向单个或多个 Parquet 文件，或是 Parquet 文件组成的目录。

Parquet 格式将表的结构信息与数据封装在一个结构中，因此 DataFrame 可以使用文件中的表结构。

假设已经有了一个以 Parquet 格式存储的文件，程序清单 6.10 演示了 DataFrameReader.read.parquet() 方法的用法。

程序清单 6.10 从一个或多个 Parquet 文件创建 DataFrame

```
df = spark.read.parquet('hdfs:///user/hadoop/stations.parquet')
df.printSchema()
# 返回：
# root
#  |-- station_id: integer (nullable = true)
#  |-- name: string (nullable = true)
#  |-- lat: double (nullable = true)
#  |-- long: double (nullable = true)
#  |-- dockcount: integer (nullable = true)
#  |-- landmark: string (nullable = true)
#  |-- installation: string (nullable = true)
df.take(1)
# 返回：
# [Row(station_id=2, name=u'San Jose Diridon Caltrain Station', lat=37.329732...)]
```

Parquet 与压缩

默认情况下，Spark 使用 Gzip 编码来压缩 Parquet 文件。如果要选择别的压缩编码（比如 Snappy）来读写压缩的 Parquet 文件，请提供如下配置：

```
sqlContext.setConf("spark.sql.parquet.compression.codec.", "snappy")
```

（3）orc()

语法：

```
DataFrameReader.read.orc(path)
```

DataFrameReader 的 orc() 方法用于从单个 ORC 格式文件或由多个 ORC 格式文件组成的目录读取 DataFrame。ORC 是一种来自 Hive 项目的格式。参数 path 指向一个包含 ORC 文件的目录，一般与 Hive 仓库中以 ORC 格式存储的一张表相关联。程序清单 6.11 展示了使用 orc() 方法读取以 ORC 格式存储的一张 Hive 表所对应的 ORC 文件。

程序清单 6.11　从 Hive 的 ORC 文件创建 DataFrame

```
df = spark.read.orc('hdfs:///user/hadoop/stations_orc/')
df.printSchema()
# 返回：
# root
# |-- station_id: integer (nullable = true)
# |-- name: string (nullable = true)
# |-- lat: double (nullable = true)
# |-- long: double (nullable = true)
# |-- dockcount: integer (nullable = true)
# |-- landmark: string (nullable = true)
# |-- installation: string (nullable = true)
df.take(1)
# 返回：
# [Row(station_id=2, name=u'San Jose Diridon Caltrain Station', lat=37.329732 ...)]
```

也可以使用 DataFrameReader 和 spark.read.jdbc() 方法从 MySQL、Oracle 之类的外部数据源读取数据。

5. 把 DataFrame 转为 RDD

可以使用 rdd() 方法轻松地把 DataFrame 转为原生的 RDD，如程序清单 6.12 所示。所得 RDD 由 pyspark.sql.Row 对象组成。

程序清单 6.12　把 DataFrame 转为 RDD

```
stationsdf = spark.read.parquet('hdfs:///user/hadoop/stations.parquet')
stationsrdd = stationsdf.rdd
stationsrdd
# 返回：
# MapPartitionsRDD[4] at javaToPython at ...
stationsrdd.take(1)
# 返回：
# [Row(station_id=2, name=u'San Jose Diridon Caltrain Station', lat=37.329732 ...)]
```

6. DataFrame 数据模型：原生类型

DataFrame API 的数据模型是基于 Hive 的数据模型设置的。DataFrame 中使用的数据类型与 Hive 中的等价类型直接对应。这些类型包括所有常见的原生类型，以及等价于列表、字典和元组的复杂嵌套类型。

表 6.2 列出了 PySpark 封装的原生数据类型，这些类型继承自基类 pyspark.sql.types.DataType。

表 6.2 Spark SQL 原生类型（pyspark.sql.types）

类型	等价 Hive 类型	等价 Python 类型
ByteType	TINYINT	int
ShortType	SMALLINT	int
IntegerType	INT	int
LongType	BIGINT	long
FloatType	FLOAT	float
DoubleType	DOUBLE	float
BooleanType	BOOLEAN	bool
StringType	STRING	string
BinaryType	BINARY	bytearray
TimestampType	TIMESTAMP	datetime.datetime
DateType	DATE	datetime.date

7. DataFrame 数据模型：复杂类型

Spark SQL 可以原生使用基于 HiveQL 的操作符访问复杂嵌套类型。表 6.3 列出了 DataFrame API 中的复杂类型，以及在 Hive 和 Python 中的等价类型。

表 6.3 Spark SQL 复杂类型（pyspark.sql.types）

类型	等价 Hive 类型	等价 Python 类型
ArrayType	ARRAY	list、tuple 或 array
MapType	MAP	dict
StructType	STRUCT	list 或 tuple

8. 推断 DataFrame 表结构

在 Spark SQL 中，DataFrame 的表结构可以显式定义，也可以隐式推断。在前面的这些例子中，我们没有显式定义表结构，因此这些表结构都是推断出来的。推断表结构最简单，但是一般来说在代码中显式定义表结构更好。

Spark SQL 使用**反射**（reflection）来推断 DataFrame 对象的表结构。反射会检查对象来判断其组成结构，可以在把 RDD 转为 DataFrame 时生成相应的表结构。在这种情况下，RDD 的每条记录都会生成一个对应的 Row 对象，并且每个字段都会分配一个数据类型。各字段的数据类型是从第一条记录推断而来的，因此第一条记录必须要具有代表性，而且所有的字段都不能为空。

程序清单 6.13 展示了推断 DataFrame 表结构的一个示例，这个 DataFrame 是从 RDD 创建的。注意我们使用了 DataFrame 的 printSchema() 方法，把表结构以树状格式打印到控制台上。

程序清单 6.13 推断从 RDD 创建的 DataFrame 的表结构

```
rdd = sc.textFile('file:///home/hadoop/stations.csv') \
        .map(lambda x: x.split(',')) \
        .map(lambda x: (int(x[0]), str(x[1]),
                        float(x[2]), float(x[3]),
                        int(x[4]), str(x[5]), str(x[6])))
rdd.take(1)
# 返回:
# [(2, 'San Jose Diridon Caltrain Station', 37.329732, -121.901782, 27, 'San Jose',
# '8/6/2013')]
df = spark.createDataFrame(rdd)
df.printSchema()
# 返回:
# root
#  |-- _1: long (nullable = true)
#  |-- _2: string (nullable = true)
#  |-- _3: double (nullable = true)
#  |-- _4: double (nullable = true)
#  |-- _5: long (nullable = true)
#  |-- _6: string (nullable = true)
#  |-- _7: string (nullable = true)
```

注意字段的命名使用了 _<fieldnumber> 的惯例，而 nullable 属性都被设置为 True，这意味着这些值都可以为空。还要注意到推断时使用的都是范围更大的类型。比如，这个 RDD 中的 lat 和 long 字段是 float 的值，而生成的 DataFrame 所推断出来的表结构中对应的字段使用的是 double 类型（准确地说是 DoubleType 类型的实例）。类似地，long 类型的值是从 int 类型的值推断而来的。

在从 JSON 文档创建 DataFrame 时，表结构推断会自动进行，如程序清单 6.14 所示。

程序清单 6.14 从 JSON 对象创建的 DataFrame 的表结构推断

```
rdd = sc.parallelize( \
      ['{"name":"Adobe on Almaden", "lat":37.331415, "long":-121.8932}', \
       '{"name":"Japantown", "lat":37.348742, "long":-121.894715}'])
df = spark.read.json(rdd)
df.printSchema()
# 返回:
# root
#  |-- lat: double (nullable = true)
#  |-- long: double (nullable = true)
#  |-- name: string (nullable = true)
```

从 Hive 表创建的 DataFrame 的表结构自动继承自 Hive 表的定义，如程序清单 6.15 所示。

程序清单 6.15　从 Hive 表创建的 DataFrame 的表结构

```
df = spark.table("stations")
df.printSchema()
# 返回:
# root
# |-- station_id: integer (nullable = true)
# |-- name: string (nullable = true)
# |-- lat: double (nullable = true)
# |-- long: double (nullable = true)
# |-- dockcount: integer (nullable = true)
# |-- landmark: string (nullable = true)
# |-- installation: string (nullable = true)
```

9. 定义 DataFrame 表结构

在代码中显式定义 DataFrame 的表结构，比隐式推断更好。你需要创建一个包含一组 StructField 对象的 StructType 对象，以创建表结构。然后就可以在创建 DataFrame 时使用该表结构了。程序清单 6.16 对程序清单 6.13 稍加修改，显式定义了表结构。注意观察推断表结构与定义表结构在行为上的区别。

程序清单 6.16　显式定义 DataFrame 的表结构

```
from pyspark.sql.types import *
myschema = StructType([ \
           StructField("station_id", IntegerType(), True), \
           StructField("name", StringType(), True), \
           StructField("lat", FloatType(), True), \
           StructField("long", FloatType(), True), \
           StructField("dockcount", IntegerType(), True), \
           StructField("landmark", StringType(), True), \
           StructField("installation", StringType(), True) \
           ])
rdd = sc.textFile('file:///home/hadoop/stations.csv') \
        .map(lambda x: x.split(',')) \
        .map(lambda x: (int(x[0]), str(x[1]),
                        float(x[2]), float(x[3]),
                        int(x[4]), str(x[5]), str(x[6])))
df = spark.createDataFrame(rdd, myschema)
df.printSchema()
# 返回:
# root
#  |-- station_id: integer (nullable = true)
#  |-- name: string (nullable = true)
#  |-- lat: float (nullable = true)
#  |-- long: float (nullable = true)
#  |-- dockcount: integer (nullable = true)
#  |-- landmark: string (nullable = true)
#  |-- installation: string (nullable = true)
```

6.1.4　使用 DataFrame

DataFrame API 是目前 Spark 项目中发展最快的部分之一。每个小版本发布都会包含明显的新特性与函数。Spark SQL 的 DataFrame 模型还有一些扩展，比如 Datasets API。这些扩展也以同样的速度高速发展。事实上，Spark SQL 及其核心组件 DataFrame API 就足以单独撑起一整本书。随后会介绍 Python 语言 DataFrame API 的基础内容，虽然不能面面俱到，所涵盖的内容也足以把你领进 DataFrame 的大门。剩下的就靠你自己了！

1. DataFrame 元数据操作

DataFrame API 提供了几个元数据函数。这些函数返回的是关于数据结构的信息，而不是数据本身。我们已经介绍过的 printSchema() 就是其中一个函数，它会以树状字符串的格式返回 DataFrame 对象里定义的表结构。接下来会介绍一些其他的元数据函数。

（1）columns()

语法：

```
DataFrame.columns()
```

columns() 方法返回由给定 DataFrame 的列名组成的列表。程序清单 6.17 提供了一个示例。

程序清单 6.17　返回由 DataFrame 的列名组成的列表

```
df = spark.read.parquet('hdfs:///user/hadoop/stations.parquet')
df.columns
# 返回：
# ['station_id', 'name', 'lat', 'long', 'dockcount', 'landmark', 'installation']
```

（2）dtypes()

语法：

```
DataFrame.dtypes()
```

dtypes() 方法返回由二元组组成的列表，其中每个二元组包含给定 DataFrame 对象的一个列名和该列的数据类型。这个方法可能比之前介绍的 printSchema() 方法更有用，因为你可以在程序中直接访问返回值。程序清单 6.18 演示了 dtypes() 方法的使用。

程序清单 6.18　返回 DataFrame 中的列名及其数据类型

```
df = spark.read.parquet('hdfs:///user/hadoop/stations.parquet')
df.dtypes
# 返回：
# [('station_id', 'int'), ('name', 'string'), ('lat', 'double'), ('long', 'double'),
# ('dockcount', 'int'), ('landmark', 'string'), ('installation', 'string')]
```

2. DataFrame 基本操作

因为 DataFrame 是 RDD 的列式抽象，所以它们有很多相似的函数，比如一些转化操作和行动操作都是直接来自 RDD 的方法。DataFrame 还有一些额外的关系型方法，比如 select()、drop() 和 where()。像 count()、collect()、take() 和 foreach() 这样的核心函数，与 RDD

API 中的同名函数，无论是功能上还是句法上都保持一致。与 RDD API 一样，这些方法中的行动操作会触发 DataFrame 及其谱系的求值。

与行动操作 collect() 和 take() 一样，之前的例子中我们使用了一个替代方法 show()。show() 是行动操作，如果 DataFrame 在缓存中不存在，它会触发 DataFrame 的求值。

select()、drop()、filter()、where() 以及 distinct() 方法会裁剪 DataFrame 的列或筛选一些行。这些操作的结果都以新的 DataFrame 对象返回。

（1）show()

语法：

```
DataFrame.show(n=20, truncate=True)
```

show() 方法将 DataFrame 的前 n 行打印到控制台上。与 collect() 或 take(n) 不同，show() 并不把结果返回到变量。它仅仅用来在控制台或笔记本内查看 DataFrame 内容或部分内容。truncate 参数指定是否截取过长的字符串并在单元格内右对齐。

show() 命令的输出格式比较“好看”，也就是说它会以表格形式呈现结果，并且包含表头，可读性很高。

（2）select()

语法：

```
DataFrame.select(*cols)
```

select() 方法根据 cols 参数指定的列返回一个新的 DataFrame 对象。你可以使用星号（*）选出 DataFrame 中所有的列而不进行任何操作。程序清单 6.19 展示了 select() 函数的一个示例。

程序清单 6.19　Spark SQL 中的 select() 方法

```
df = spark.read.parquet('hdfs:///user/hadoop/stations.parquet')
newdf = df.select((df.name).alias("Station Name"))
newdf.show(2)
# 返回：
# +--------------------+
# |        Station Name|
# +--------------------+
# |San Jose Diridon ...|
# |San Jose Civic Ce...|
# +--------------------+
# only showing top 2 rows
```

如程序清单 6.19 所示，你可以通过 alias 操作符在 select() 中设置列的别名。select() 也是 DataFrame 转化操作中应用列级别函数的主要方法。很快你就会看到相关示例。

（3）drop()

语法：

```
DataFrame.drop(col)
```

drop() 方法返回一个删去了 col 参数指定的列的新 DataFrame。程序清单 6.20 演示了 drop() 方法的用法。

程序清单 6.20　从 DataFrame 中删除一列数据

```
df = spark.read.parquet('hdfs:///user/hadoop/stations.parquet')
df.columns
# 返回:
# ['station_id', 'name', 'lat', 'long', 'dockcount', 'landmark', 'installation']
newdf = df.drop(df.installation)
newdf.columns
# 返回:
# ['station_id', 'name', 'lat', 'long', 'dockcount', 'landmark']
```

（4）filter()

语法：

```
DataFrame.filter(condition)
```

filter() 方法返回仅包含满足给定条件的行的新 DataFrame，筛选条件由 condition 参数提供，求值结果为 True 或 False。程序清单 6.21 演示了 filter() 的用法。

程序清单 6.21　从 DataFrame 中筛选出一些行

```
df = spark.read.parquet('hdfs:///user/hadoop/stations.parquet')
df.filter(df.name == 'St James Park') \
  .select(df.name,df.lat,df.long) \
  .show()
# 返回:
# +-------------+---------+-----------+
# |         name|      lat|       long|
# +-------------+---------+-----------+
# |St James Park|37.339301|-121.889937|
# +-------------+---------+-----------+
```

where() 方法是 filter() 方法的别名，这两个方法可以互相替代。

（5）distinct()

语法：

```
DataFrame.distinct()
```

distinct() 方法返回包含输入 DataFrame 中不重复的行的新 DataFrame，本质就是过滤掉重复的行。当同一个 DataFrame 中一行数据的所有列的值都与另一行相同，我们就把它看作重复的行。程序清单 6.22 展示了 distinct() 方法的一个例子。

程序清单 6.22　去掉 DataFrame 中重复的行

```
rdd = sc.parallelize([('Jeff', 48),('Kellie', 45),('Jeff', 48)])
df = spark.createDataFrame(rdd)
df.show()
# 返回:
```

```
# +------+---+
# |    _1| _2|
# +------+---+
# |  Jeff| 48|
# |Kellie| 45|
# |  Jeff| 48|
# +------+---+
df.distinct().show()
# 返回:
# +------+---+
# |    _1| _2|
# +------+---+
# |Kellie| 45|
# |  Jeff| 48|
# +------+---+
```

注意 drop_duplicates() 方法具有类似功能，还可以让用户选择仅过滤选定列的重复数据。

另外，map() 和 flatMap() 可以分别通过 DataFrame.rdd.map() 和 DataFrame.rdd.flatMap() 使用。在早于 Spark 2.0 的版本中，你可以直接在 DataFrame 对象上使用 map() 和 flatMap() 方法。不过，它们仅仅是 rdd.map() 和 rdd.flatMap() 方法的别名。

除了 select() 方法，你也可以使用 rdd.map() 和 rdd.flatMap() 方法对 Spark SQL 的 DataFrame 中的行使用列级别的函数，以及投影特定列，包括通过计算得到的列。不过，用 select() 操作 DataFrame 时返回的是新的 DataFrame，而 rdd.map() 和 rdd.flatMap() 方法操作 DataFrame 并返回 RDD。

从概念上来说，这些方法和它们在 RDD API 中同名的方法功能类似。不过，在处理各列有名字的 DataFrame 时，lambda 函数稍有不同。程序清单 6.23 使用 rdd.map() 方法把 DataFrame 中的一个列投影成一个名为 rdd 的新 RDD。

程序清单 6.23　对 Spark SQL 中的 DataFrame 使用 map() 函数

```
df = spark.read.parquet('hdfs:///user/hadoop/stations.parquet')
rdd = df.rdd.map(lambda r: r.name)
rdd
# 返回:
# PythonRDD[62] at RDD at PythonRDD.scala:48
rdd.take(1)
# 返回:
# [u'San Jose Diridon Caltrain Station']
```

如果希望映射操作返回的是新 DataFrame 而不是 RDD，最好使用 select() 方法。

Spark SQL 的 DataFrame API 中还有其他一些操作值得我们介绍。sample() 方法和 sampleBy() 方法与 RDD API 中的等价操作效果类似，而 limit() 函数则会创建一个包含原始 DataFrame 中指定数量的任意行的新 DataFrame。在操作大规模数据时，我们要在开发过程中限制操作集合的大小，这些函数都很有用。

explain() 也是一个在开发时有帮助的函数。它返回查询计划，包含对 DataFrame 进行求值时使用的逻辑计划和物理计划。在排查问题或优化 Spark SQL 程序时，会用到这个函数。

探索文档可以对 DataFrame API 中提供的所有函数有更多了解。值得注意的是，Python 语言的 Spark SQL API 的所有函数都包含 docstring。你可以使用它们探索 Spark SQL 中任意函数的语法和用法，也可以探索 Spark 的 Python 语言 API 提供的其他函数。Python 的 docstring 可以通过函数的完整类路径的 __doc__ 方法访问，如程序清单 6.24 所示。

程序清单 6.24　获取 Spark SQL 函数的帮助文档

```
from pyspark.sql import DataFrame
print(DataFrame.sample.__doc__)
# 返回:
# Returns a sampled subset of this :class:`DataFrame`.
#.. note:: This is not guaranteed to provide exactly the fraction specified of the
# total
#  count of the given :class:`DataFrame`.
# >>> df.sample(False, 0.5, 42).count()
# 2
#.. versionadded:: 1.3
```

3. DataFrame 内建函数

Spark SQL 中有大量可供使用的函数，包含其他常见的数据库管理系统的 SQL 实现中所支持的大多数函数。使用 Python 语言的 Spark API 时，这些内建的函数可以通过 pyspark.sql.functions 模块访问。函数包括标量值函数和聚合函数，各种的函数分别可以操作字段、列或者行。表 6.4 展示了 pyspark.sql.functions 库中部分可供使用的函数。

表 6.4　Spark SQL 中可用的内建函数举例

类型	可用函数
字符串函数	startswith、substr、concat、lower、upper、regexp_extract、regexp_replace
数学函数	abs、ceil、floor、log、round、sqrt
统计函数	avg、max、min、mean、stddev
日期函数	date_add、datediff、from_utc_timestamp
哈希函数	md5、sha1、sha2
算法函数	soundex、levenshtein
窗口函数	over、rank、dense_rank、lead、lag、ntile

4. 在 DataFrame API 中实现用户自定义函数

如果现成的函数中找不到能满足需求的，你可以在 Spark SQL 中创建用户自定义函数（user-defined function，即 UDF）。你可以通过使用 udf() 方法，创建列级别的 UDF，把所需操作整合到 Spark 程序中。下面就具体介绍 udf() 方法。

udf()

语法：

```
pyspark.sql.functions.udf(func, returnType=StringType)
```

udf() 方法创建表示用户自定义函数的列表达式。func 参数可以是具名函数或使用

lambda 语法的匿名函数，它对 DataFrame 中单行内的一列进行操作。returnType 参数指定函数返回对象的数据类型。这个类型必须是 pyspark.sql.types 的成员之一或 pyspark.sql.types.DataType 的子类。

假设你要定义一个函数，把十进制数表示的经纬度坐标转化为相对于赤道（0° 纬线）和本初子午线（0° 经线）的地理方向。程序清单 6.25 演示了创建两个 UDF 的做法，它们分别接收十进制数表示的纬度和经度，并返回相应的方向简称。

程序清单 6.25　Spark SQL 中的用户自定义函数

```
from pyspark.sql.functions import *
from pyspark.sql.types import *
df = spark.read.parquet('hdfs:///user/hadoop/stations.parquet')
lat2dir = udf(lambda x: 'N' if x > 0 else 'S', StringType())
lon2dir = udf(lambda x: 'E' if x > 0 else 'W', StringType())
df.select(df.lat, lat2dir(df.lat).alias('latdir'),
          df.long, lon2dir(df.lat).alias('longdir')) \
          .show(5)
# 返回：
# +---------+------+----------+-------+
# |      lat|latdir|      long|longdir|
# +---------+------+----------+-------+
# |37.329732|     N|-121.901782|      E|
# |37.330698|     N|-121.888979|      E|
# |37.333988|     N|-121.894902|      E|
# |37.331415|     N|  -121.8932|      E|
# |37.336721|     N|-121.894074|      E|
# +---------+------+----------+-------+
# only showing top 5 rows
```

5. 多 DataFrame 操作

join()、union() 等集合操作是 DataFrame 的常见需求，因为它们都是关系型 SQL 编程中不可或缺的操作。

DataFrame 的连接操作支持 RDD API 和 HiveQL 所支持的所有连接操作，包括内连接、外连接，以及左半连接。

（1）join()

语法：

```
DataFrame.join(other, on=None, how=None)
```

join() 方法将当前 DataFrame 与 other 参数引用的 DataFrame（连接的右侧）做连接操作，使用连接操作的结果创建新的 DataFrame。on 参数指定一个列、一组列，或者一个表达式，用于连接操作的求值。how 参数指定要执行的连接类型。有效的值包括 inner（默认值）、outer、left_outer、right_outer 和 leftsemi。

我们以共享单车数据集里的一个名为 trips 的新实体为例，它包含两个字段 start_terminal 和 end_terminal，对应到 stations 实体中的 station_id 字段。程序清单 6.26 演示使用 join() 方法对这两个实体执行内连接操作。

程序清单 6.26　用 Spark SQL 连接 DataFrame

```
trips = spark.table("trips")
stations = spark.table("stations")
joined = trips.join(stations, trips.startterminal == stations.station_id)
joined.printSchema()
# 返回:
# root
#  |-- tripid: integer (nullable = true)
#  |-- duration: integer (nullable = true)
#  |-- startdate: string (nullable = true)
#  |-- startstation: string (nullable = true)
#  |-- startterminal: integer (nullable = true)
#  |-- enddate: string (nullable = true)
#  |-- endstation: string (nullable = true)
#  |-- endterminal: integer (nullable = true)
#  |-- bikeno: integer (nullable = true)
#  |-- subscribertype: string (nullable = true)
#  |-- zipcode: string (nullable = true)
#  |-- station_id: integer (nullable = true)
#  |-- name: string (nullable = true)
#  |-- lat: double (nullable = true)
#  |-- long: double (nullable = true)
#  |-- dockcount: integer (nullable = true)
#  |-- landmark: string (nullable = true)
#  |-- installation: string (nullable = true)
joined.select(joined.startstation, joined.duration) \
      .show(2)
# 返回:
# +--------------------+--------+
# |        startstation|duration|
# +--------------------+--------+
# |Harry Bridges Pla...|     765|
# |San Antonio Shopp...|    1036|
# +--------------------+--------+
# only showing top 2 rows
```

在 Spark SQL 中，DataFrame 也支持其他一些集合操作，比如 intersect() 和 subtract()。它们的作用也类似于本书介绍过的 RDD 版的等价函数。另外，DataFrame 有 unionAll() 方法，而没有之前介绍过的 union() 方法。注意如果要去除重复的值，可以在 unionAll() 操作后使用前面提到的 distinct() 或 drop_duplicates() 函数。

DataFrame API 还包含几个用于排序的标准方法，接下来会对它们进行说明。

（2）orderBy()

语法：

```
DataFrame.orderBy(cols, ascending)
```

orderBy() 方法根据 cols 参数指定的列对 DataFrame 进行排序，生成新的 DataFrame。

ascending 是布尔类型的参数，默认值为 True，表示是否使用升序。程序清单 6.27 展示了 orderBy() 函数的一个示例。

程序清单 6.27　DataFrame 排序

```
stations = spark.read.parquet('hdfs:///user/hadoop/stations.parquet')
stations.orderBy([stations.name], ascending=False) \
    .select(stations.name) \
    .show(2)
# 返回:
# +--------------------+
# |                name|
# +--------------------+
# |Yerba Buena Cente...|
# |Washington at Kea...|
# +--------------------+
# only showing top 2 rows
```

注意在 DataFrame API 中，sort() 和 orderBy() 是同义函数。

分组是对 DataFrame 的一列或多列执行聚合操作的常见前置操作。DataFrame API 提供了 groupBy() 方法（也可使用别名 groupby()），它将 DataFrame 按照指定的列进行分组。该函数返回 pyspark.sql.GroupedData 对象，这是一种特殊类型的 DataFrame，包含分组后的数据，暴露了 sum() 和 count() 等常用的聚合函数以供使用。

（3）groupBy()

语法：

```
DataFrame.groupBy(cols)
```

groupBy() 方法将输入的 DataFrame 按照 cols 参数指定的列进行分组，使用分组结果创建新的 DataFrame。程序清单 6.28 演示使用 groupBy() 从共享单车数据集的 trips 实体计算单次骑行的平均时长。

程序清单 6.28　对 DataFrame 中的数据进行分组和聚合

```
trips = spark.table("trips")
averaged = trips.groupBy([trips.startterminal]).avg('duration') \
                .show(2)
# 返回:
# +-------------+------------------+
# |startterminal|     avg(duration)|
# +-------------+------------------+
# |           31|2747.6333021515434|
# |           65| 626.1329988365329|
# +-------------+------------------+
# only showing top 2 rows
```

6.1.5　DataFrame 缓存、持久化与重新分区

DataFrame API 支持缓存、持久化与重新分区，所用方法类似于 Spark RDD API 中的对

应操作。

缓存与持久化 DataFrame 的方法包括 cache()、persist() 和 unpersist()，它们与用于 RDD 的同名函数作用类似。此外，Spark SQL 还添加了 cacheTable() 方法，用于在内存中缓存 Spark SQL 或 Hive 中的表。clearCache() 方法可以从内存中删除缓存的表。DataFrame 也支持使用 coalesce() 和 repartition() 方法进行重新分区。

6.1.6　保存 DataFrame 输出

DataFrameWriter 是用来把 DataFrame 写到文件系统或数据库等外部存储系统的接口。DataFrameWriter 可以通过 DataFrame.write() 访问。接下来展示了一些示例。

1. 数据写入 Hive 表

在本章的前面部分中，我们介绍了如何从 Hive 表读取数据到 DataFrame 中。同样地，用户也经常需要把 DataFrame 中的数据写到 Hive 表中。你可以使用 saveAsTable() 函数实现此功能。

saveAsTable()

语法：

```
DataFrame.write.saveAsTable(name, format=None, mode=None, partitionBy=None)
```

saveAsTable() 方法把 DataFrame 中的数据写入 name 参数指定的 Hive 表。format 参数可以指定输出到目标表时使用的格式，默认为 Parquet 格式。mode 参数则指定如果目标表已经存在时使用的行为，其有效的值为 append（追加写）、overwrite（覆盖）、error（报错）和 ignore（忽略）。程序清单 6.29 展示了 saveAsTable() 方法的一个示例。

程序清单 6.29　把 DataFrame 保存为 Hive 表

```
stations = spark.table("stations")
stations.select([stations.station_id,stations.name]).write \
       .saveAsTable("station_names")
# 读取新表
station_names = spark.table("station_names")
station_names.show(2)
# 返回:
# +----------+-------------------+
# |station_id|               name|
# +----------+-------------------+
# |         2|San Jose Diridon ...|
# |         3|San Jose Civic Ce...|
# +----------+-------------------+
# only showing top 2 rows
```

DataFrame API 中有一个 insertInto() 方法，功能与 saveAsTable() 类似。

2. 数据写入文件

DataFrame 中的数据写入的文件可以位于所支持的任意文件系统：本地文件系统、网络文件系统或分布式文件系统。输出会作为目录写出，每个分区对应生成一个文件，这和前面的 RDD 输出示例颇为相似。

逗号分隔值（Comma-Separated Values，CSV）是一种常见的文件导出格式。DataFrame 可以通过使用 DataFrameWriter.write.csv() 方法导出到 CSV 文件。

Parquet 是一种流行的列式存储格式，并且转为 Spark SQL 进行了优化。你已经看到过一些使用 Parquet 格式文件的示例。通过使用 DataFrameWriter.write.parquet() 方法，你可以把 DataFrame 以 Parquet 格式写出去。

（1）write. csv()

语法：

```
DataFrameWriter.write.csv(path,
                          mode=None,
                          compression=None,
                          sep=None,
                          quote=None,
                          escape=None,
                          header=None,
                          nullValue=None,
                          escapeQuotes=None,
                          quoteAll=None,
                          dateFormat=None,
                          timestampFormat=None,
                          ignoreLeadingWhiteSpace=None,
                          ignoreTrailingWhiteSpace=None)
```

DataFrameWriter 类的 write.csv() 方法可以通过 DataFrame.write.csv() 接口访问，把 DataFrame 的内容以 CSV 文件的形式写入 path 参数所指定的路径。mode 参数定义了如果目标目录在操作时已经存在的行为，其有效值为 append（追加写）、overwrite（覆盖）、ignore（忽略）和 error（报错，为默认值）。mode 参数在所有的 DataFrame.write() 方法中都适用。还有一些额外的参数可以定义输出 CSV 文件的格式。例如，quoteAll 参数表示是否所有的值都始终用引号包围。write.csv() 方法的所有参数的具体信息可以在 https://spark.apache.org/docs/latest/api/python/pyspark.sql.html#pyspark.sql.DataFrameWriter 找到。程序清单 6.30 展示了 write.csv() 方法的用法。

程序清单 6.30 把 DataFrame 写入 CSV 文件

```
spark.table("stations") \
    .write.csv("stations_csv")
```

write.csv() 操作的目标路径可以位于本地文件系统（使用 file:// 协议）、HDFS、S3，或其他可用并配置好可供 Spark 访问的任意文件系统。在程序清单 6.30 中，默认使用的是运行命令的用户在 HDFS 上的家目录。stations_csv 是 HDFS 上的目录，其内容如图 6.6 所示。

（2）parquet()

语法：

```
DataFrameWriter.write.parquet(path, mode=None, partitionBy=None)
```

```
hadoop@ip-172-31-23-150:~
[hadoop@ip-172-31-23-150 ~]$ hadoop fs -ls stations_csv
Found 2 items
-rw-r--r--   1 hadoop hadoop          0 2017-10-18 00:47 stations_csv/_SUCCESS
-rw-r--r--   1 hadoop hadoop       5144 2017-10-18 00:47 stations_csv/part-00000
-e4a184b7-65bf-4636-9d81-fcb2ede9c0ca-c000.csv
[hadoop@ip-172-31-23-150 ~]$ hadoop fs -cat stations_csv/part-*.csv | tail -5
77,Market at Sansome,37.789625,-122.400811,27,San Francisco,8/25/2013
80,Santa Clara County Civic Center,37.352601,-121.905733,15,San Jose,12/31/2013
82,Broadway St at Battery St,37.798541,-122.400862,15,San Francisco,1/22/2014
83,Mezes Park,37.491269,-122.236234,15,Redwood City,2/20/2014
84,Ryland Park,37.342725,-121.895617,15,San Jose,4/9/2014
[hadoop@ip-172-31-23-150 ~]$
```

图 6.6　DataFrame 操作 write.csv() 得到的 HDFS 目录的内容

write.parquet() 方法把 DataFrame 中的数据以 Parquet 格式写入指定目录。文件压缩的设置来自当前 SparkContext 中压缩相关的配置属性。mode 参数指定当目录或文件不存在时的行为，其有效值为 append（追加写）、overwrite（覆盖）、ignore（忽略）和 error（报错，为默认值）。partitionBy 参数指定了作为输出文件的分区依据的列的名字（使用哈希分区）。程序清单 6.31 演示使用 parquet() 方法把 DataFrame 用 Snappy 压缩并保存为 Parquet 文件。

程序清单 6.31　保存 DataFrame 为 Parquet 文件

```
spark = SparkSession.builder \
    .config("spark.sql.parquet.compression.codec.", "snappy") \
    .getOrCreate()
stations = spark.table("stations")
stations.select([stations.station_id,stations.name]).write \
        .parquet("file:///home/hadoop/stations.parquet", mode='overwrite')
```

图 6.7 列举了程序清单 6.31 中执行的操作所产生的本地目录，其中包含 Snappy 压缩的 Parquet 格式输出文件。

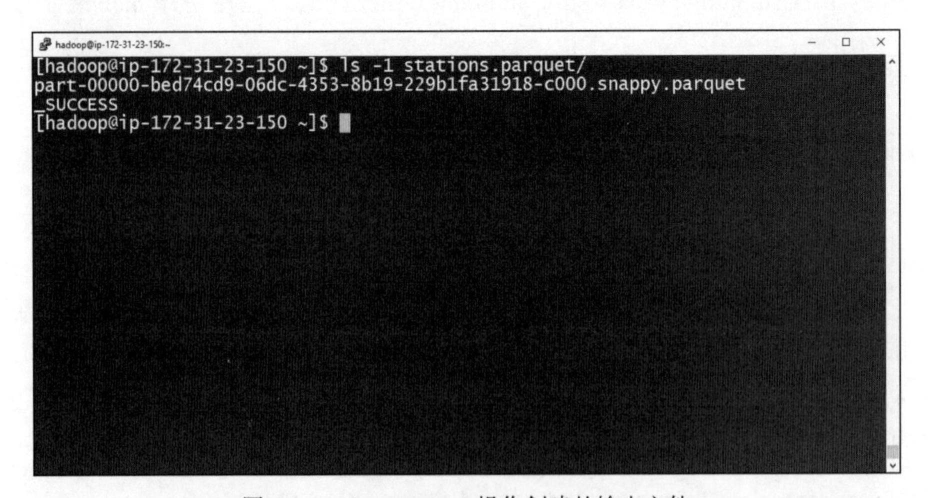

图 6.7　write.parquet() 操作创建的输出文件

ORC 文件可以使用 orc() 方法写出，该方法的用法与 parquet() 类似。JSON 文件也可以使用 json() 方法写出。

你可以使用 DataFrameWriter.write.jdbc() 方法把 DataFrame 保存到兼容 JDBC 的外部数据库中。

6.1.7　访问 Spark SQL

本章到目前为止，关于 Spark SQL 的示例都是使用 Python 接口（PySpark）给出的。但是，PySpark 对于并非程序员出身的用户来说可能并不是合适的接口，对他们来说，用 SQL shell 或者类似 Tableau 或 Excel 这样的可视化工具通过 JDBC/ODBC 访问 Spark SQL 引擎也许更好。

1. 使用 spark-sql shell 访问 Spark SQL

Spark 包含一个名为 spark-sql 的 SQL shell 工具，位于 Spark 安装目录的 bin 目录下。shell 程序 spark-sql 是一个轻量级的 REPL（Read-Evaluate-Print Loop，交互式解释器）shell，可以使用本地配置和 Spark 驱动器二进制文件，访问 Spark SQL 和 Hive。这个 shell 接收包括 SHOW TABLES 和 DESCRIBE 等元数据操作在内的 HiveQL 语句。图 6.8 展示了 spark-sql shell 的示例。

注意 spark-sql 对于开发者在本地测试 SQL 命令时很有用，但是由于它不是能被其他用户和远程应用共同访问的 SQL 引擎，实际用处有限。在这种场景下我们需要的是 Thrift JDBC/ODBC 服务器。

```
hadoop@ip-172-31-18-248:~
17/10/06 08:44:55 INFO SessionState: Created HDFS directory: /tmp/hive/hadoop/0eea5436-4a3e-4b58-921e-9420e28c7490/_tmp_space.db
17/10/06 08:44:55 INFO HiveClientImpl: Warehouse location for Hive client (version 1.2.1) is hdfs:///user/spark/warehouse
spark-sql> DESCRIBE stations;
17/10/06 08:45:05 INFO SparkSqlParser: Parsing command: DESCRIBE stations
17/10/06 08:45:06 INFO CatalystSqlParser: Parsing command: int
17/10/06 08:45:06 INFO CatalystSqlParser: Parsing command: string
17/10/06 08:45:06 INFO CatalystSqlParser: Parsing command: double
17/10/06 08:45:06 INFO CatalystSqlParser: Parsing command: double
17/10/06 08:45:06 INFO CatalystSqlParser: Parsing command: int
17/10/06 08:45:06 INFO CatalystSqlParser: Parsing command: string
17/10/06 08:45:06 INFO CatalystSqlParser: Parsing command: string
17/10/06 08:45:07 INFO CodeGenerator: Code generated in 262.855622 ms
station_id      int     NULL
name    string  NULL
lat     double  NULL
long    double  NULL
dockcount       int     NULL
landmark        string  NULL
installation    string  NULL
Time taken: 1.147 seconds, Fetched 7 row(s)
17/10/06 08:45:07 INFO CliDriver: Time taken: 1.147 seconds, Fetched 7 row(s)
spark-sql>
```

图 6.8　spark-sql shell

2. 运行 Thrift JDBC/ODBC 服务器

Spark SQL 作为具有 JDBC/ODBC 接口的分布式查询引擎，用处不小。和 spark-sql shell 一样，JDBC/ODBC 服务器让用户可以直接执行 SQL 查询，而无须编写 Python 或 Scala 语言的 Spark 代码。包括一些可视化工具在内的外部应用，也可以连接到该服务器上并直接与 Spark SQL 交互。

JDBC/ODBC 接口是通过 Thrift JDBC/ODBC 服务器实现的。Thrift 是 Apache 基金会的一个项目，用于开发跨语言服务。Spark SQL Thrift JDBC/ODBC 服务器基于 HiveServer2 项目实现，HiveServer2 是允许远程客户端在 Hive 上执行查询并取回结果的服务器接口。

Spark 发布包里包含了支持 JDBC/ODBC 的 Thrift 服务器。执行如下命令以运行该服务器：

```
$SPARK_HOME/sbin/start-thriftserver.sh
```

所有对于 spark-submit 有效的命令行参数都能被 start-thriftserver.sh 脚本所接收，比如 --master 参数。另外，你还可以使用 --hiveconf 选项提供 Hive 专用的配置属性。Thrift JDBC/OBDC 服务器监听 10000 端口，你可以使用如下所示的专用环境变量对此进行修改：

```
export HIVE_SERVER2_THRIFT_PORT=<customport>
```

使用接下来要介绍的 beeline 测试 JDBC/ODBC 服务器。要停止 Thrift 服务器，只需执行如下命令：

```
$SPARK_HOME/sbin/stop-thriftserver.sh
```

3. 使用 beeline

你可以使用命令行 shell 工具 beeline 连接 HiveServer2 或 Spark SQL Thrift JDBC/ODBC 服务器。beeline 是一个轻量级的 JDBC 客户端应用，基于 SQLLine CLI 项目（http://sqlline.sourceforge.net/）。

和 SQLLine 类似，beeline 是一个基于控制台的 Java 工具，可以用来连接关系型数据库并执行 SQL 语句。beeline 旨在提供与其他命令行数据库访问工具类似的功能，比如 Oracle 的 sqlplus，MySQL 的 mysql，以及 Sybase 或 SQL Server 的 isql 或 osql 工具。

因为 beeline 是一个 JDBC 客户端，你可以使用它来测试启动好的 Spark SQL JDBC Thrift 服务器。用如下命令使用 Spark 包里附带的 beeline 的命令行界面工具：

```
$SPARK_HOME/bin/beeline
```

在 beeline 提示符下，需要连接到 JDBC 服务器，也就是刚才启动的 Spark SQL Thrift 服务器。做法如下：

```
beeline> !connect jdbc:hive2://localhost:10000
```

然后会有提示输入连接到服务器的用户名和密码[1]。图 6.9 展示了一个连接到 Spark SQL Thrift 服务器的 beeline 命令行界面会话。

4. 通过 JDBC/ODBC 在外部应用中使用

Spark 中提供 JDBC/ODBC 功能的 Thrift 服务器可以由 Tableau 或 Excel 这些兼容 JDBC/ODBC 的客户端应用连接。这通常需要你根据要用的客户端，安装对应的 JDBC/ODBC 驱动。这样你就可以在外部应用中创建新的数据源，连接到 Spark SQL 来访问和处理 Hive 中的数据。咨询你的可视化工具供应商获取更多相关信息或下载特定驱动。

[1] 目前 Spark SQL 并不会核验这里输入的用户名和密码。——译者注

```
hadoop@ip-172-31-23-150:~
[hadoop@ip-172-31-23-150 ~]$ beeline
Beeline version 2.3.0-amzn-0 by Apache Hive
beeline> !connect jdbc:hive2://localhost:10000
Connecting to jdbc:hive2://localhost:10000
Enter username for jdbc:hive2://localhost:10000: hadoop
Enter password for jdbc:hive2://localhost:10000: *********
Connected to: Apache Hive (version 2.3.0-amzn-0)
Driver: Hive JDBC (version 2.3.0-amzn-0)
Transaction isolation: TRANSACTION_REPEATABLE_READ
0: jdbc:hive2://localhost:10000> SHOW TABLES;
INFO  : Compiling command(queryId=hive_20171018012154_3e85f027-a09f-4fd0-a5f4-db
b9423bebe6): SHOW TABLES
INFO  : Semantic Analysis Completed
INFO  : Returning Hive schema: Schema(fieldSchemas:[FieldSchema(name:tab_name, t
ype:string, comment:from deserializer)], properties:null)
INFO  : Completed compiling command(queryId=hive_20171018012154_3e85f027-a09f-4f
d0-a5f4-dbb9423bebe6); Time taken: 0.009 seconds
INFO  : Concurrency mode is disabled, not creating a lock manager
INFO  : Executing command(queryId=hive_20171018012154_3e85f027-a09f-4fd0-a5f4-db
b9423bebe6): SHOW TABLES
INFO  : Starting task [Stage-0:DDL] in serial mode
INFO  : Completed executing command(queryId=hive_20171018012154_3e85f027-a09f-4f
d0-a5f4-dbb9423bebe6); Time taken: 0.012 seconds
INFO  : OK
+-----------+
| tab_name  |
+-----------+
| stations  |
| trips     |
+-----------+
2 rows selected (0.152 seconds)
0: jdbc:hive2://localhost:10000>
```

图 6.9 Spark SQL 的 JDBC 客户端 beeline

6.1.8 练习：使用 Spark SQL

本练习展示如何启动 Spark SQL 的 Thrift 服务器，并使用 beeline 客户端功能连接该服务器。你会基于示例数据创建 Hive 表，并且使用 beeline 和 Thrift 对该数据进行 SQL 查询，查询会由 Spark SQL 执行。你会用到前一章的练习里用过的共享单车数据集。具体步骤如下。

1）启动使用 JDBC/ODBC 协议的 Thrift 服务器：

```
$ sudo $SPARK_HOME/sbin/start-thriftserver.sh \
--master local \
--hiveconf hive.server2.thrift.port=10001 \
--hiveconf hive.server2.thrift.bind.host=10001
```

如果有可用的 YARN 集群，你可以使用 --master yarn-cluster 以 YARN 集群模式启动服务器[1]。

2）打开 beeline 会话：

```
$SPARK_HOME/bin/beeline
```

3）在 beeline> 提示符下，建立连接到刚才启动的 Thrift 服务器：

```
beeline> !connect jdbc:hive2://localhost:10001
Enter username for jdbc:hive2://localhost:10001: hadoop
Enter password for jdbc:hive2://localhost:10001: *********
```

你会看到输入用户名和密码的提示，如上所示。提供的用户名必须在 Thrift 服务器上存在，并且在文件系统上有适当的权限[2]。

4）在连上服务器之后，输入如下所示的 HiveQL DDL 命令，从共享单车演示数据创建

[1] 在 Spark 2.0 之后应该使用 --master yarn --deploy-mode cluster。——译者注

[2] 目前 Spark 的 Thriftserver（2.4）并不检查这些，随便填写什么都可以。——译者注

trips 表：

```
CREATE EXTERNAL TABLE trips (
TripID int,
Duration int,
StartDate string,
StartStation string,
StartTerminal int,
EndDate string,
EndStation string,
EndTerminal int,
BikeNo int,
SubscriberType string,
ZipCode string )
ROW FORMAT DELIMITED
FIELDS TERMINATED BY ','
LOCATION 'file:///opt/spark/data/bike-share/trips/';
```

5）对刚创建的表执行如下 SQL 查询：

```
SELECT StartTerminal, StartStation, COUNT(1) AS count
FROM trips
GROUP BY StartTerminal, StartStation
ORDER BY count DESC
LIMIT 10;
```

6）查看 Spark 应用网页用户界面，确保查询是使用 Spark SQL 执行的。关于这个用户界面我们有过介绍，如果在本地运行 Spark，这个用户界面可以通过 4040 端口访问，而如果使用 YARN，用户界面位于应用主节点的主机上（可以通过 YARN 的 ResourceManager 的用户界面访问）。图 6.10 展示了应用用户界面中的 SQL 标签页[⊖]。

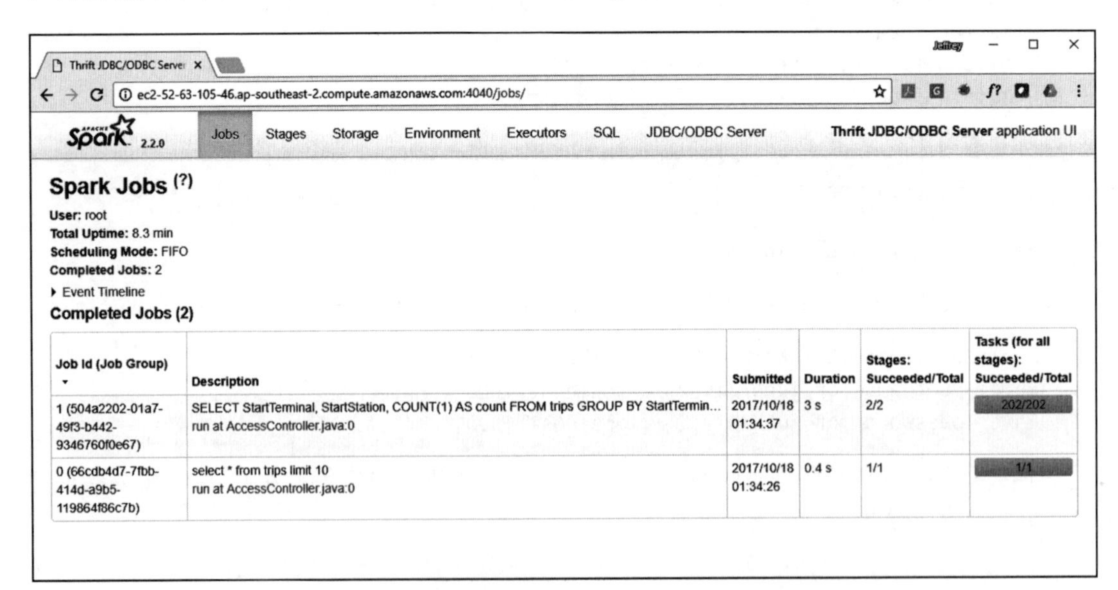

图 6.10　Spark 应用用户界面中的 Spark SQL 会话

⊖　此图有误，并未展示 SQL 标签页。——译者注

6.2　在 Spark 中使用 NoSQL 系统

越来越强烈的非函数和非关系型需求促使我们寻求数据存储、管理与处理方面的替代方式。NoSQL 是一种新的数据范式，允许用户以单元格的形式查看数据，而不是只能使用表格、行、列这种关系型范式。这并不是说关系型数据库已死，事实上也还远远没到这步，不过 NoSQL 的方式为解决现在乃至未来的一些问题提供了一种新的能力。

本节介绍 NoSQL 系统与方法，并介绍它们与 Spark 处理工作流的整合。首先，让我们了解 NoSQL 系统的一些核心概念。

6.2.1　NoSQL 简介

关于 NoSQL 的具体含义，尚有一些无伤大雅的分歧。有些人认为 NoSQL 表示"非 SQL"，有些人认为应该是"不仅仅是 SQL"，还有些人有其他的解释或定义。抛开命名方法上的分歧，NoSQL 系统有具体的定义特征，并且分化为了几种类型。

1. NoSQL 系统特点

所有类型的 NoSQL 系统共有的属性如下所列：

- **NoSQL 系统中没有静态表结构，是运行时才有表结构的读时系统**：这意味着 NoSQL 系统中没有预定义的列，列是在每次 PUT 或 INSERT 操作时创建的。每条记录、每个文档、每个数据都可以有不同于其他实例的结构。
- **数据与其他对象之间不存在预定义的关联**：这意味着 NoSQL 系统中没有外键和参照完整性的概念，不论是在声明中还是其他地方。数据对象或实例之间可以存在关联，但是这些关联只能在运行时发现和使用，而不可以在设计表时定义。
- **一般避免表连接操作**：在大多数 NoSQL 实现中，表连接功能都很弱，甚至完全不支持。这一般需要通过对数据进行非正则化实现，通常要以存储重复数据为代价。不过，大多数 NoSQL 实现都使用了高性价比的硬件或云端基础设施，由于在访问数据时不需要执行多余的表连接操作，节省出来的计算开销可以弥补存储多花费的开销。

在所有情况下都不存在逻辑模型或物理模型可以决定数据的结构，这与满足第三范式的数据仓库或在线事务处理系统有所不同。

另外，NoSQL 系统一般都是分布式的（比如 Apache Cassandra、HBase 等），并且支持快速查找。写操作比起传统的关系型数据库系统，一般也更快和更具伸缩性，因为免去了传统的关系型数据库系统中一些导致额外开销的过程，比如数据类型检查或域检查、原子 / 阻塞性事务，以及对事务隔离级别的管理。

在大多数情况下，构建 NoSQL 系统是为了支撑大规模数据，满足伸缩性（从 PB 级别的存储到 TB 级别的查询）、高性能和低摩擦（具备适应变化的能力）的要求。NoSQL 系统通常对于数据分析相对友好，因为 NoSQL 系统提供非正则化的结构，有利于特征提取、机器学习，以及评分。

2. NoSQL 系统的类别

本章已经介绍过，NoSQL 系统出现了一些变种。它们可以分为如下几类：键值对存储、文档存储，还有图数据存储（见表 6.5）。

表 6.5　NoSQL 系统的类别

类别	说　明	举例
键值对存储 / 列族存储	键值对存储系统包含一组或多组索引的键，以及与其相对应的值。值一般是未解释的字节数组，可以表示嵌套映射表、结构体、列表等复杂对象。表结构不在设计时定义，但一些存储属性和压缩属性可以在表设计时定义。列族就是存储属性之一，其实就是值的存储容器。	HBase、Cassandra 和 DynamoDB
文档存储	文档存储系统，即文档数据库，存储复杂对象或文档数据（JSON、BSON 对象或其他复杂嵌套对象）。每个文档分配一个键或文档 ID，而其内容为半结构化文档数据。	MongoDB 和 CouchDB
图数据存储	图数据存储系统基于图论，用来描述对象和实体间的关系。	Neo4J 和 GraphBase

6.2.2　在 Spark 中使用 HBase

HBase 是 Hadoop 生态系统的项目，用于提供基于 HDFS 的分布式大规模可伸缩的键值对存储。在介绍如何在 Spark 中使用 HBase 之前，我们需要先了解 HBase 的一些基本概念。

1. HBase 简介

HBase 把数据存储为稀疏的多维有序映射表。映射表根据键（行键）进行索引，值则存储在单元格中，每个单元格由列键和列值组成。行键和列键是字符串，而列值是未解释的字节数组，可以表示任何基本数据类型或复杂数据类型。HBase 是多维的，也就是说每个单元格都有带时间戳的版本号。

在设计表时会定义一个或多个列族。在列数据的物理存储中，数据按所属列族分组存储。不同的列族可以使用不同的物理存储属性，比如区块大小、压缩设置，还有要留存的单元格版本数量。

虽然有些项目（比如 Hive 和 Phoenix）可以用类 SQL 的方式访问 HBase 上的数据，但访问和更新 HBase 数据的自然方法本质上可以归结为 get（查）、put（增）、scan（扫描）和 delete（删）这几种。HBase 包含了一个 shell 程序，以及支持多种语言的编程接口。HBase 的 shell 是用 Ruby 实现的交互式的 REPL shell，可以访问 HBase 的 API 函数以创建、修改表和读写数据。只有在有 HBase 客户端二进制文件和配置的系统上输入 hbase shell，才能访问 shell 应用（见图 6.11）。

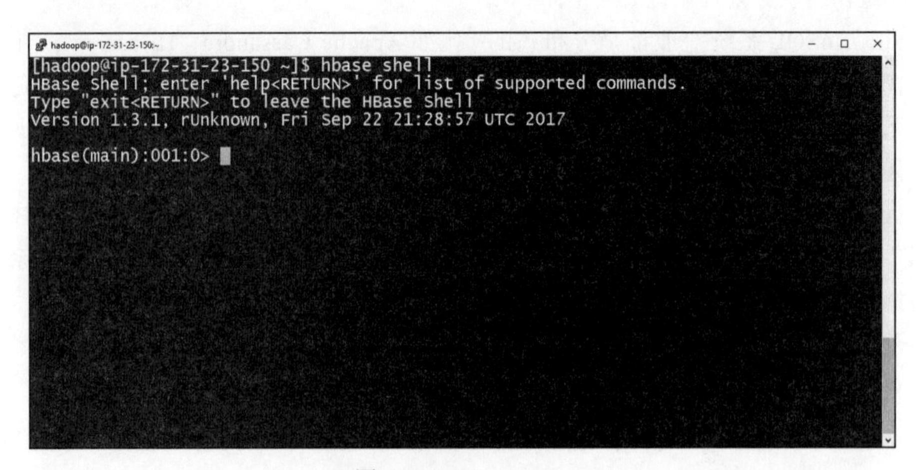

图 6.11　HBase shell

程序清单 6.32 演示了使用 hbase shell 创建表并向表中插入数据的做法。

程序清单 6.32　在 HBase 中创建表并插入数据

```
hbase> create 'my-hbase-table', \
hbase* {NAME => 'cf1', COMPRESSION => 'SNAPPY', VERSIONS => 20}, \
hbase* {NAME => 'cf2'}
hbase> put 'my-hbase-table', 'rowkey1', 'cf1:fname', 'John'
hbase> put 'my-hbase-table', 'rowkey1', 'cf1:lname', 'Doe'
hbase> put 'my-hbase-table', 'rowkey2', 'cf1:fname', 'Jeffrey'
hbase> put 'my-hbase-table', 'rowkey2', 'cf1:lname', 'Aven'
hbase> put 'my-hbase-table', 'rowkey2', 'cf1:city', 'Hayward'
hbase> put 'my-hbase-table', 'rowkey2', 'cf2:password', 'c9cb7dc02b3c0083eb70898e549'
```

这里的 create 语句创建了一个包含两个列族（cf1 和 cf2）的新 HBase 表。我们配置其中一个列族使用压缩，而令一个列族不压缩。后续的 put 语句把数据根据行键（这里是 rowkey1 或 rowkey2）与以 <column_family>:<column_name> 格式指定的列，插入对应的单元格。与传统数据库不同的是，列在表设计时没有定义和类型（别忘了所有的数据都未解释的字节数组）。程序清单 6.33 展示了对这个新表执行 scan 命令。

程序清单 6.33　扫描 HBase 表

```
hbase> scan 'my-hbase-table'
ROW                      COLUMN+CELL
 rowkey1                 column=cf1:fname, timestamp=1508291546300, value=John
 rowkey1                 column=cf1:lname, timestamp=1508291560041, value=Doe
 rowkey2                 column=cf1:city, timestamp=1508291579756, value=Hayward
 rowkey2                 column=cf1:fname, timestamp=1508291566663, value=Jeffrey
 rowkey2                 column=cf1:lname, timestamp=1508291572939, value=Aven
 rowkey2                 column=cf2:password, timestamp=1508291585467, value=
                   c9cb7dc02b3c0083eb70898e549
2 row(s) in 0.0390 seconds
```

图 6.12 展示了这个例子中所插入数据的示意图。

行键	列族 “cf1”	列族 “cf2”
rowkey1	fname: John, lname: Doe	
rowkey2	fname: Jeffrey, lname: Aven, city: Hayward	password: c9cb7dc...

图 6.12　HBase 数据

如图 6.12 所示，HBase 支持**稀疏数据**（sparsity）。也就是说，并非所有列都要在表内的每一行存在，而且不存储空值。

虽然 HBase 的数据存储在 HDFS 这个不可变的文件系统上，HBase 依然支持对 HBase 表中的单元格进行原地更新。当列键已经存在时，HBase 会创建带有新时间戳的新版本的单元格，然后后台的合并进程会将多个文件合并为数量更少、占空间更大的文件。

程序清单 6.34 演示了已有单元格的更新和所生成的新版本数据。

程序清单 6.34　更新 HBase 中的单元格

```
hbase> put 'my-hbase-table', 'rowkey2', 'cf1:city', 'Melbourne'
hbase> get 'my-hbase-table', 'rowkey2', {COLUMNS => ['cf1:city']}
COLUMN                CELL
 cf1:city             timestamp=1508292292811, value=Melbourne
1 row(s) in 0.0390 seconds
hbase> get 'my-hbase-table', 'rowkey2', {COLUMNS => ['cf1:city'], VERSIONS => 2}
COLUMN                CELL
 cf1:city             timestamp=1508292546999, value=Melbourne
 cf1:city             timestamp=1508292538926, value=Hayward
1 row(s) in 0.0110 seconds
```

注意程序清单 6.34 所展示的 HBase 对单元格版本控制的支持。所留存的版本数量是创建表时的列族定义给出的。

HBase 数据以 HFile 对象的形式存储在 HDFS 上。HFile 对象是列族（存储分组）和行键顺序范围的交集。行键的范围被称为**分区**（region），在其他实现中也被称为**分片**（tablet）。HBase 把分区数据放到**分区服务器**（region server）上，参见图 6.13。分区可以提供快速的行键查询，因为给定行键属于哪个分区是 HBase 已知的。HBase 按需拆分或合并分区，作为其常规操作的一部分。无关行键的查询速度较慢，比如查询满足某种标准的列键和值。不过，HBase 会使用**布隆过滤器**（bloom filter）来加快搜索速度。

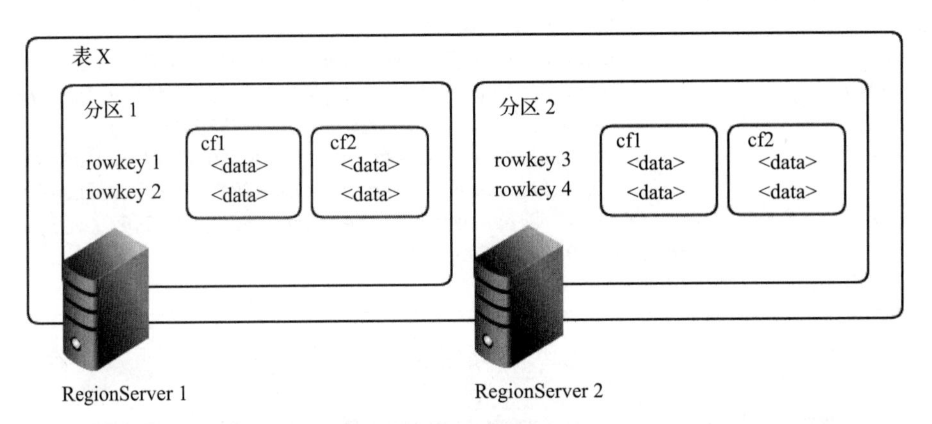

图 6.13　HBase 分区

2. HBase 与 Spark

使用 Python API 从 Spark 读写 HBase 最可靠的方法是使用 Python 软件包 HappyBase（https://happybase.readthedocs.io/en/latest/）。HappyBase 是为访问和操作 HBase 集群上的数据而构建的 Python 库。要使用 HappyBase，必须先使用 pip 或 easy_install 安装对应的 Python 软件包，如下所示：

```
$ sudo pip install happybase
```

如果你要求更好的可伸缩性，可以考虑使用 Spark 的 Scala API 或者 Spark 的各种第三方 HBase 连接器，第三方工具可以在 Spark 插件库（https://spark-packages.org/）找到。

6.2.3　练习：在 Spark 中使用 HBase

配置 HBase 超出了本书涵盖的范围。不过，HBase 是很多 Hadoop 供应商（比如 Cloudera 和 Hortonworks）的发行版（包括这些供应商提供的沙盒虚拟机环境）的常规组件。你也可以在 AWS EMR 管理的 Hadoop 服务中选择 HBase 作为附加应用。要进行本练习，你需要在自己的系统中安装好可以运行的 Hadoop、HBase 以及 Spark。具体操作步骤如下。

1）打开 HBase 的 shell：

```
$ hbase shell
```

2）在 hbase 的 shell 提示符下，创建一个名为 people 的表，只包含单个列族 cf1（使用默认存储选项）：

```
hbase> create 'people', 'cf1'
```

3）使用 put 方法，为表中的两条记录创建几个单元格：

```
hbase> put 'people', 'userid1', 'cf1:fname', 'John'
hbase> put 'people', 'userid1', 'cf1:lname', 'Doe'
hbase> put 'people', 'userid1', 'cf1:age', '41'
hbase> put 'people', 'userid2', 'cf1:fname', 'Jeffrey'
hbase> put 'people', 'userid2', 'cf1:lname', 'Aven'
hbase> put 'people', 'userid2', 'cf1:age', '48'
hbase> put 'people', 'userid2', 'cf1:city', 'Hayward'
```

4）使用 scan 方法查看表中的数据，如下所示：

```
hbase> scan 'people'
ROW COLUMN+CELL userid1  column=cf1:age, timestamp=1461296454933, value=41
...
```

5）打开另一个终端会话，使用如下参数启动 pyspark：

```
$ pyspark --master local
```

如果有可用的 YARN 集群，你也可以使用 YARN 客户端模式代替本地模式。

6）使用 happybase 从 people 表读取数据，并创建为 Spark RDD：

```
import happybase
connection = happybase.Connection('localhost')
table = connection.table('people')
hbaserdd = sc.parallelize(table.scan())
hbaserdd.collect()
```

输出结果应该类似于下列内容：

```
[('userid1', {'cf1:age': '41', 'cf1:lname': 'Doe', 'cf1:fname': 'John'}),
('userid2', {'cf1:age': '48', 'cf1:lname': 'Aven', 'cf1:fname': 'Jeffrey',
'cf1:city': 'Hayward'})]
```

7）在 pyspark shell 里，创建一个新的并行化的用户集合，并把这个 Spark RDD 的内容保存到 HBase 的 people 表：

```
newpeople = sc.parallelize([('userid3', 'cf1:fname', 'NewUser')])
for person in newpeople.collect():
    table.put(person[0], {person[1] : person[2]})
```

8）在 hbase shell 中，再次执行 scan 方法，确认来自第 7 步中的 Spark RDD 的新用户已经存在于 HBase 的 people 表中：

```
hbase> scan 'people' ROW COLUMN+CELL userid1 column=cf1:age,
timestamp=1461296454933, value=41 ... userid3 column=cf1:fname,
timestamp=146..., value=NewUser
```

虽然本书基于 Python 语言，但是不得不说还有一些用于 Scala API 的 Spark HBase 连接器项目，比如 spark-hbase-connector，项目地址位于 https://github.com/nerdammer/spark-hbaseconnector。如果你要在 Spark 中使用 HBase，一定要看一看这些可用于把 Spark 连接到 HBase 的项目。

6.2.4　在 Spark 中使用 Cassandra

Apache Cassandra 是另一个值得注意的 NoSQL 项目。它最初由 Facebook 开发，后来在 Apache 软件协议框架下作为开源项目发布。

1. Cassandra 简介

Cassandra 在核心 NoSQL 原则的运用方面与 HBase 类似，比如不要求预定义表结构（尽管 Cassandra 允许用户定义），以及没有参照完整性的概念。但是在物理实现上，两者有一些区别，主要是 HBase 对 Hadoop 生态圈有较多依赖，比如 HDFS、ZooKeeper 等，而 Cassandra 在实现上更加庞大，外部依赖较少。在集群架构方面，两者也存在差异：HBase 使用主从架构，而 Cassandra 是一种对称架构，使用“闲话”（gossip）协议来传递消息和管理集群进程。两者还存在很多其他的区别，比如系统管理一致性的方式，但这超出了这里要介绍的范围。

与 HBase 相似，Cassandra 也是多维的分布式映射表。Cassandra 表被称为**键空间**（keyspace），其中包含行键和列族，而列族被称为**表**（table）。列族中包含列，但是不用在设计表时定义。数据由行键、列族、列键共同定位。

除了行键，Cassandra 还支持**主键**（primary key）。在使用复合主键时，主键可以包含**分区键**（partition key）和**聚集键**（clustering key）。这些命令作用于数据的存储和分布，加快对键进行查找的速度。

与 HBase 不同，Cassandra 允许甚至鼓励用户为数据定义结构（表结构）并指定数据类型。Cassandra 支持在表中包含**集合**（collection），用于存储数据集、列表、映射表等嵌套数据结构或复杂数据结构。另外，Cassandra 允许定义**辅助索引**（secondary index）来加速对非键值的查找。

Cassandra **查询语言**（Cassandra Query Language，CQL）是一种类 SQL 语言，可以用来与 Cassandra 交互。CQL 支持在 Cassandra 中创建、读取、更新、删除对象的全套 DDL 和 DML 操作。因为 CQL 是一种类 SQL 语言，所以它也支持 ODBC 和 JDBC 接口，使得我们可以从常见的 SQL 和可视化工具中访问 Cassandra。CQL 也可以在交互式 shell 环境 cqlsh 中使用。

程序清单 6.35 演示使用 cqlsh 工具在 Cassandra 中创建键空间和表。

程序清单 6.35　在 Cassandra 中创建键空间和表

```
cqlsh> CREATE KEYSPACE mykeyspace WITH REPLICATION = { 'class' : 'SimpleStrategy',
       'replication_factor' : 1 };
cqlsh> USE mykeyspace;
cqlsh:mykeyspace> CREATE TABLE users (
              user_id int PRIMARY KEY,
          fname text,
          lname text
          );
cqlsh:mykeyspace> INSERT INTO users (user_id,  fname, lname)
          VALUES (1745, 'john', 'smith');
cqlsh:mykeyspace> INSERT INTO users (user_id,  fname, lname)
          VALUES (1744, 'john', 'doe');
cqlsh:mykeyspace> INSERT INTO users (user_id,  fname, lname)
          VALUES (1746, 'jane', 'smith');
cqlsh:mykeyspace> SELECT * FROM users;
 user_id | fname | lname
---------+-------+-------
    1745 |  john | smith
    1744 |  john |   doe
    1746 |  jane | smith
```

如果你有 SQL Server、Oracle 或 Teradata 等关系型数据库系统的经验，应该会觉得这些操作似曾相识。

2. Cassandra 与 Spark

因为 Cassandra 与 Spark 在大数据开源软件社区中联系紧密，有多个项目和库可以用于从 Spark 程序对 Cassandra 进行读写访问。下面列出了其中几个提供此类支持的项目：

- https://github.com/datastax/spark-cassandra-connector
- http://tuplejump.github.io/calliope/pyspark.html
- https://github.com/TargetHolding/pyspark-cassandra
- https://github.com/anguenot/pyspark-cassandra

许多可用的项目都在 Spark 插件库中提供了编译好的版本，可以通过 https://spark-packages.org/ 访问查找。

DataStax Enterprise 是 DataStax 提供的商业版 Cassandra，其中也包含了 Spark 和 YARN。

本节使用的是 pyspark-cassandra 包，但是希望你有机会调研所有可用的连接选项，甚至自己写一个连接库！

你经常可以在开源世界的各种项目、类、脚本、例程，或是工件中，找到可以用来满足需求的系统、库，或者类依赖。博采众长是使用开源软件所必需的能力。

后面几个示例需要先运行程序清单 6.36 中提供的 pyspark 命令，注意需要在 conf 选项中配置 Cassandra 连接。

程序清单 6.36 使用 pyspark-cassandra 包

```
pyspark --master local \
--packages anguenot:pyspark-cassandra:0.6.0 \
--conf spark.cassandra.connection.host=127.0.0.1
```

程序清单 6.37 展示了如何把程序清单 6.35 中创建的 users 表的内容加载到 RDD 中。

程序清单 6.37 把 Cassandra 数据读取到 Spark 的 RDD 中

```
import pyspark_cassandra
spark.createDataFrame(sc.cassandraTable("mykeyspace", "users") \
    .collect()).show()
# 返回:
# +-----+-------+-----+
# |lname|user_id|fname|
# +-----+-------+-----+
# |smith|   1746| jane|
# |smith|   1745| john|
# |  doe|   1744| john|
# +-----+-------+-----+
# (3 rows)
```

程序清单 6.38 演示了如何把 Spark 数据写到 Cassandra 表中。

程序清单 6.38 使用 Spark 更新 Cassandra 表中的数据

```
import pyspark_cassandra
rdd = sc.parallelize([{ "user_id": 1747, "fname": "Jeffrey", "lname": "Aven" }])
rdd.saveToCassandra( "mykeyspace", "users", )
```

程序清单 6.39 在 cqlsh 中运行了 SELECT * FROM users 命令，于是你可以看到程序清单 6.38 中 INSERT 操作的结果了。

程序清单 6.39 Cassandra 执行 INSERT 操作的结果

```
cqlsh> USE mykeyspace;
cqlsh:mykeyspace> SELECT * FROM users;
 user_id | fname   | lname
---------+---------+-------
    1745 |    john | smith
    1747 | Jeffrey |  Aven
    1744 |    john |   doe
    1746 |    jane | smith
(4 rows)
```

6.2.5 在 Spark 中使用 DynamoDB

DynamoDB 是 AWS 提供的 NoSQL 平台服务。DynamoDB 的数据模型由表组成，表中的元素包含至少一个属性。与 Cassandra 表类似，DynamoDB 表有用于存储和快速获取的主键。DynamoDB 也支持辅助索引。DynamoDB 是键值对存储和文档存储，因为对象可以当作文档对待。

因为 DynamoDB 是网络服务出身，它对于许多其他语言绑定和软件开发套件有着丰富的集成。你可以使用 DynamoDB 的 API 入口和基于 JSON 的 DSL 实现 DDL 和 DML 语句。

和 HBase 一样，用 Spark 从 DynamoDB 读写数据有多种方式。其中，用 Python API 从 Spark 访问 DynamoDB 最简单也最可靠的方式是使用 Python 库 boto3，它是专门用来和 AWS 服务交互的。要使用 boto3 的话，你需要先用 pip 或 easy_install 安装软件包，如下所示：

```
$ sudo pip install boto3
```

你还需要配置用于连接 AWS 的 API 凭证。

尽管其他一些方式（比如使用 Spark 插件或 Scala API）可能会提供更好的伸缩性，但在使用 Python 连接 AWS 服务时，boto3 始终适用。

以图 6.14 中展示的 DynamoDB 表为例，它包含一些股票信息。

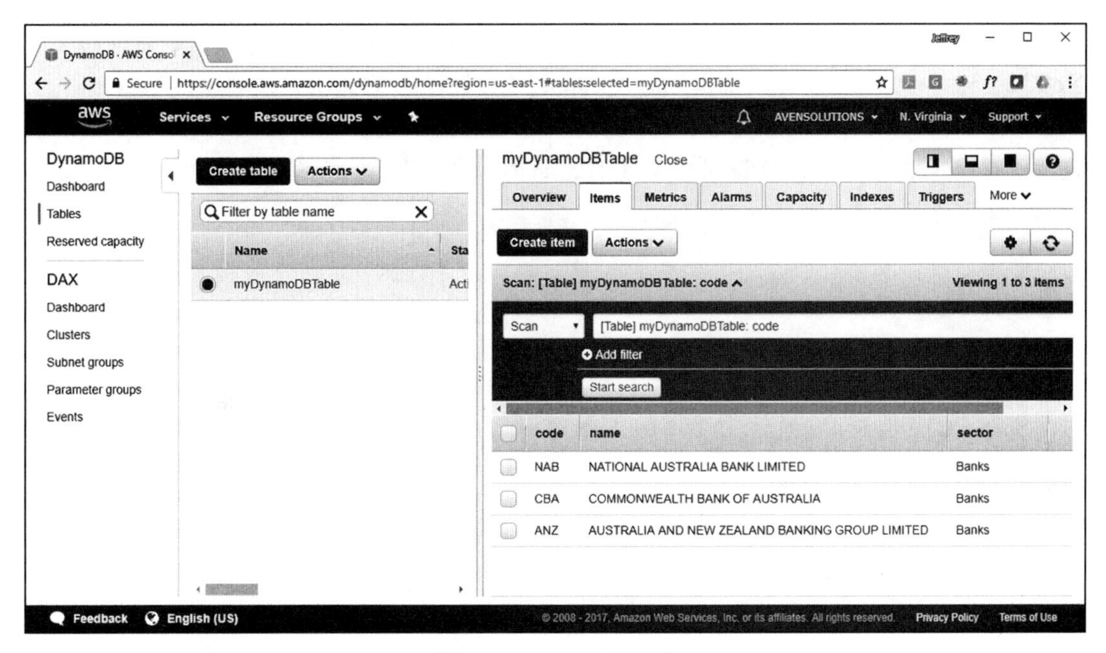

图 6.14 DynamoDB 表

程序清单 6.40 演示了如何把这个 DynamoDB 表中的元素加载到 Spark RDD 中。

程序清单 6.40 从 Spark 访问亚马逊 DynamoDB

```
import boto3
from pyspark.sql.types import *
myschema = StructType([ \
          StructField("code", StringType(), True), \
          StructField("name", StringType(), True), \
          StructField("sector", StringType(), True) \
          ])
client = boto3.client('dynamodb','us-east-1')
dynamodata = sc.parallelize(client.scan(TableName='myDynamoDBTable')['Items'])
dynamordd = dynamodata.map(lambda x: (x['code']['S'], x['name']['S'],
x['sector']['S'])).collect()
```

```
spark.createDataFrame(dynamordd, myschema).show()
# 返回：
# +----+--------------------+------+
# |code|                name|sector|
# +----+--------------------+------+
# | NAB|NATIONAL AUSTRALI...| Banks|
# | CBA|COMMONWEALTH BANK...| Banks|
# | ANZ|AUSTRALIA AND NEW...| Banks|
# +----+--------------------+------+
```

6.2.6　其他 NoSQL 平台

除 HBase、Cassandra 以及 DynamoDB 项目外，还有无数其他的 NoSQL 平台，包括文档存储系统 MongoDB 和 CouchDB、键值对存储系统 Couchbase 和 Riak，以及以内存为中心的键值对存储系统 Memcached 和 Redis。另外还有全文搜索和索引平台改造而成的通用 NoSQL 平台，比如 Apache Solr 和 Elasticsearch，它们都基于搜索引擎处理项目 Lucene。

许多 NoSQL 平台都提供了连接器或软件库，以供 Spark 的 RDD 读写数据。可以通过查询所使用的 NoSQL 平台的项目网站或 GitHub 页面，寻找相应的集成方案。即使没有现成的方案，你也可以通过自行开发来集成。

6.3　本章小结

本章重点介绍 Spark 中用于数据操控和访问的重要扩展：SQL 与 NoSQL。

Spark SQL 是 Spark 最广为使用的扩展之一。Spark SQL 支持交互式查询，支持商业智能和可视化工具，拓展了 Spark 受众，让 Spark 可以为分析师所用。Spark SQL 为强大的 Spark 运行时分布式处理框架提供了 SQL 接口和类似关系型数据框的编程方式。Spark SQL 引入了许多专门针对使用 SQL 的关系型访问模式的优化方案。这些优化包括列式存储和部分 DAG 执行，列式存储会维护列级别和分区级别的统计信息，而部分 DAG 执行则让 DAG 可以根据统计信息和数据中发现的倾斜而调整。Spark SQL 还引入了 DataFrame，这是 Spark RDD 的一种有结构的列式抽象。DataFrame API 把很多功能和函数以大多数 SQL 开发人员、分析师、爱好者和普通用户所熟知的方式呈现给他们。Spark SQL 还在快速发展中，每次小版本发布都会添加一些有意思的新功能。分析师群体对于 Spark SQL 的编程接口不会感到陌生，Spark SQL 帮助他们把许多原本无法实现的分析变成了可能。

NoSQL 数据库已经成为了传统数据库系统可行的补充和替代。NoSQL 数据库提供了网络规模的存储能力和查询界限，同时为支持分布式设备和移动应用交互提供了快速读写访问。NoSQL 概念及其实现是与 Spark 同时出现的，这些概念都来源于谷歌和雅虎早期的工作。本章介绍了一些基本的 NoSQL 概念，以及 Apache HBase、Apache Cassandra 和亚马逊 DynamoDB 这些键值对存储系统或文档存储系统的一些实际应用，以演示 Spark 如何把 NoSQL 平台作为消费者和数据提供者进行交互。

第 7 章

使用 Spark 处理流数据与消息

不要把折腾和行动混为一谈。

——美国开国元勋本杰明·富兰克林

本章提要

- Spark Streaming、StreamingContext 和 DStream 简介
- DStream 操作
- DStream 的滑动窗口和状态操作
- Spark 结构化流处理简介
- Spark 与 Apache Kafka
- Spark Streaming 与亚马逊 Kinesis 数据流

实时事件处理已经成为大数据系统的定义性特征之一。从传感器和网络数据处理，到欺诈检测，再到网站监控以至于更多场景中，从流式数据源消费数据、处理数据、获取洞见的能力从未如此重要。到目前为止，本书所介绍的 Spark 核心 API 和 Spark SQL 所涵盖的处理都是面向批式数据的。本章将重点介绍流处理以及 Spark 的另一重要扩展——Spark Streaming。

7.1 Spark Streaming 简介

事件处理也被称为**流处理**（stream processing），是大数据平台的关键组件之一。Spark 项目所包含的子项目 Spark Streaming 提供了具有容错性和数据保证的低延迟处理。

Spark Streaming 提供了一个与 Spark 基于 RDD 的批处理框架整合在一起的事件处理系统，保证每个事件恰好被处理一次，即使发生节点崩溃或其他错误。

Spark Streaming 包括如下设计初衷：

- 低延迟（秒级）。
- 精确一次的事件处理。
- 线性伸缩性。

- 整合 Spark 核心 API 和 DataFrame API。

Spark Streaming（及其首要设计目标）的最大优势可能就是提供了流处理与批处理应用统一的计算模型。

7.1.1 Spark Streaming 架构

Spark Streaming 引入了离散流（即 DStream）的概念。DStream 本质上是存储在一系列 RDD 中的批数据，每个批代表一个时间窗口内的数据，时间窗口长度通常为秒级。然后，所生成的这一系列 RDD 就可以用核心的 Spark RDD API 和本书介绍过的所有转化操作来进行处理（7.1.2 节会进一步介绍 DStream）。图 7.1 展示了 Spark Streaming 的高层概览[⊖]。

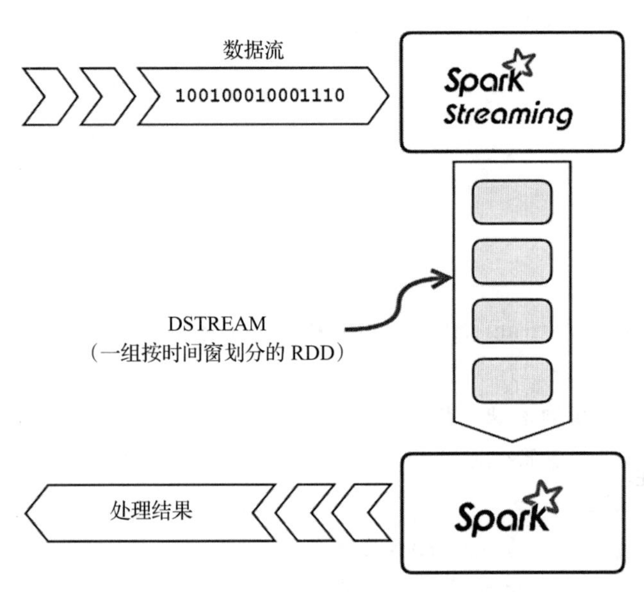

图 7.1 Spark Streaming 高层概览

与本书之前讨论的程序入口 SparkContext 和 SparkSession 一样，Spark Streaming 应用有一个名为 StreamingContext 的入口。StreamingContext 代表使用已有的 SparkContext 建立的与 Spark 平台或集群的连接。你可以使用 StreamingContext 来从流式输入数据源创建 DStream，并管理流计算和 DStream 的转化操作。

StreamingContext 还指定了 batchDuration 参数，它是一个以秒为单位的时间间隔，表示将流数据分为一系列批数据的间隔。在实例化出 StreamingContext 后，你可以创建数据流的连接，并定义一系列要执行的转化操作。在创建 StreamingContext 之后，你可以使用 start() 方法（或 ssc.start()）来触发新数据的求值。你也可以在程序中使用 ssc.stop() 或 ssc.awaitTermination() 停止 StreamingContext，如程序清单 7.1 所示。

程序清单 7.1 创建 StreamingContext

```
from pyspark.streaming import StreamingContext
ssc = StreamingContext(sc, 1)
...
```

⊖ Spark 自 2.3 起也引入了连续处理的计算模型。——译者注

```
# 初始化数据流
# DStream转化操作
...
ssc.start()
...
# ssc.stop()或ssc.awaitTermination()
```

注意，正如 sc 和 sqlContext 分别是 SparkContext 和 SQLContext 或 HiveContext 类在对象实例化时的惯用实例名一样，ssc 是 StreamingContext 实例的惯用名。不过和前面两个入口的区别在于，StreamingContext 不会在交互式 shell pyspark 和 spark-shell 中自动实例化。

7.1.2　DStream 简介

离散流（DStream）是 Spark Streaming API 的基本编程对象。DStream 表示从连续的数据流创建的连续的一系列 RDD，其中每个底层 RDD 表示数据流在一个时间窗口内的数据。

DStream 可以从 TCP 套接字、消息系统、流 API（比如 Twitter 流 API）等创建出来。作为一种 RDD 抽象，DStream 也可以由已有 DStream 的转化操作创建，如 map()、flatMap()，以及其他操作。

DStream 支持两种类型的操作：

- 转化操作
- 输出操作

输出操作类似于 RDD 的行动操作。DStream 按输出操作的需要惰性执行，这也类似于 Spark RDD 的惰性求值。

图 7.2 表示一个 DStream，其中每个 t 间隔表示一个由实例化 StreamingContext 中的 batchDuration 参数所指定的时间窗口。

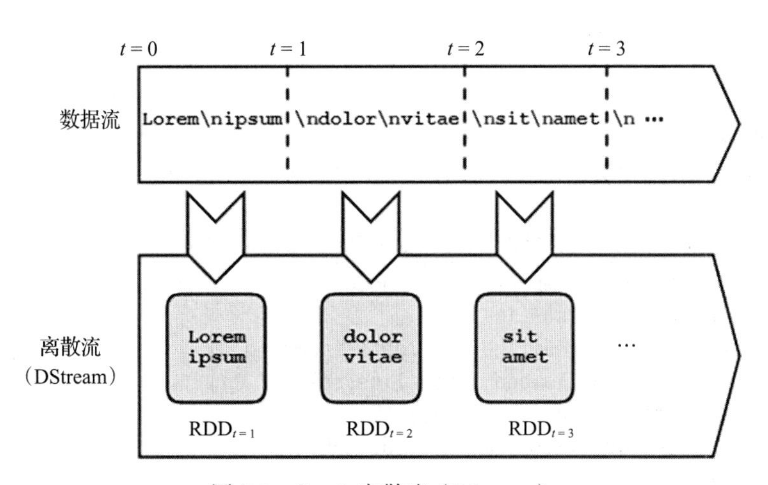

图 7.2　Spark 离散流（DStream）

1. DStream 数据源

在 StreamingContext 中，DStream 是为特定的输入数据流定义的，与在 SparkContext 中为输入数据源定义 RDD 颇为相似。Streaming API 中包含许多常见的流式输入源，比如从

TCP 套接字读取数据的输入源，或在数据写入 HDFS 时读取的输入源。

接下来几段将说明用来创建 DStream 的基本输入数据源。

（1）socketTextStream()

语法：

```
StreamingContext.socketTextStream(hostname,
        port,
        storageLevel=StorageLevel(True, True, False, False, 2))
```

使用 socketTextStream() 方法可以从 hostname 参数和 port 参数定义的 TCP 输入源创建 DStream。收到的数据使用 UTF8 编码来解码，并把换行符作为记录间的分隔符。storageLevel 参数定义 DStream 的存储级别，默认为 MEMORY_AND_DISK_SER。程序清单 7.2 演示了 socketTextStream() 方法的用法。

程序清单 7.2　socketTextStream() 方法

```
from pyspark.streaming import StreamingContext
ssc = StreamingContext(sc, 1)
lines = ssc.socketTextStream('localhost', 9999)
counts = lines.flatMap(lambda line: line.split(" ")) \
             .map(lambda word: (word, 1)) \
             .reduceByKey(lambda a, b: a+b)
counts.pprint()
ssc.start()
ssc.awaitTermination()
```

（2）textFileStream()

语法：

```
StreamingContext.textFileStream(directory)
```

使用 textFileStream() 方法可以监控当前系统或应用配置所指定的 HDFS 上的一个目录，从而创建 DStream。textFileStream() 监听 directory 参数所指定的目录中新文件的创建，并捕获写入的数据，作为流式数据源。程序清单 7.3 展示了 textFileStream() 方法的用法。

程序清单 7.3　textFileStream() 方法

```
from pyspark.streaming import StreamingContext
ssc = StreamingContext(sc, 1)
lines = ssc.textFileStream('hdfs:///data/incoming/')
counts = lines.flatMap(lambda line: line.split(" ")) \
             .map(lambda x: (x, 1)) \
             .reduceByKey(lambda a, b: a+b)
counts.pprint()
ssc.start()
ssc.awaitTermination()
```

Spark 提供用于 Apache Kafka、亚马逊 Kinesis、Apache Flume 等常见消息系统的内建数据源。稍后会对其中一些系统进行介绍。你也可以为你需要的数据源实现自定义的接收器，以创建自定义的流式数据源。现阶段，自定义接收器只能使用 Scala 或 Java 实现。

2. DStream 转化操作

DStream API 包括许多来自 RDD API 的转化操作。DStream 转化操作与 RDD 转化操作类似，对现有 DStream 运用函数会创建出新的 DStream。程序清单 7.4 和图 7.3 展示了 DStream 转化操作的一个简单的例子。

程序清单 7.4　DStream 转化操作

```
from pyspark.streaming import StreamingContext
ssc = StreamingContext(sc, 30)
lines = ssc.socketTextStream('localhost', 9999)
counts = lines.map(lambda word: (word, 1)) \
              .reduceByKey(lambda a, b: a+b)
counts.pprint()
ssc.start()
ssc.awaitTermination()
# 输出:
# ---------------------------
# Time: 2017-10-21 19:57:30
# ---------------------------
# (u'Lorem',1)
# (u'ipsum',1)
# ---------------------------
# Time: 2017-10-21 19:58:00
# ---------------------------
# (u'dolor',1)
# (u'vitae',1)
# ---------------------------
# Time: 2017-10-21 19:58:30
# ---------------------------
# (u'sit',1)
# (u'amet',1)
# ---------------------------
# Time: 2017-10-21 19:59:00
# ---------------------------
# ...
```

3. DStream 谱系与检查点

与 RDD 和 DataFrame 的谱系很像，Spark 会维护每个 DStream 的谱系以实现容错。因为流处理应用天生是长时间运行的应用，检查点通常很有必要。DStream 的检查点与 RDD 和 DataFrame API 的检查点类似。不过，具体的方法稍有不同，而且更容易让人糊涂的是，有两个函数名字相同却属于两个不同的类的方法。下面几段会详细讨论。

（1）StreamingContext. checkpoint()

语法：

```
StreamingContext.checkpoint(directory)
```

StreamingContext.checkpoint() 方法让 DStream 操作可以定期保存检查点，以实现耐久

性和容错性。应用 DAG 会在 StreamingContext 定义的每个批处理间隔保存检查点。directory 参数一般配置为 HDFS 中的目录，用于持久化检查点数据。

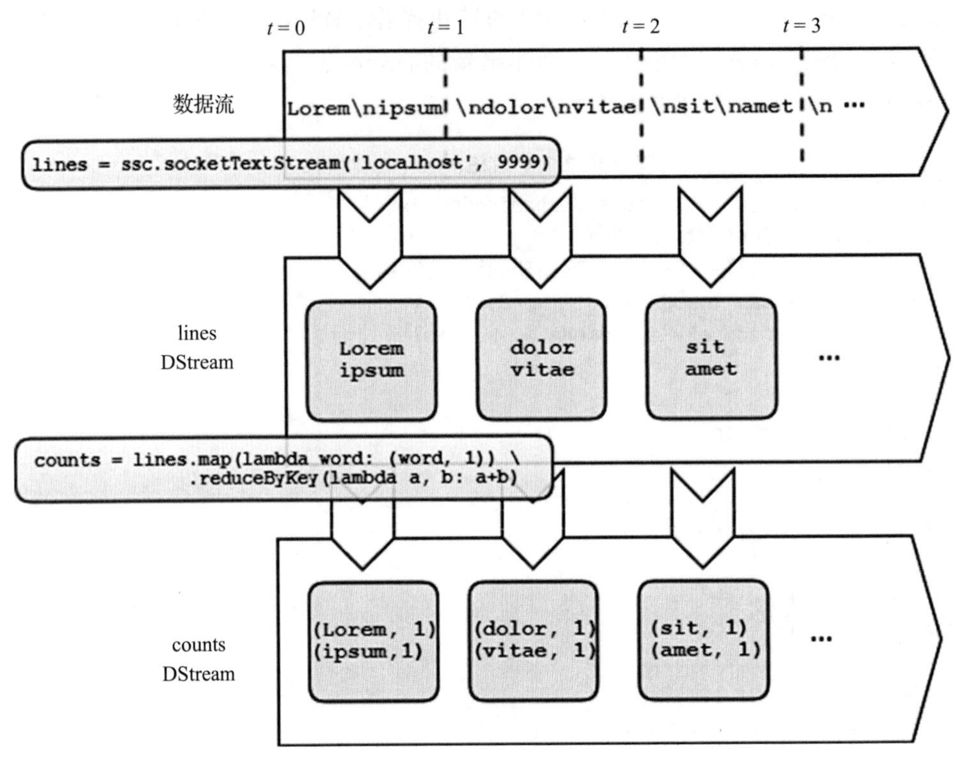

图 7.3　DStream 转化操作

（2）DStream. checkpoint()

语法：

```
DStream.checkpoint(interval)
```

DStream.checkpoint 方法可以定期保存特定 DStream 中包含的 RDD 的检查点。interval 参数是以秒为单位的时间，每隔这么长时间 DStream 底层的 RDD 就会保存一次检查点。

注意 interval 参数必须设置为 StreamingContext 所设置的 batchDuration 参数的正整数倍。

程序清单 7.5 演示了使用这两个函数控制 Spark Streaming 的检查点行为。

程序清单 7.5　Spark Streaming 中的检查点

```
from pyspark.streaming import StreamingContext
ssc = StreamingContext(sc, 30)
ssc.checkpoint('file:///opt/spark/data')
lines = ssc.socketTextStream('localhost', 9999)
counts = lines.map(lambda word: (word, 1)) \
              .reduceByKey(lambda a, b: a+b)
counts.checkpoint(30)
counts.pprint()
ssc.start()
ssc.awaitTermination()
```

4. DStream 的缓存与持久化

DStream 支持使用 RDD 中名称相同且用途类似的接口 cache() 和 persist() 进行缓存和持久化。如果 DStream 会在下游处理操作中多次使用，这些选项尤其方便。DStream 的存储级别与 RDD 的存储级别一样。

5. 流处理应用中的广播变量和累加器

Spark Streaming 应用也和原生的 Spark 应用一样可以使用广播变量和累加器。广播变量在分发查找表或引用关联的 DStream 底层 RDD 内容时很有用。累加器则可以当作计数器使用。

在检查点机制打开并使用广播变量和累加器时，在恢复时会有一些限制条件。如果是开发生产环境中使用的 Spark Streaming 应用程序，并需要使用广播变量和累加器，请查询最新的 Spark Streaming 编程指南，地址为 http://spark.apache.org/docs/latest/streaming-programming-guide.html。

6. DStream 输出操作

DStream 的输出操作在概念上类似于 RDD 的行动操作。DStream 输出操作将数据、结果、时间，或其他数据写入控制台、文件系统、数据库，或其他目的地，比如 Kafka 这样的消息平台。下面几段介绍基本的 DStream 输出操作。

（1）pprint()

语法：

```
DStream.pprint(num=10)
```

pprint() 方法打印 DStream 中每个 RDD 的前几个元素，元素数量通过 num 参数指定，默认值为 10。使用 pprint() 是从流处理应用获取交互式控制台反馈的常用方式。图 7.4 展示了 pprint() 操作的控制台输出结果。

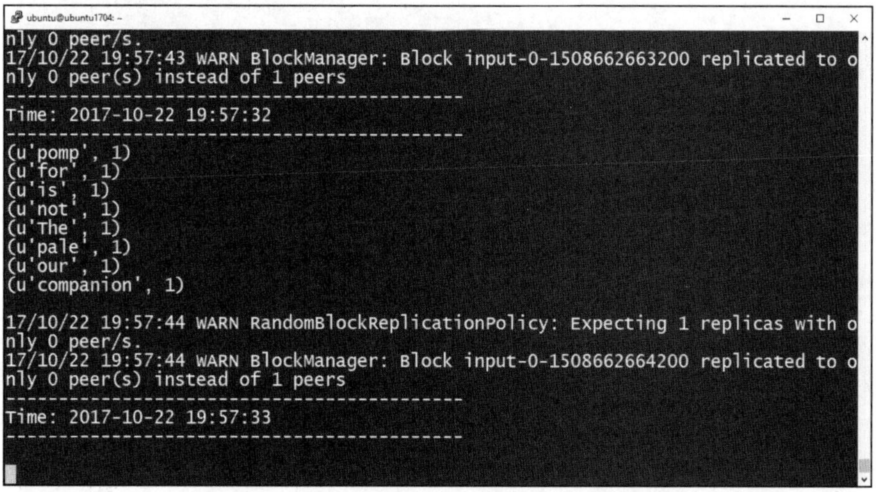

```
nly 0 peer/s.
17/10/22 19:57:43 WARN BlockManager: Block input-0-1508662663200 replicated to o
nly 0 peer(s) instead of 1 peers
-------------------------------------------
Time: 2017-10-22 19:57:32
-------------------------------------------
(u'pomp', 1)
(u'for', 1)
(u'is', 1)
(u'not', 1)
(u'The', 1)
(u'pale', 1)
(u'our', 1)
(u'companion', 1)

17/10/22 19:57:44 WARN RandomBlockReplicationPolicy: Expecting 1 replicas with o
nly 0 peer/s.
17/10/22 19:57:44 WARN BlockManager: Block input-0-1508662664200 replicated to o
nly 0 peer(s) instead of 1 peers
-------------------------------------------
Time: 2017-10-22 19:57:33
-------------------------------------------
```

图 7.4　DStream 的 pprint() 方法的控制台输出

（2）saveAsTextFiles()

语法：

```
DStream.saveAsTextFiles(prefix, suffix-=None)
```

saveAsTextFiles() 方法把 DStream 底层的各个 RDD 保存为目标文件系统（本地文件系统、HDFS，或其他文件系统）上的文本文件。该操作会创建一个目录，其中的文件由 DStream 元素的字符串表示组成。程序清单 7.6 展示了 saveAsTextFile() 方法的用法和所创建的输出目录。图 7.5 显示了大致的文件内容。

程序清单 7.6　把 DStream 输出保存到文件

```
from pyspark.streaming import StreamingContext
ssc = StreamingContext(sc, 30)
lines = ssc.socketTextStream('localhost', 9999)
counts = lines.map(lambda word: (word, 1)) \
              .reduceByKey(lambda a, b: a+b)
counts.saveAsTextFiles("file:///opt/spark/data/counts")
ssc.start()
ssc.awaitTermination()
```

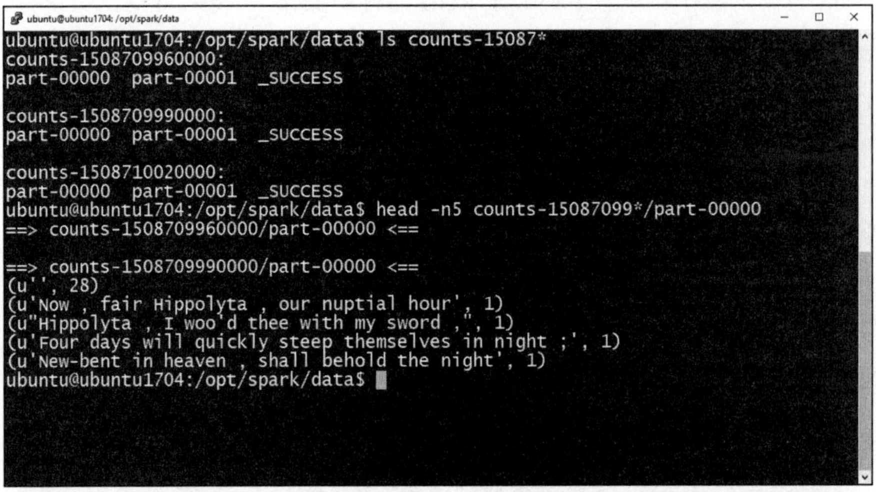

```
ubuntu@ubuntu1704: /opt/spark/data
ubuntu@ubuntu1704:/opt/spark/data$ ls counts-15087*
counts-1508709960000:
part-00000  part-00001  _SUCCESS

counts-1508709990000:
part-00000  part-00001  _SUCCESS

counts-1508710020000:
part-00000  part-00001  _SUCCESS
ubuntu@ubuntu1704:/opt/spark/data$ head -n5 counts-15087099*/part-00000
==> counts-1508709960000/part-00000 <==

==> counts-1508709990000/part-00000 <==
(u'', 28)
(u'Now , fair Hippolyta , our nuptial hour', 1)
(u"Hippolyta , I woo'd thee with my sword ,", 1)
(u'Four days will quickly steep themselves in night ;', 1)
(u'New-bent in heaven , shall behold the night', 1)
ubuntu@ubuntu1704:/opt/spark/data$
```

图 7.5　DStream 的 saveAsTextFiles() 方法的输出

（3）foreachRDD()

语法：

```
DStream.foreachRDD(func)
```

输出操作 foreachRDD() 类似于 Spark RDD API 的行动操作 foreach()。它把 func 参数指定的函数应用于 DStream 底层的每个 RDD。foreachRDD() 方法由运行该流处理应用的驱动器进程执行，通常会强制触发 DStream 底层 RDD 的计算。与 foreach() 一样，所使用的函数可以是具名函数，也可以是匿名的 lambda 函数。程序清单 7.7 展示了 foreachRDD() 方法的一个简单的示例。

程序清单 7.7　对 DStream 的每个 RDD 执行函数

```
from pyspark.streaming import StreamingContext
```

```
def printx(x): print("received : " + x)
ssc = StreamingContext(sc, 30)
lines = ssc.socketTextStream('localhost', 9999)
lines.foreachRDD(lambda x: x.foreach(lambda y: printx(y)))
ssc.start()
ssc.awaitTermination()
# 输出:
# received : Lorem
# received : ipsum
# received : dolor
# received : vitae
# received : sit
# received : amet
```

7.1.3　练习：Spark Streaming 入门

本练习展示了如何使用 Spark Streaming 应用把莎士比亚文本文件中的行作为流式数据并消费。本练习还展示了如何对输入数据执行流式的词数统计，这与本书之前介绍的词数统计示例很相似。具体步骤如下：

1）使用 wget 或 curl 从 https://s3.amazonaws.com/sparkusingpython/shakespeare/shakespeare.txt 下载 shakespeare.txt 文件到 /opt/spark/data 这样的本地目录中。

2）打开 pyspark shell。注意如果使用的是本地模式，需要指定至少两个工作线程，如下所示：

```
$ pyspark --master local[2]
```

3）在 pyspark shell 中逐行输入如下命令：

```
import re
from pyspark.streaming import StreamingContext
ssc = StreamingContext(sc, 30)
lines = ssc.socketTextStream('localhost', 9999)
wordcounts = lines.filter(lambda line: len(line) > 0) \
             .flatMap(lambda line: re.split('\W+', line)) \
             .filter(lambda word: len(word) > 0) \
             .map(lambda word: (word.lower(), 1)) \
             .reduceByKey(lambda x, y: x + y)
wordcounts.pprint()
ssc.start()
ssc.awaitTermination()
```

注意，在启动所定义套接字的数据流之前，你会看到控制台输出异常信息。这是正常现象。

4）在另一个终端里，使用第 1 步中保存 shakespeare.txt 文件的目录作为当前工作目录，然后执行如下命令：

```
$ while read line; do echo -e "$line\n"; sleep 1; done \
 < shakespeare.txt | nc -lk 9999
```

这条命令每秒从 shakespeare.txt 文件读出一行数据，并发送给 netcat 服务器。

你应该会看到，每隔 30 秒（第 3 步 StreamingContext 设置的 batchInterval 值），从最新的批收到的行被转为键值对并计数，控制台上的输出大致如下所示：

```
-------------------------------------------
Time: 2017-10-21 20:10:00
-------------------------------------------
(u'and', 11)
(u'laugh', 1)
(u 'old', 1)
(u'have', 1)
(u'trifles', 1)
(u'imitate', 1)
(u'neptune', 1)
(u'is', 2)
(u'crown', 1)
(u'changeling', 1)
...
```

本练习的完整源代码可以在 https://github.com/sparktraining/spark_using_python 的 streaming-wordcount 文件夹中找到。

7.1.4　状态操作

到目前为止，本章展示的 Spark Streaming 应用都是在批间隔内无状态地处理各间隔的批数据，与流中其他时间间隔的批无关。事实上，你经常会需要跨数据批维护状态，在处理新的批时更新状态。这可以通过有状态 DStream 实现。

有状态 DStream 使用专门的 updateStateByKey() 转化操作创建和更新。这种方式比使用累加器作为共享变量更好，因为 updateStateByKey() 操作会自动保存检查点，具有更好的完整性、持久性和恢复能力。

updateStateByKey()

语法：

```
DStream.updateStateByKey(updateFunc, numPartitions=None)
```

updateStateByKey() 方法返回一个新的有状态 DStream，根据对之前的状态和新的键应用 updateFunc 参数指定的函数所得的结果更新各键的状态。

updateStateByKey() 方法的 updateFunc 参数指定的函数预期接收键值对作为输入，并返回相应的键值对作为输出，键值对的值根据 updateFunc 函数进行更新。

numPartitions 参数和 RDD 方法中的这个参数类似，可以重新分区输出结果。

注意在使用 updateStateByKey() 方法和创建更新有状态 DStream 之前，必须先在 Streaming-Context 中使用 ssc.checkpoint(directory) 打开检查点机制。

以如下输入流为例：

```
Lorem ipsum dolor
<pause for more than 30 seconds>
Lorem ipsum dolor
```

程序清单 7.8 展示了如何使用 updateStateByKey() 操作创建并更新从数据流接收到的单词计数。

程序清单 7.8　有状态 DStream

```
from pyspark.streaming import StreamingContext
ssc = StreamingContext(sc, 30)
ssc.checkpoint("checkpoint")
def updateFunc(new_values, last_sum):
return sum(new_values) + (last_sum or 0)
lines = ssc.socketTextStream('localhost', 9999)
wordcounts = lines.map(lambda word: (word, 1)) \
                  .updateStateByKey(updateFunc)
wordcounts.pprint()
ssc.start()
ssc.awaitTermination()
# 输出:
#...
# -------------------------------------------
# Time: 2016-03-31 00:02:30
# -------------------------------------------
# (u'Lorem', 1)
# (u'ipsum', 1)
# (u'dolor', 1)
#...
# -------------------------------------------
# Time: 2016-03-31 00:03:00
# -------------------------------------------
# (u'Lorem', 2)
# (u'ipsum', 2)
# (u'dolor', 2)
```

7.1.5　滑动窗口操作

前一节所介绍的状态操作会作用于 DStream 内的所有 RDD。按特定窗口（比如最近一小时或一天）查看聚合结果也很有用。因为这个窗口与时间点相关，我们把它称为滑动窗口。

Spark Streaming 中的滑动窗口操作在一个 DStream 中根据指定的间隔（窗口长度）跨越多个 RDD，并每隔指定的时间间隔（滑动间隔）进行一次求值。以图 7.6 为例，如果要每两个批间隔（一个滑动间隔）统计最近两个批间隔（窗口长度）的单词计数，可以使用 reduceByKeyAndWindow() 函数创建窗口 RDD。

Spark Streaming API 中可用的滑动窗口操作包括 window()、countByWindow()、reduceByWindow()、reduceByKeyAndWindow()，以及 countByValueAndWindow()。下面对这些基本操作中的一部分进行介绍。

1. window()

语法：

```
DStream.window(windowLength, slideInterval)
```

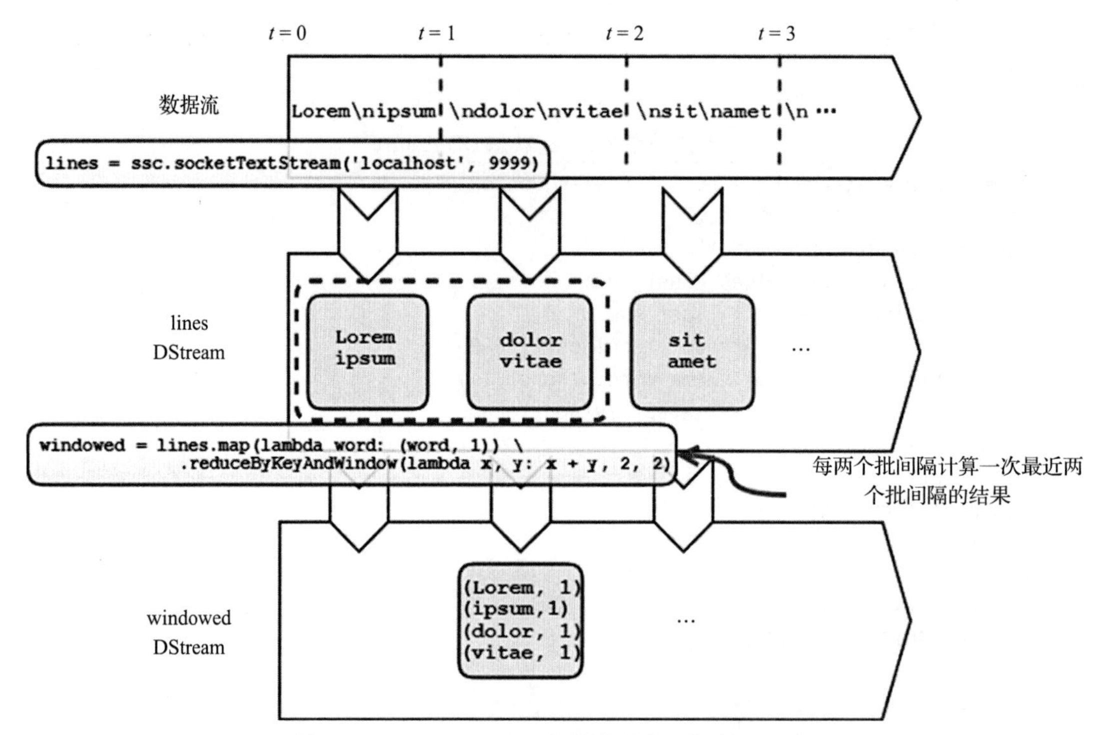

图 7.6 Spark Streaming 中的滑动窗口与窗口 RDD

window() 方法从指定的输入 DStream 的批返回一个新的 DStream。window() 方法每隔 slideInterval 参数指定的时间间隔创建一个新的 DStream 对象，其中的元素是输入 DStream 中由 windowLength 参数指定的元素。

slideInterval 和 windowLength 参数都必须是 StreamingContext 所设置的 batchDuration 的倍数。程序清单 7.9 演示了 window() 函数的用法。

程序清单 7.9 window() 函数

```
# 每秒发送数据到netcat:
# while sleep 1; do echo 'date'; done | nc -lk 9999
from pyspark.streaming import StreamingContext
ssc = StreamingContext(sc, 5)
dates = ssc.socketTextStream('localhost', 9999)
windowed = dates.window(10,10)
windowed.pprint()
ssc.start()
ssc.awaitTermination()
# 输出:
# ...
# -------------------------------------------
# Time: 2017-10-23 09:28:15
# -------------------------------------------
# Mon 23 Oct 09:28:05 AEDT 2017
# Mon 23 Oct 09:28:06 AEDT 2017
# Mon 23 Oct 09:28:07 AEDT 2017
# Mon 23 Oct 09:28:08 AEDT 2017
```

```
# Mon 23 Oct 09:28:09 AEDT 2017
# Mon 23 Oct 09:28:10 AEDT 2017
# Mon 23 Oct 09:28:11 AEDT 2017
# Mon 23 Oct 09:28:12 AEDT 2017
# Mon 23 Oct 09:28:13 AEDT 2017
#...
# -------------------------------------------
# Time: 2017-10-23 09:28:25
# -------------------------------------------
# Mon 23 Oct 09:28:14 AEDT 2017
# Mon 23 Oct 09:28:15 AEDT 2017
# Mon 23 Oct 09:28:16 AEDT 2017
# Mon 23 Oct 09:28:17 AEDT 2017
# Mon 23 Oct 09:28:18 AEDT 2017
# Mon 23 Oct 09:28:19 AEDT 2017
# Mon 23 Oct 09:28:20 AEDT 2017
# Mon 23 Oct 09:28:21 AEDT 2017
# Mon 23 Oct 09:28:22 AEDT 2017
# Mon 23 Oct 09:28:24 AEDT 2017
```

2. reduceByKeyAndWindow()

语法：

```
DStream.reduceByKeyAndWindow(func,
                             invFunc,
                             windowDuration,
                             slideDuration=None,
                             numPartitions=None,
                             filterFunc=None)
```

reduceByKeyAndWindow() 方法通过对 windowDuration 和 slideDuration 参数定义的滑动窗口执行 func 参数指定的归约函数，创建新的 DStream。invFunc 参数是 func 参数的逆函数。引入 invFunc 参数是为了高效地从之前的窗口中移除（减去）不用的计数。numPartitions 是可用于对输出 DStream 进行重新分区的可选参数。可选参数 filterFunc 可以筛出过期的键值对。这样，只有满足函数要求的键值对会保留在所得 DStream 中。程序清单 7.10 演示了 reduceByKeyAndWindow() 函数的用法。

注意在使用 reduceByKeyAndWindow() 函数时，必须打开检查点机制。

程序清单 7.10 reduceByKeyAndWindow() 函数

```
from pyspark.streaming import StreamingContext
ssc = StreamingContext(sc, 5)
ssc.checkpoint("checkpoint")
lines = ssc.socketTextStream('localhost', 9999)
windowedWordCounts = lines.map(lambda word: (word, 1)) \
                        .reduceByKeyAndWindow(lambda x, y: x + y, \
                          lambda x, y: x - y, 30, 10)
windowedWordCounts.pprint()
ssc.start()
ssc.awaitTermination()
```

7.2 结构化流处理

Spark 中的流处理不仅仅适用于 RDD API。通过使用结构化流处理（structured streaming），Spark Streaming 也实现了与 Spark DataFrame API 的完全整合。使用结构化流处理时，流式数据源可以看作不断写入数据的无限的表。对这些表执行 SQL 查询就像使用表示静态 DataFrame 的表一样。图 7.7 展示了 Spark 的结构化流处理的高层概览。

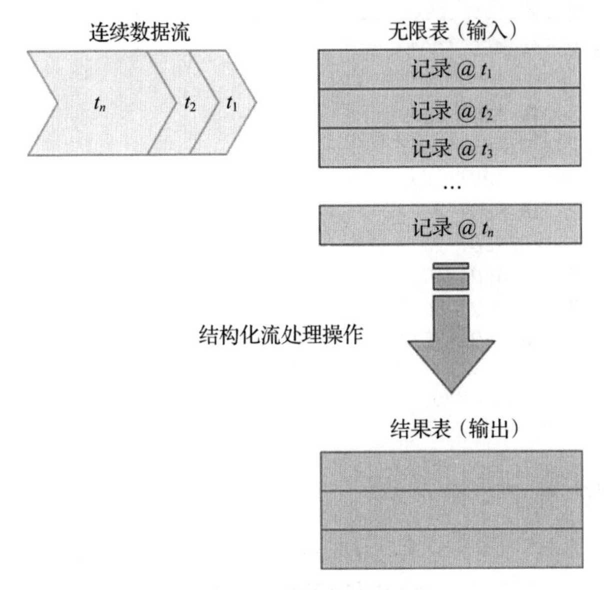

图 7.7 结构化流处理

7.2.1 结构化流处理数据源

DataFrameReader（第 6 章中有详细介绍）包含几种用于接入流式数据的内建数据源。这些数据源包括对文件、套接字和 Kafka（稍后会进行介绍）数据流的支持。DataFrameReader.readStream() 方法可以通过 SparkSession 对象访问，包含用于定义流式数据源的成员函数 format()。

1. 文件数据源

文件数据源读取写入目录的新文件作为数据流。结构化流处理数据源支持 DataFrameReader 所支持的大部分文件格式，包括 CSV、文本文件、JSON，以及 Parquet 和 ORC。程序清单 7.11 演示了如何将文件数据源（这个例子使用的是 CSV 文件）用于结构化流处理应用。注意你需要提供表结构，除非表结构可以从输入目录中已有的文件推断出来。

程序清单 7.11 使用文件数据源的结构化流处理

```
from pyspark.sql.types import *
tripsSchema = StructType() \
        .add("TripID", "integer") \
        .add("Duration", "integer") \
        .add("StartDate", "string") \
        .add("StartStation", "string") \
```

```
        .add("StartTerminal", "integer") \
        .add("EndDate", "string") \
        .add("EndStation", "string") \
        .add("EndTerminal", "integer") \
        .add("BikeNo", "integer") \
        .add("SubscriberType", "string") \
        .add("ZipCode", "string")
csv_input = spark \
    .readStream \
    .schema(tripsSchema) \
    .csv("/tmp/trips")
...
```

2. 套接字数据源

套接字数据源与 Spark Streaming 中的 DStream API 的 socketTextStream() 方法非常类似，从套接字连接读取 UTF8 格式的文本数据。程序清单 7.12 演示使用套接字数据源在结构化流处理中进行单词计数。

程序清单 7.12　使用套接字数据源的结构化流处理

```
socket_input = spark \
    .readStream \
    .format("socket") \
    .option("host", "localhost") \
    .option("port", 9999) \
    .load()
...
```

7.2.2　结构化流处理的数据输出池

本章前面介绍过，数据流中每个新收到的数据都被当作向表追加的新记录，这里的表称为**输入表**（input table）。结构化流处理操作的输出，也就是写出去的内容，称为**结果表**（result table）。结构化流处理操作的结果通过 DataFrameWriter 对象，具体来说是 DataFrame-Writer.writeStream() 方法写出。

Spark 的结构化流处理中的**输出池**（output sink）定义把结果表写到哪里。输出池本身则通过 DataFrameWriter.writeStream() 方法的 format() 成员来定义。

有几个内建的输出池可以分别用于把数据写出到文件、内存，或控制台。

1. 文件输出池

文件输出池把结果表存储到所支持的文件系统（HDFS、本地文件系统、S3 等）的一个目录中。程序清单 7.13 演示了文件输出池。

程序清单 7.13　文件输出池

```
...
output.writeStream \
    .format("parquet") \
    .option("path", "/tmp/streaming_output") \
```

```
    .start()
# 格式也可以是"orc"、"json"、"csv"等
```

使用文件输出池时，需要设置检查点路径，实现方式如下：

```
spark.conf.set("spark.sql.streaming.checkpointLocation", "/tmp/checkpoint_dir")
```

2. 控制台输出池

控制台输出池把结果表打印到控制台中。这在调试程序时比较有用，但如果要大规模输出数据则显得不太实用。程序清单 7.14 演示了控制台输出池。

程序清单 7.14　控制台输出池

```
...
output.writeStream \
    .format("console") \
    .start()
```

3. 内存输出池

内存可以把结果表以表的形式保存在内存中。这种类型的输出池在调试时比较有用，但在大规模输出数据集时要慎用。程序清单 7.15 演示了内存输出池。

程序清单 7.15　内存输出池

```
...
output.writeStream \
    .format("memory") \
    .queryName("trips") \
    .start()
spark.sql("select * from trips").show()
```

7.2.3　输出模式

输出池定义了把结构化流处理操作的输出发送到哪里，而输出模式定义如何对待输出结果。有下面几种不同的输出模式：

- append（追加模式）：只向结果表输出上次触发后新添加的行。此模式对于 where()、select() 和 filter() 等仅对新数据做简单投影或过滤的操作比较有用。这也是默认的输出模式。
- complete（完整模式）：每次触发后输出整张结果表，包括所有更新和转化在内。这对于 count()、sum() 等转化操作比较有用。
- update（更新模式）：只向结果表输出上次触发后有更新的行。

输出模式通过 writeStream() 方法的 outputMode() 成员进行指定。

7.2.4　结构化流处理操作

因为结构化流处理是基于 Data Frame API 构建的，大多数 DataFrame 操作都可以使用，包括如下操作：

- 过滤记录。
- 投影部分列。
- 使用内建函数或用户自定义函数进行列级别的转化操作。
- 记录按分组做列的聚合操作。
- 连接流式 DataFrame 和静态 DataFrame（有一些限制条件）。

不过，DataFrame API 中也有一些操作是流式 DataFrame 所不支持的，包括如下：

- limit 和 take(n) 操作。
- distinct 操作。
- sort 操作（只有在聚合操作后使用 complete 输出模式时支持）。
- 全外连接操作。
- 两个流式 DataFrame 之间的任意类型的连接操作。
- 有额外条件的左外连接和右外连接操作。

程序清单 7.16 把结构化流处理的概念全部整合起来，展示了可以用于流式 DataFrame 的各种操作。

程序清单 7.16　结构化流处理操作

```
# 为流式数据源声明表结构
from pyspark.sql.types import *
tripsSchema = StructType() \
        .add("TripID", "integer") \
        .add("Duration", "integer") \
        .add("StartDate", "string") \
        .add("StartStation", "string") \
        .add("StartTerminal", "integer") \
        .add("EndDate", "string") \
        .add("EndStation", "string") \
        .add("EndTerminal", "integer") \
        .add("BikeNo", "integer") \
        .add("SubscriberType", "string") \
        .add("ZipCode", "string")
# 从输入数据流读取
trips = spark \
    .readStream \
    .schema(tripsSchema) \
    .csv("/tmp/trips")
# 执行流式DataFrame聚合
result = trips.select(trips.StartTerminal, trips.StartStation) \
            .groupBy(trips.StartTerminal, trips.StartStation) \
            .agg({"*": "count"})
# 把结果表写出到控制台
result.writeStream \
    .format("console") \
    .outputMode("complete") \
    .start()
# 返回:
# <pyspark.sql.streaming.StreamingQuery object at 0x7fb1c5c2a0f0>
```

```
# ----------------------------------------
# Batch: 0
# ----------------------------------------
# +-------------+------------------+--------+
# |StartTerminal|      StartStation|count(1)|
# +-------------+------------------+--------+
# |            7|Paseo de San Antonio|     856|
# |           65|    Townsend at 7th|   13752|
# |           26|Redwood City Medi...|     150|
# |           38|      Park at Olive|     376|
# ...
```

7.3　在 Spark 中使用消息系统

消息系统最初是为了提供中间件里的消息中间件（Message-Oriented Middleware，MOM）功能而形成的。20 世纪 80 年代，这个领域在集成老系统和新系统（比如集成大型机和早期的分布式系统）方面发展迅猛。现在的消息系统和平台提供更丰富的功能，而不再仅仅是简单的集成。它们在移动计算和物联网（IoT）版图中有举足轻重的地位。JMS（Java 消息服务）、Kafka、ActiveMQ、ZeroMQ（ØMQ）、RabbitMQ、亚马逊的 SQS（Simple Queue Service，意为简易队列服务）和 Kinesis 等项目纷纷加入了现有的由 TIBCO EMS（Enterprise Message Service，企业消息服务）、IBM WebSphere MQ，以及 MSMQ（Microsoft Message Queuing）等更完善的商业解决方案组建的版图中。

接下来几节会介绍一些在大数据和 Spark 实现中常用的消息系统。

7.3.1　Apache Kafka

Apache Kafka 最初由 LinkedIn 开发，是一个广为使用的开源项目，用 Scala 语言开发，用于 Hadoop 生态圈的各种项目间的消息缓存代理和队列服务。

1. Kafka 架构

Kafka 是可靠的低延迟分布式发布 - 订阅消息平台。从概念上来说，Kafka 充当了消息的预写日志（WAL），类似于 ACID 数据存储中的事务日志功能。这种基于日志的设计提供了持久性、一致性，以及为订阅者重放消息的功能。

消息发布者被称为**生产者**（producer），向主题写出数据。消息订阅者被称为**消费者**（consumer），从特定的主题读取消息。图 7.8 总结了生产者、主题，以及消费者之间的关系。消息本身是原始的字节数组，可以表示任意对象或原生数据类型。常见的消息内容格式包括 JSON 和 Avro，后者是 Hadoop 生态中的数据序列化开源项目。

Kafka 是由至少一个**缓存代理**（broker）组成的分布式系统，一般部署在集群内分开的节点上。缓存代理管理**分区**（partition），分区是某个特定主题的有序、不可变的消息序列。分区在集群内多个节点上复制以提供容错。一个主题可以有多个分区。

Kafka 中的每个主题作为一个日志对待。日志是消息的集合，每条消息对应日志内一个独一无二的偏移量。在一个分区内，主题是有序的。消费者可以根据偏移量从主题访问消息，这意味着消费者可以重放之前的消息。

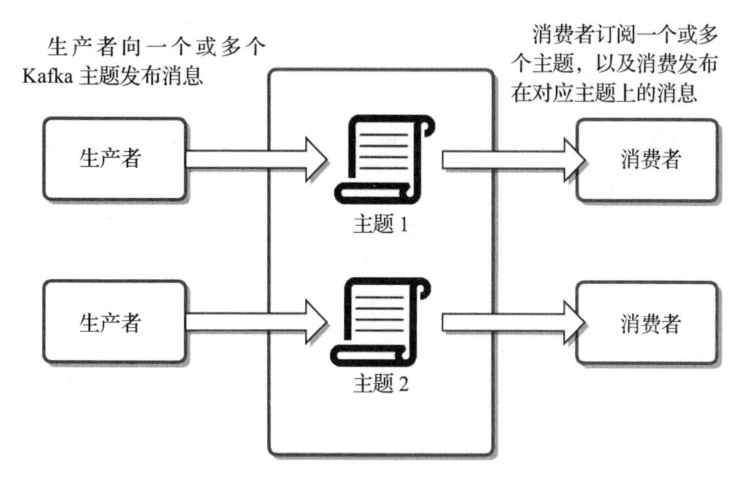

图 7.8　Kafka 生产者、消费者，以及主题

Kafka 只保留指定时间内的消息。在指定的保留期过后，消息会被清除，消费者也不能再访问这些消息。

Kafka 使用 Apache ZooKeeper 来维护缓存代理之间的状态。ZooKeeper 是 Hadoop 生态中许多其他项目使用的开源的分布式配置与同步服务，比如 HBase 也使用了 ZooKeeper。ZooKeeper 通常以一种被称为 ensemble 的配置模式组成集群，而且一般部署在奇数个节点上，比如 3 个或 5 个。

必须要有大多数节点，也就是满足 quorum 要求的节点，以成功执行行动（比如更新一个状态）。一个 quorum 中必须“选举”出一个**领导者**，而在 Kafka 集群里领导者就是负责特定分区所有读写操作的节点。每个分区都有一个领导者。

其他节点是追随者。**追随者**（follower）消费消息并更新它们的分区。当领导者不可用时，Kafka 会选出新的领导者。

图 7.9 展示了 Kafka 集群的架构。

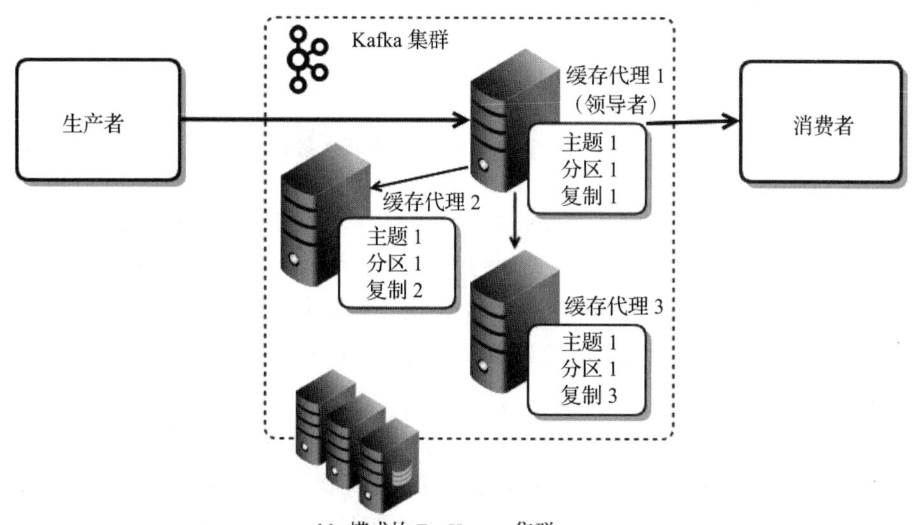

图 7.9　Kafka 集群架构

想了解关于 Kafka 的更多信息，可以访问 http://kafka.apache.org/。

2. 在 Spark 中使用 Kafka

Spark 对 Kafka 的支持与 Spark Streaming 项目配合紧密。Kafka 的性能和耐久性使得它非常适合为 Spark Streaming 进程提供服务。

Kafka 与 Spark 的常见使用场景包括 Spark Streaming 进程从 Kafka 主题读取数据以对该数据流进行事件处理，或者是 Spark 进程作为生产者输出数据到 Kafka 主题。

在 Spark 中，有两种方式可以从 Kafka 主题消费消息：

- 使用接收器。
- 直接从消息代理访问消息（我们把这种方式称为直接流访问（direct stream access））

接收器（receiver）是运行在 Spark 执行器内的进程。每个接收器负责从一个 Kafka 主题的消息创建的一个输入 DStream。接收器查询 ZooKeeper 获取关于缓存代理、主题、分区和偏移量的信息。另外，接收器还实现了独立的 WAL 以实现持久性和一致性，通常存储在 HDFS 上。先把消息和偏移量提交到 WAL，然后再生成消息的收据，并向 ZooKeeper 更新已消费的偏移量信息。这保证了在必要时，消息在多个接收器中只会被处理仅且一次。

这种 WAL 实现确保了事件失败或接收器崩溃时集群的持久性和一致性。

图 7.10 总结了 Spark Streaming 的 Kafka 接收器的操作过程。

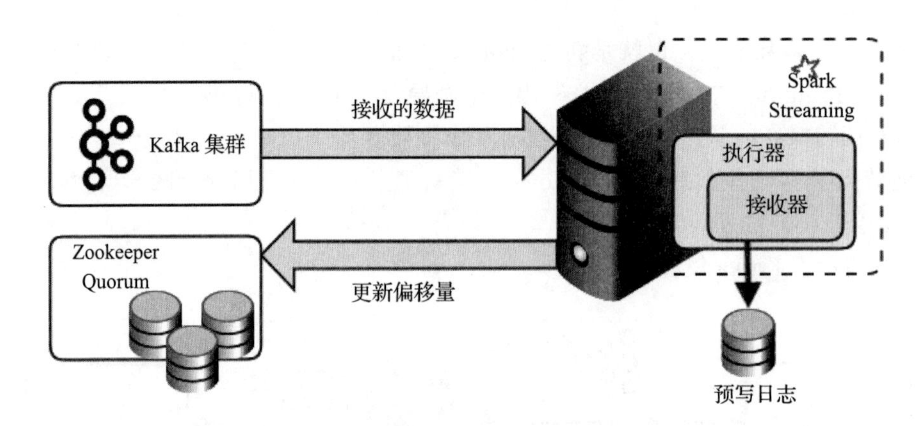

图 7.10　Spark Streaming 的 Kafka 接收器

尽管使用接收器的方式读取 Kafka 数据能够提供持久性和仅且一次的处理，但阻塞型的 WAL 写操作会严重影响性能。有一种更新的方式可以从 Kafka 消费流数据，那就是直接访问的方式。直接访问方式不需要使用接收器和 WAL，而是由 Spark 驱动器向 Kafka 请求每个主题的偏移量的更新，并控制应用的执行器直接从 Kafka 的缓存代理节点消费主题分区里某个特定的偏移量。

这种直接访问的方式使用 Kafka API 的 SimpleConsumer 接口，而不是接收器方式所使用的高层的 ConsumerConnectorAPI。直接访问的方式提供了持久性和可恢复性，支持“仅且一次”（事务型）的处理，具有与使用接收器方式等价的语义，而没有 WAL 的额外开销。图 7.11 总结了 Spark Streaming 使用 Director API 的操作过程。

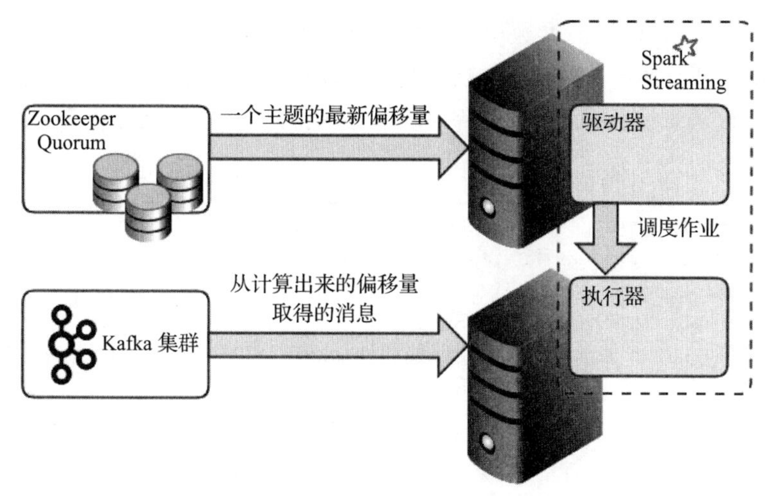

图 7.11　在 Spark Streaming 中使用 Kafka Direct API

7.3.2 KafkaUtils

不论是使用接收器方式还是直接访问方式从 Kafka 主题获取数据流，你都可以用 Scala、Java，或 Python API 去调用 KafkaUtils 包。首先，你需要下载或编译 spark-streaming-kafka-assembly.jar 文件，或者使用现成的 Spark 插件包。程序清单 7.17 展示了附带 spark-streaming-kafka 插件包启动 pyspark 会话的示例。同样的方式也适用于 spark-shell 或 spark-submit。

程序清单 7.17　使用 Spark 的 KafkaUtils 工具

```
$SPARK_HOME/bin/pyspark \
      --packages org.apache.spark:spark-streaming-kafka-0-8_2.11:2.2.0
```

当 Spark 会话包含 spark-streaming-kafka-assembly.jar 文件或相应的 Spark 插件包，并且有了可用的 StreamingContext，你就可以访问 KafkaUtils 类里的方法了，包括使用接收器方式或直接访问方式创建数据流的方法。接下来几段将对这些方法进行介绍。

1. createDirectStream()

语法：

```
KafkaUtils.createDirectStream(ssc,
                              topics,
                              kafkaParams,
                              fromOffsets=None,
                              keyDecoder=utf8_decoder,
                              valueDecoder=utf8_decoder,
                              messageHandler=None)
```

使用 createDirectStream() 方法可以从一个或多个 Kafka 主题创建 Spark Streaming 的 DStream 对象。创建出来的 DStream 由键值对组成，其中键为消息的键，而值为消息本身。ssc 参数是 StreamingContext 对象。topics 参数是要消费的一个或多个 Kafka 主题组成的列表。kafkaParams 参数向 Kafka 传递额外的参数，比如要通信的 Kafka 缓存代理节点列表。fromOffsets 参数指定从数据流读取的起点。如果没有提供，会从 Kafka 可用的最小或最大偏移量开始消费（由 kafkaParams 参数中设置的 auto.offset.reset 控制）。可选参数 keyDecoder 和 valueDecoder 解码消息的键和值对象，默认使用 UTF8 编码。messageHandler 参数也是可选参数，用来提供访问消息元数据的函数。程序清单 7.18 演示了 createDirectStream() 方法的用法。

程序清单 7.18 KafkaUtils.createDirectStream() 方法

```
from pyspark.streaming import StreamingContext
from pyspark.streaming.kafka import KafkaUtils
ssc = StreamingContext(sc, 30)
stream = KafkaUtils.createDirectStream \
   (ssc, ["my_kafka_topic"], {"metadata.broker.list": "localhost:9092"})
```

KafkaUtils 包中还有一个类似的直接访问方法 createRDD()，用来把 Kafka 缓冲区作为批式数据进行访问。使用它时，你需要为主题和分区指定起点和终点。

2. createStream()

语法：

```
KafkaUtils.createStream(ssc,
                        zkQuorum,
                        groupId,
                        topics,
                        kafkaParams=None,
                        storageLevel=StorageLevel(True, True, False, False, 2),
                        keyDecoder=utf8_decoder,
                        valueDecoder=utf8_decoder)
```

createStream() 方法使用高层的 Kafka 消费者 API 和带 WAL 的接收器，从一个或多个 Kafka 主题创建 Spark Streaming 的 DStream 对象。ssc 参数是 StreamingContext 的对象实例。zkQuorum 参数指定与接收器通信的 ZooKeeper 节点列表。groupId 参数指定消费者的分组 ID。topics 参数是一个字典对象，包含要消费的主题名和要创建的分区数量。每个分区使用一个单独的线程进行消费。kafkaParams 参数指定要传给 Kafka 的额外参数。storageLevel 参数表示用于 WAL 的存储级别，默认为 MEMORY_AND_DISK_SER_2。keyDecoder 和 valueDecoder 参数分别指定用来解码键和值的函数。两者的默认值均为 utf8_decoder 函数。程序清单 7.19 演示了 createStream() 方法的用法。

程序清单 7.19 KafkaUtils.createStream() 方法（接收器模式）

```
from pyspark.streaming import StreamingContext
from pyspark.streaming.kafka import KafkaUtils
ssc = StreamingContext(sc, 1)
stream = KafkaUtils.createStream(ssc, \
          "localhost:2181", \
          "spark-streaming-consumer", \
          {"mykafkatopic": 1})
```

7.3.3 练习：在 Spark 中使用 Kafka

本练习会展示如何安装单节点的 Kafka 系统。你可以用这个平台通过生产者创建消息，并在 Spark Streaming 应用中以 DStream 消费这些消息。本练习还需要安装好 ZooKeeper，练习中也展示了 ZooKeeper 的安装方式。安装 ZooKeeper 是安装 HBase 的前提，因此如果你有安装好的 HBase，你可以直接用其中的 ZooKeeper。更多关于 ZooKeeper 的信息可以通过 https://zookeeper.apache.org/ 进一步了解。

1）从 https://zookeeper.apache.org/releases.html 下载最新版的 Apache ZooKeeper（这里以 3.4.10 版本为例）。

2）解压 ZooKeeper 包：

```
$ tar -xvf zookeeper-3.4.10.tar.gz
```

3）把工作目录转到 ZooKeeper 解压后的目录：

```
$ cd zookeeper-3.4.10
```

4）使用 vi 之类的文本编辑器，在 ZooKeeper 配置目录中创建一个简单的 ZooKeeper 配置文件（zoo.cfg）：

```
$ vi conf/zoo.cfg
```

5）添加下列配置到 zoo.cfg 文件：

```
tickTime=2000
dataDir=/tmp/zookeeper
clientPort=2181
```

保存文件并退出文本编辑器。

6）启动 ZooKeeper Server 服务：

```
$ bin/zkServer.sh start
```

7）从 http://kafka.apache.org/downloads.html 下载最新版本的 Kafka（这里以 1.0.0 版本为例）。

8）解压下载的 tar.gz 压缩包，创建环境变量 KAFKA_HOME：

```
$ tar -xvf kafka_2.11-1.0.0.tgz
$ sudo mv kafka_2.11-1.0.0/ /opt/kafka/
$ export KAFKA_HOME=/opt/kafka
```

9）启动 Kafka 服务器：

```
$KAFKA_HOME/bin/kafka-server-start.sh \
$KAFKA_HOME/config/server.properties
```

这个练习需要你同时打开多个终端，我们把这个终端记为终端 1。

10）打开第二个终端（终端 2），创建名为 mykafkatopic 的测试主题：

```
export KAFKA_HOME=/opt/kafka
$KAFKA_HOME/bin/kafka-topics.sh \
--create \
--zookeeper localhost:2181 \
--replication-factor 1 \
```

```
--partitions 1 \
--topic mykafkatopic
```

11）在终端 2 中，列出可用的主题，你应该能看到刚创建的那个主题：

```
$KAFKA_HOME/bin/kafka-topics.sh \
--list \
--zookeeper localhost:2181
```

12）在终端 2 中，创建从刚才的 Kafka 主题读取数据的消费者进程：

```
$KAFKA_HOME/bin/kafka-console-consumer.sh \
--bootstrap-server localhost:9092 \
--topic mykafkatopic \
--from-beginning
```

13）打开一个新终端（终端 3），使用这个终端启动一个新的生产者进程，向那个 Kafka 主题写数据：

```
export KAFKA_HOME=/opt/kafka
$KAFKA_HOME/bin/kafka-console-producer.sh \
--broker-list localhost:9092 \
--topic mykafkatopic
```

14）在终端 3 的生产者中输入消息，比如 this is a test message 等。你应该能在终端 2 的消费者中看到所输入的那些消息。

15）使用 Ctrl+C 关闭运行在终端 2 中的消费者进程和运行在终端 3 中的生产者进程。

16）使用终端 2，创建一个名为 shakespeare 的新主题：

```
$KAFKA_HOME/bin/kafka-topics.sh \
--create \
--zookeeper localhost:2181 \
--replication-factor 1 \
--partitions 1 \
--topic shakespeare
```

17）在终端 2 中，使用 Spark Streaming 的汇总包（需要用于提供 Kafka 支持）打开 pyspark 会话：

```
$SPARK_HOME/bin/pyspark --master local[2] \
--jars spark-streaming-kafka-0-10-assembly_2.11-2.2.0.jar
```

这个示例使用的是本地模式，不过你也可以使用独立集群或 YARN 集群（如果已经有现成的 YARN 集群的话）。

18）在 pyspark 会话中，输入如下语句：

```
from pyspark.streaming import StreamingContext
from pyspark.streaming.kafka import KafkaUtils
ssc = StreamingContext(sc, 30)
brokers = "localhost:9092"
topic = "shakespeare"
stream = KafkaUtils.createDirectStream \
```

```
(ssc, [topic], {"metadata.broker.list": brokers})
lines = stream.map(lambda x: x[1])
counts = lines.flatMap(lambda line: line.split(" ")) \
              .map(lambda word: (word, 1)) \
              .reduceByKey(lambda a, b: a+b)
counts.pprint()
ssc.start()
ssc.awaitTermination()
```

19）在终端 3 中，运行如下命令把 shakespeare.txt 的内容发送到 Kafka 主题：

```
while read line; do echo -e "$line\n"; sleep 1; done \
< /opt/spark/data/shakespeare.txt \
| $KAFKA_HOME/bin/kafka-console-producer.sh \
--broker-list localhost:9092 \
--topic shakespeare
```

20）查看终端 2，你应该看到与下列内容相似的输出结果：

```
-------------------------------------------
Time: 2017-11-03 05:24:30
-------------------------------------------
('', 37)
('step', 1)
('bring', 1)
('days', 2)
('quickly', 2)
('four', 1)
('but', 1)
('pomp', 2)
('thy', 1)
('dowager', 1)
...
```

这个练习的完整源代码在 https://github.com/sparktraining/spark_using_python 的 kafka-streaming-wordcount 文件夹下。

7.3.4 亚马逊 Kinesis

亚马逊云服务（AWS）提供的亚马逊 Kinesis 是一个完全管理的分布式消息平台，不说受 Apache Kafka 启发，至少也可以说与它非常相似。Kinesis 是 AWS 的下一代消息队列服务，引入了大规模实时流处理，成为了这家公司原来的消息系统 SQS 服务的另一款替代产品。

AWS Kinesis 产品家族包括 Amazon Kinesis Analytics（对流式数据提供 SQL 查询功能）、Amazon Kinesis Firehose（提供直接截取并加载流式数据到 Amazon S3 的功能）、Amazon Redshift（一种基于 AWS 云的数据仓库平台），以及其他一些服务。我们在这里讨论的 Kinesis 组件是亚马逊的 Kinesis 数据流。

1. Kinesis 数据流

Kinesis 数据流应用和本章已经介绍的其他消息平台一样，涉及生产者和消费者。生产者和消费者可以是移动应用，或 AWS 内的其他系统（或笔记本电脑中的笔记）。

Kinesis 数据流是有序的数据记录序列。每条记录都有序号，并且根据分区键被分到一个分片（类似于分区）中。分片在 AWS 环境中跨多个实例分布。生产者把数据放入分片，消费者从分片获取数据，如图 7.12 所示。

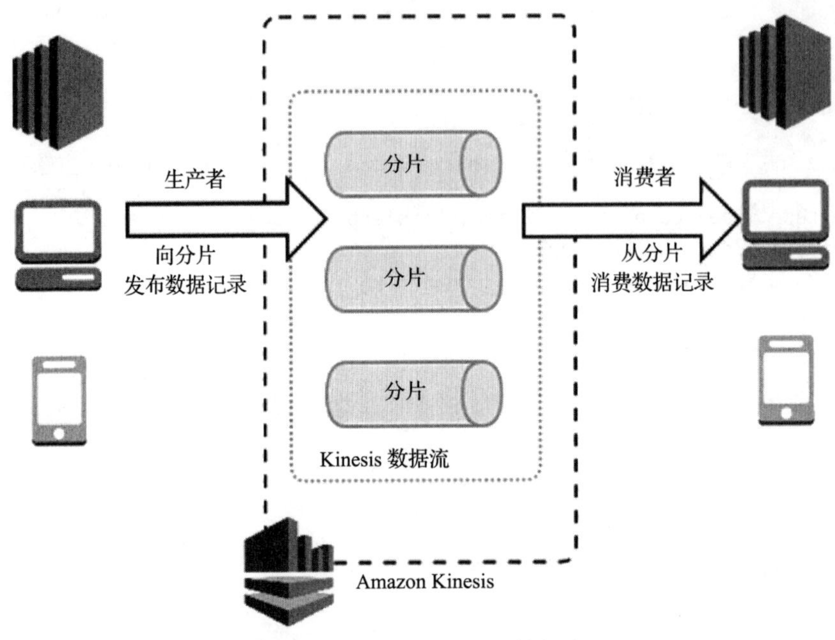

图 7.12　亚马逊 Kinesis 数据流

你可以使用 AWS 控制台、CLI，或 Streams API 创建这些数据流。图 7.13 演示使用 AWS 管理控制台创建数据流。

2. 亚马逊 Kinesis 生产者库

亚马逊 Kinesis 生产者库（Amazon Kinesis Producer Library，KPL）是供生产者把记录发送到 Kinesis 数据流的 API 对象和方法的集合。KPL 让生产者可以把记录写入 Kinesis，还提供了很多其他功能，比如支持记录缓冲区，支持以异步回调接收写数据的结果，允许写数据到多个分片，以及其他一些功能。

3. 亚马逊 Kinesis 客户端库

亚马逊 Kinesis 客户端库（Amazon Kinesis Client Library，KCL）是用来连接数据流并消费数据记录的消费者 API。KCL 一般是处理 Kinesis 数据流中的记录（比如使用 Spark Streaming 的事件流处理）的入口。KCL 也提供了一些重要的功能，比如保存已处理记录的检查点，使用亚马逊的 DynamoDB 键值对存储来为流处理应用状态的维护一份可靠的备份。这张 DynamoDB 表会自动出现在流处理应用所属的区域中，是使用你的 AWS 凭据创建的。KCL 可以在各种常见编程语言中使用，包括 Java、Node.js、Ruby，以及 Python。

4. 在 Spark 中使用亚马逊 Kinesis

你可以使用 createStream() 方法和 KinesisUtils 包（pyspark.streaming.kinesis.KinesisUtils）从 Spark Streaming 访问 Kinesis 数据流。createStream() 方法会使用 KCL 创建接收器，并返回 DStream 对象。

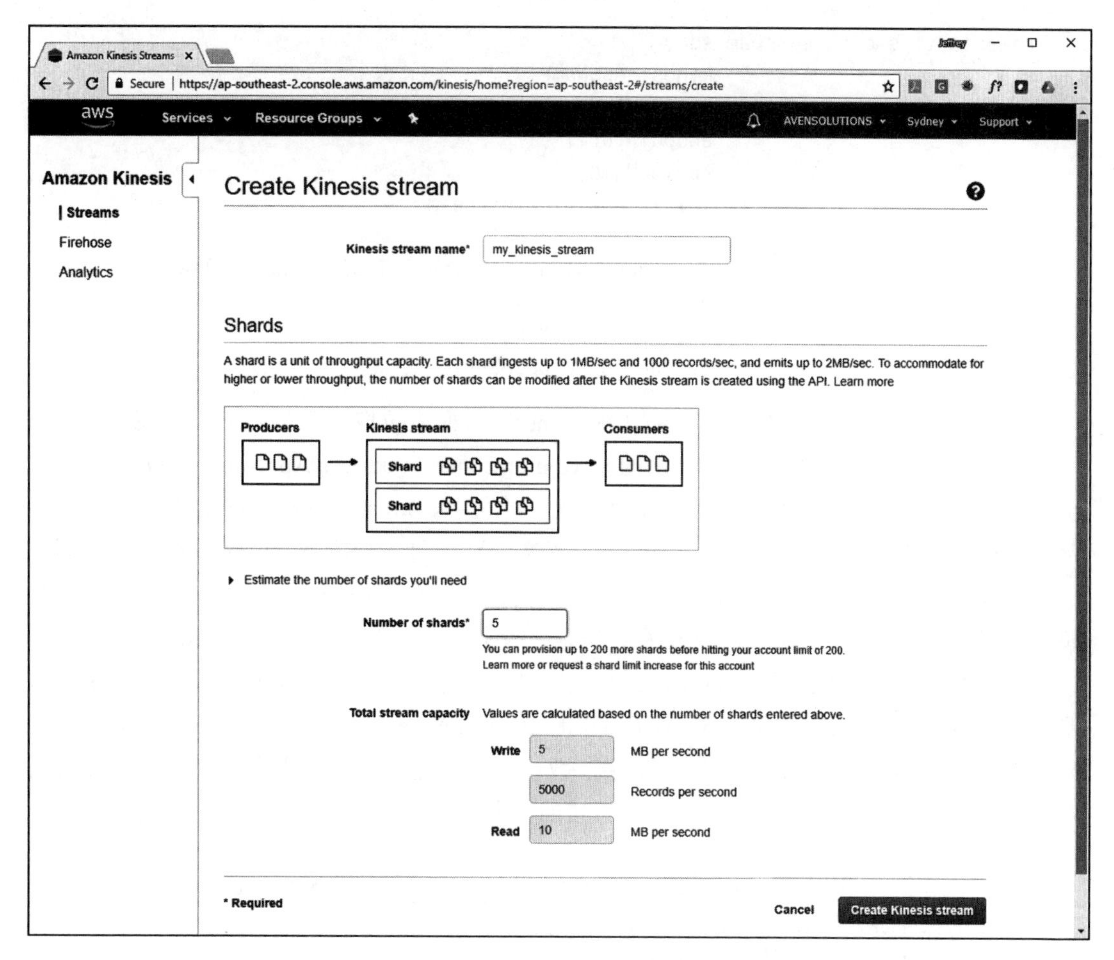

图 7.13　使用 AWS 管理控制台创建 Kinesis 数据流

注意 KCL 是使用亚马逊软件协议（Amazon Software License，ASL）授权的。ASL 协议中的条款和条件与 Apache、GPL 和其他开源授权框架有所区别。访问 https://aws.amazon.com/asl/ 获取更多相关信息。

要使用 KinesisUtils.createStream() 函数，你需要有 AWS 账号和 API 访问凭据（Access Key ID 和 Secret Access Key）。你还需要创建 Kinesis 数据流，不过这超出了本书的范围。必要的 Kinesis 库也是需要的，你要把需要的 jar 文件提供给 --jars 参数。程序清单 7.20 展示了如何提交带有 Kinesis 支持的应用。

程序清单 7.20　提交带有 Kinesis 支持的流处理应用程序

```
spark-submit \
 --jars /usr/lib/spark/external/lib/spark-streaming-kinesis-asl-assembly.jar
 ...
```

有了这些前提条件，接下来一段将对 KinesisUtils.createStream() 方法进行说明和示范。

5. createStream()

语法：

```
KinesisUtils.createStream(ssc,
                          kinesisAppName,
                          streamName,
                          endpointUrl,
                          regionName,
                          initialPositionInStream,
                          checkpointInterval,
                          storageLevel=StorageLevel(True, True, False, True, 2),
                          awsAccessKeyId=None,
                          awsSecretKey=None,
                          decoder=utf8_decoder)
```

createStream() 方法创建出使用 KCL 从 Kinesis 数据流拉取消息的输入数据流，返回一个 DStream 对象。ssc 参数是实例化出的 StreamingContext。kinesisAppName 参数是 KCL 向底层的 DynamoDB 表更新状态时使用的独一无二的名字。streamName 是创建 Kinesis 数据流时给它起的名字。endpointUrl 和 regionName 参数分别指向 AWS Kinesis 服务的地址和区域，比如依次为 https://kinesis.us-east-1.amazonaws.com 和 us-east-1。initialPositionInStream 是数据流中消息的初始起点。如果存在检查点信息，这个参数就没用了。checkpointInterval 是保存 Kinesis 检查点的时间间隔。storageLevel 参数是用来保存所收的对象的 RDD 的存储级别，默认值为 StorageLevel.MEMORY_AND_DISK_2。awsAccessKeyId 和 awsSecretKey 参数是你的 AWS API 凭据。decoder 是用来从字节数组解码消息的函数，默认值为 utf8_decoder。程序清单 7.21 展示了使用 createStream() 方法的一个示例。

程序清单 7.21　在 Spark Streaming 中使用亚马逊 Kinesis

```
from pyspark.streaming import StreamingContext
from pyspark import StorageLevel
from pyspark.streaming.kinesis import KinesisUtils
from pyspark.streaming.kinesis import InitialPositionInStream
ssc = StreamingContext(sc, 30)
appName = "KinesisCountApplication"
streamName = "my_kinesis_stream"
endpointUrl = "https://kinesis.ap-southeast-2.amazonaws.com"
regionName = "ap-southeast-2"
awsAccessKeyId = "YOURAWSACCESSKEYID"
awsSecretKey = "YOURAWSSECRETKEY"
# 连接到Kinesis流
records = KinesisUtils.createStream(
          ssc, appName, streamName, endpointUrl, regionName,
          InitialPositionInStream.LATEST, 2,
          StorageLevel.MEMORY_AND_DISK_2,
          awsAccessKeyId, awsSecretKey)
# 进行处理
output.pprint()
ssc.start()
ssc.awaitTermination()
```

要了解更多关于 Kinesis 的信息，可以访问 https://aws.amazon.com/kinesis/.

7.4 本章小结

Spark Streaming 是 Spark 核心 API 的关键扩展之一，它引入了用于处理数据流的对象和函数。其中一个对象为离散化数据流（即 DStream)，它是一种由把数据流按时间间隔分成的一组 RDD 所组成的 RDD 抽象。对 DStream 使用转化操作，实际上是把相应函数应用到 DStream 下层的每个 RDD 上。DStream 还能维护状态，其状态可以访问和实时更新，这也是流处理用例的关键功能。Spark DStream 还支持滑动窗口操作，这种操作可以基于数据“窗口”(比如最近一小时、最近一天等）中的数据来执行。

本章介绍了一些主要的开源消息系统，比如 Apache Kafka，这些系统使得不同系统间可以以异步而可靠的方式交换消息，比如控制消息或者事件消息。Spark Streaming 项目对 Kafka、Kinesis 以及其他一些消息平台提供了开箱即用的支持。在使用 Spark Streaming 子项目所提供的消息平台消费者库和工具时，Spark Streaming 应用可以连接到消息系统的缓存代理，并把消息读入 DStream 对象。

在 Spark 应用支撑的复杂事件处理流水线里，消息系统是常见的数据源。随着联网设备的世界的持续扩张和机器到机器（Machine-to-Machine，M2M）数据交换的激增，Spark Streaming 和消息系统将变得越来越重要。

第 8 章

Spark 数据科学与机器学习简介

当事实发生了变化，我的想法也就发生了变化。

——英国经济学家约翰·梅纳德·凯恩斯

本章提要

- R 语言与 SparkR 简介
- SparkR 中的统计函数与预测模型
- 用 Spark MLlib 和 Spark ML 进行机器学习
- 利用笔记本使用 Spark

机器学习和数据科学是计算机科学中令人兴奋的领域。随着存储和计算资源的不断增长和价格的不断下降，我们可以使用机器学习的力量做出更好的决策。Spark 以及更广泛的大数据生态圈都是这一过程的推进器和加速器。

8.1 Spark 与 R 语言

R 语言是一门强大的编程语言，为统计计算、视觉分析、预测模型提供了优秀的软件环境。针对已经在使用 R 语言的数据分析师、统计师、数学学者以及数据科学家，Spark 为 R 语言提供了一个可伸缩的运行时引擎：SparkR。本章针对没接触过 R 语言的开发人员与分析师，介绍并展示了 Spark 和 R 语言是怎样无缝整合的。

8.1.1 R 语言简介

R 语言是一门针对统计计算和图计算场景的开源语言和运行环境。它基于贝尔实验室于 20 世纪 70 年代末期开发的 S 语言发展而来。R 语言在统计师、数据分析师、数据科学家中作为 SAS、IBM SPSS 和其他类似的商业软件包的替代品广为使用。

R 本身主要是以 C 语言实现的，被编译为目标平台的机器码，包括 Linux、macOS 和 Windows 在内的各种操作系统都可以找到对应的预编译二进制版本。R 程序可以作为批处理脚本通过命令行运行，也可以通过交互式 shell 运行。另外，R 语言还有一些图形化用户界面，包括桌面应用和网页版的界面，本章稍后将对此进行介绍。R 语言的图形渲染功能将它在数学建模上的优势与生成可视统计和分析的能力结合到一起，如图 8.1 所示。

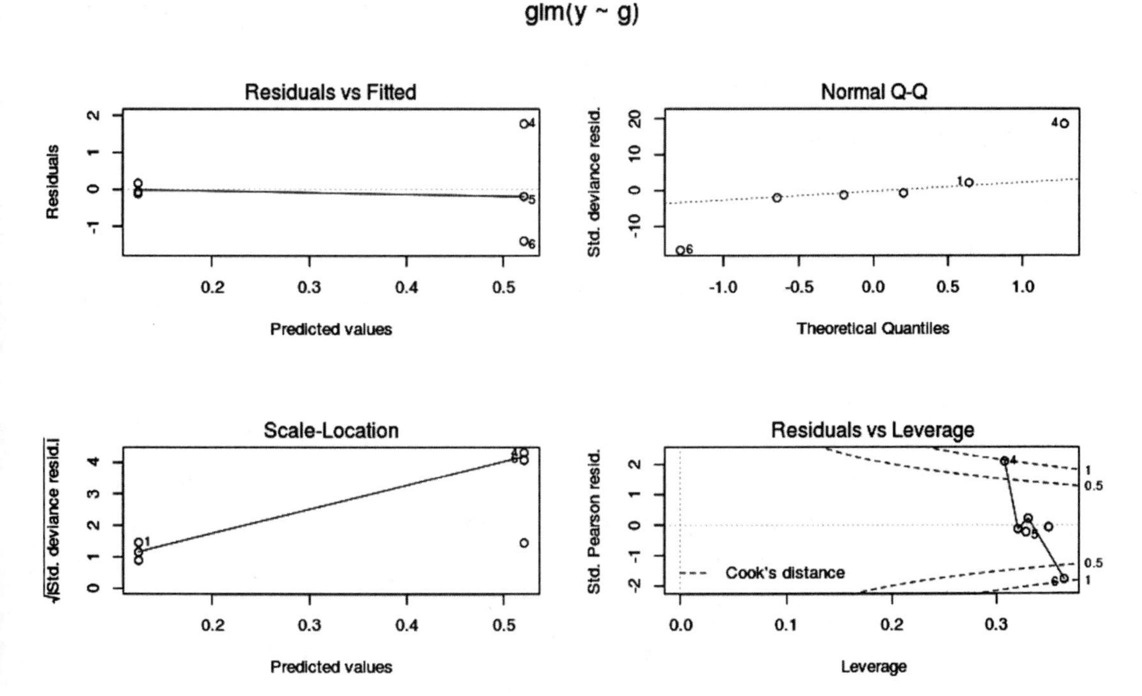

图 8.1 用 R 语言进行可视化统计与分析

R 语言是大小写敏感的解释型语言。由于使用的赋值操作符（<-）不同寻常，我们很容易看出一段代码是不是使用了 R 语言，如下例所示：

```
y <- x + 2
```

接下来会介绍 R 编程语言的一些基本组成部分。

1. R 语言基本数据类型

在 R 语言中有几种基本数据类型，它们可以用来表示数据结构中的数据元素。表 8.1 总结了 R 语言中用于表示数据元素的主要数据类型。

表 8.1 R 语言中主要的数据类型

数据类型	说明	示例
logical	布尔值	TRUE、FALSE
numeric	双精度数值	3、1.4、1.1e+10
integer	32 位有符号整数	3L、384L
character	任意长度的字符串	'spark'、'123'、'A'

integer 类型可能会引起一些困惑，尤其是 R 语言中用来声明整型的 L 标记。R 中的整型是 numeric 类型的子集。在本书写作时，R 语言中的整型是 32 位（即 4 字节）的有符号整数，而不是大多数编程语言中使用 *n*L 的语法时所声明的 64 位（即 8 字节）有符号整数。对

于常规编程语言中的长整型数，在 R 语言中一般需要使用 numeric 类型来表示，这种类型是双精度数，能够存储更大的数。

程序清单 8.1 展示了在 R 中怎样使用系统函数显示 integer 和 numeric（双精度数）类型的最大值。

程序清单 8.1 在 R 中 integer 和 numeric（双精度数）类型的最大值

```
> .Machine$integer.max
[1] 2147483647
> .Machine$double.xmax
[1] 1.797693e+308
```

对于复数和原始字节数组，分别有其他的对应类型。不过，它们不在本书的讨论范围之内。

2. R 语言中的数据结构

R 语言的数据模型基于向量的概念。**向量**（vector）是相同类型的数据元素组成的序列。向量的成员被称为**成分**（component）。更复杂的数据结构也可以使用向量构建，例如矩阵和数组。其中，矩阵是所有数据元素类型相同的二维数据结构，而数组是多维对象（至少二维）。

重要的是，R 语言还有一种数据结构，即**数据框**（data frame）。R 语言中的数据框与 Spark SQL 中的 DataFrame 在概念上相似。实际上，Spark SQL 的 DataFrame 的灵感正是来源于 R 中的数据框结构。R 数据框是二维数据结构，其中列之间可以有不同的数据类型，但同一列的数据必须属于同一类型。这基本上相当于关系型数据库中的表对象。

图 8.2 使用一些示例数据展示了 R 语言中基本数据结构的表示。

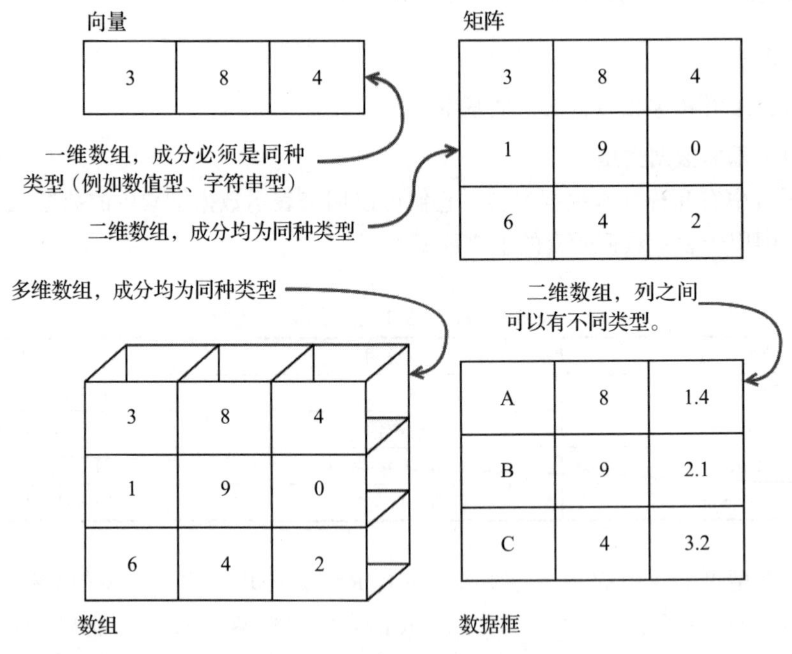

图 8.2 R 语言中的数据结构

R 语言中没有标量值（类似大多数常见编程语言中的原生类型）的概念。标量值在 R 中使用长度为 1 的向量等价表示。参考程序清单 8.2。如果你想要使用类似标量值赋值的方式创建一个等于 1 的普通值 var，则 var 实际上是一个只包含一个成分的向量。

程序清单 8.2 简单的 R 向量

```
> var <- 1
> var
[1] 1
```

多值向量可以通过组合函数（c() 函数）创建，如程序清单 8.3 所示。

程序清单 8.3 使用 c() 函数创建 R 向量

```
> vec <- c(1,2,3)
> vec
[1] 1 2 3
```

二维矩阵可以使用 matrix 命令创建。程序清单 8.4 展示了使用 c() 函数创建 3 × 3 矩阵的示例。默认情况下，元素逐列填充矩阵。不过，你也可以指定 byrow=TRUE 来逐行填充矩阵。

程序清单 8.4 在 R 语言中创建矩阵

```
> mat = matrix(
+     c(1,2,3,4,5,6,7,8,9),
+     nrow=3,
+     ncol=3)
> mat
     [,1] [,2] [,3]
[1,]    1    4    7
[2,]    2    5    8
[3,]    3    6    9
```

矩阵中的元素可以使用方括号和下标进行访问。举例来说，x[i,] 代表矩阵 x 的第 i 行，x[,j] 代表矩阵 x 的第 j 列，x[i,j] 代表第 i 行和第 j 列的交点。程序清单 8.5 展示了这种访问方式的示例。

程序清单 8.5 访问 R 矩阵中的数据元素

```
> mat[1,]
[1] 1 4 7
> mat[,1]
[1] 1 2 3
> mat[3,3]
[1] 9
```

3. R 数据框的创建与访问

可以说，R 语言中最重要的数据结构就是数据框。把 R 语言中的数据框当作数据表来看，数据表中有行和列的概念，不同的列可以类型不同。数据框与 R 语言中其他数据结构的重大区别在于数据框允许针对行或者列的操作，比如投影和过滤。R 数据框是在与 SparkR 交互的时候使用的主要类型，稍后会有介绍。

你可以使用 data.frame 函数从列向量创建数据框，如程序清单 8.6 所示。

程序清单 8.6　从列向量创建 R 数据框

```
> col1 = c("A", "B", "C")
> col2 = c(8,9,4)
> col3 = c(1.4,2.1,3.2)
> df = data.frame(col1,col2,col3)
> df
  col1 col2 col3
1    A    8  1.4
2    B    9  2.1
3    C    4  3.2
```

你可以使用 read 命令从外部数据源创建 R 数据框。表 8.2 总结了 read 命令支持的不同数据源。

表 8.2　从外部数据源创建 R 语言数据框的函数

函数	说　明
read.table()	以表格形式读入以换行符分隔记录并以空格分隔字段的文件，创建数据框。
read.csv()	与 read.table() 一样，只不过使用逗号（,）作为字段分隔符。
read.fwf()	读取定宽格式数据的表格，这种格式是许多大型机和其他古老系统的常见导出格式。

SparkR 中还提供了 SparkR 专有的其他几种从外部数据源创建分布式数据框的方式，稍后会进行介绍。

在 R 语言中，有几种方法可以用来查看和访问数据框里的数据。程序清单 8.7 展示了其中部分方法，使用的数据框来自程序清单 8.6。

程序清单 8.7　访问和查看 R 数据框中的数据

```
> # 获取第一行第二列的元素
> df[1,2] [1] 8
> # 获取数据框的列数
> ncol(df) [1] 3
> # 获取数据框的行数
> nrow(df) [1] 3
> # 展示数据框的第一行
> head(df, 1)
  col1 col2 col3
1    A    8  1.4
```

4. R 语言的函数与软件包

大多数 R 程序都涉及使用函数操作数据元素或数据结构。R 语言和大多数其他语言一样，包含很多常见的内建函数。表 8.3 列举了可用的部分内建函数。

表 8.3 R 语言内建函数举例

类别	函数举例
Numeric	abs()、sqrt()、ceiling()、floor()、log()、exp()
Character	substr()、grep()、strsplit()、toupper()
Statistical	mean()、sd()、median()、quantile()、sum()、min()
Probability	dnorm()、pnorm()、qnorm()、dpois()、ppois()

不过，R 语言的真正威力在于为 R 语言写的库和软件包。**软件包**（package）是由 R 语言函数、数据，以及编译好的代码，以一种明确定义和充分说明的形式所组成的集合。软件包在系统上所处的目录就是**库**（library）。

安装 R 语言会附带安装一些标准的软件包，包括几个示例数据集，稍后会进行介绍。有一个 R 语言用户社区叫作 CRAN，用户可以从那里的一个公开的包集合里获取需要的 R 语言软件包。访问 https://cran.r-project.org/ 获取更多可以从 CRAN 获取的 R 语言软件包的相关信息。

如果内建函数、附带的软件包、CRAN 软件包都无法满足需求，不妨自己创建软件包。

在运行 R 语言的系统上使用 R CMD INSTALL <package> 命令可以安装软件包。在软件包安装好之后，你可以使用 library(<package>) 命令把它加载到当前的 R 语言会话中。

如果使用 library() 函数时没有提供参数，就可以查看当前 R 语言会话已加载的所有软件包和可以加载的其他软件包，如程序清单 8.8 所示。

程序清单 8.8 在 R 会话中列出已安装可用的 R 软件包

```
> library()
Packages in library '/opt/spark/R/lib':

SparkR                  R Frontend for Apache Spark

Packages in library '/usr/lib/R/library':

base                    The R Base Package
boot                    Bootstrap Functions (Originally by Angelo Canty
                        for S)
class                   Functions for Classification
cluster                 "Finding Groups in Data": Cluster Analysis
                        Extended Rousseeuw et al.
codetools               Code Analysis Tools for R
compiler                The R Compiler Package
datasets                The R Datasets Package
foreign                 Read Data Stored by Minitab, S, SAS, SPSS,
                        Stata, Systat, Weka, dBase, ...
graphics                The R Graphics Package
...
```

如程序清单 8.8 所示，SparkR 本身也是一个 R 软件包，下一节会进一步介绍它。

8.1.2　通过 R 语言使用 Spark

R 语言的 SparkR 软件包提供了从 R 语言访问 Spark 的接口，包括实现分布式数据框以及大规模统计分析、概率和预测建模操作。SparkR 附带在 Spark 中。软件包的库位于 $SPARK_HOME/R/lib/SparkR。SparkR 提供的 R 语言编程环境可以让 R 程序员使用 Spark 作为数据处理引擎。SparkR API 具体的文档可以通过 https://spark.apache.org/docs/latest/api/R/index.html 访问。

1. 访问 SparkR

使用 sparkR shell 是通过 R 语言使用 Spark 最简单的上手方式。启动 sparkR shell 的命令是 sparkR，它位于 Spark 安装目录的 bin 目录下（和其他交互式 shell 在同一目录中，包括 pyspark、spark-sql 和 beeline）。sparkR 会使用 SparkR 软件包和具体系统里 Spark 环境的默认值（比如 spark.master 和 spark.driver.memory）启动一个 R 语言会话。图 8.3 展示了 sparkRshell 的一个示例。

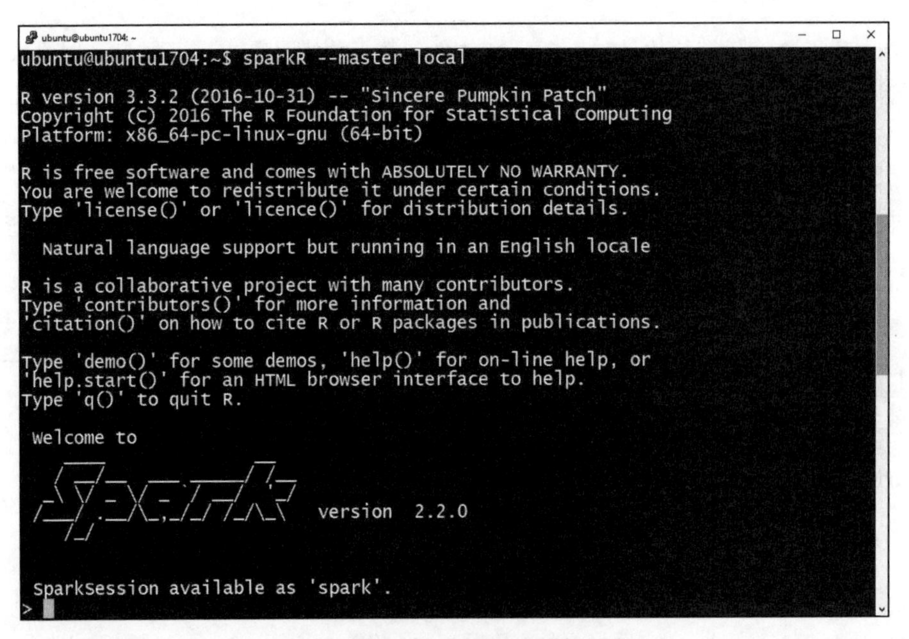

图 8.3　sparkR shell

注意，和 pyspark 一样，sparkR 会自动创建一个名为 spark 的 SparkSession 对象。类似地，通过 sc 可以访问自动创建出来的 SparkContext。我们需要 SparkContext 和 SparkSession 对象作为入口以连接 R 程序到 Spark 集群，并使用数据框。

你也可以使用 spark-submit 以批处理模式运行 R 程序，它会根据文件扩展名（.R）识别出 R 程序。假设有一个名为 helloworld.R 的 R 语言程序，图 8.4 演示了如何使用 spark-submit 以批处理模式运行该程序。

2. 在 SparkR 中创建数据框

可以用多种方式创建 SparkR 数据框。

可以轻松地把 R 语言原生的数据框转为 SparkR 中的分布式数据框。可以使用 R 语言的内建数据集 mtcars 进行演示，这个数据集由从 1974 年发行的美国杂志《Motor Trend》中提取的数据组成，其中包括 32 种汽车（1973—1974 款）的油耗和 10 个关于汽车设计和性能方面的参数。

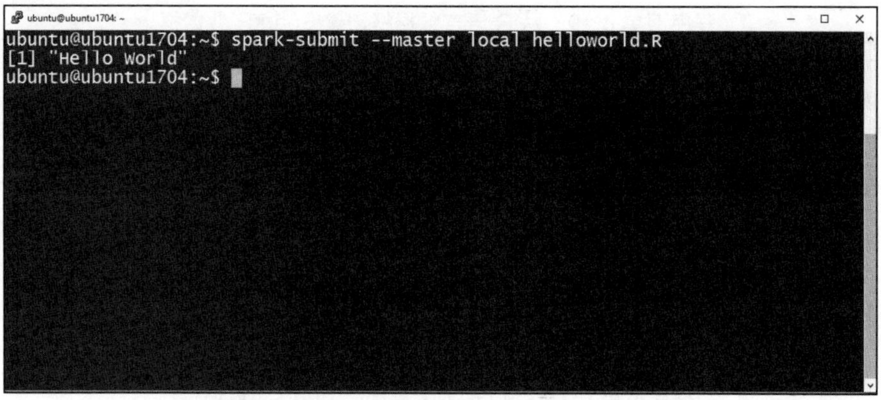

```
ubuntu@ubuntu1704:~$ spark-submit --master local helloworld.R
[1] "Hello World"
ubuntu@ubuntu1704:~$
```

图 8.4　使用 sparkR 以批处理模式运行 R 程序

R 语言的 datasets 包

datasets 包是 R 语言附带的软件包之一。这个包中包括超过 100 个由世界各地的贡献者贡献的各种数据集，内容从航班旅客数量到空气质量测量值，再到道路伤亡人数和暴力犯罪率。

datasets 包还包括了著名的安德森鸢尾花卉数据集（Edgar Anderson's Iris Data），这个数据集提供了鸢尾花的三个亚种每种 50 个样本花朵的花萼、花瓣的长度、宽度的测量数据，是数据挖掘的入门级数据集。你可以通过在 R 或 sparkR 的交互式 shell 中输入如下内容，来查看 datasets 包中的 R 语言示例数据集的完整列表：

```
> library(help = "datasets")
```

示例数据集 mtcars 是一个对 11 个变量有 32 个观测值的 R 语言数据框。在程序清单 8.9 中，我们使用一个 sparkR 会话，把示例数据集 mtcars 加载到名为 r_df 的 R 语言数据框，然后用 nrow()、ncol() 和 head() 函数查看该数据框。

程序清单 8.9　R 语言中的 mtcars 数据框

```
> r_df <- mtcars
> nrow(r_df)
[1] 32
> ncol(r_df)
[1] 11
> head(r_df, 2)
              mpg cyl disp  hp drat    wt  qsec vs am gear carb
Mazda RX4      21   6  160 110  3.9 2.620 16.46  0  1    4    4
Mazda RX4 Wag  21   6  160 110  3.9 2.875 17.02  0  1    4    4
```

注意，由于 R 是一种用于科学计算和建模的语言，用来指代元素和结构的数据术语都有实验科学和数学建模的感觉。比如，在示例数据集 mtcars 中，行是**观测值**（observation），行里的字段代表的列是**变量**（variable）。

程序清单 8.9 所创建的 R 语言数据框 r_df 可以使用 SparkR 的 API 方法 createDataFrame() 创建为 SparkR 数据框，如程序清单 8.10 所示。

程序清单 8.10　从 R 语言数据框创建 SparkR 数据框

```
> spark_df <- createDataFrame(r_df)
> spark_df
SparkDataFrame[mpg:double, cyl:double, disp:double, hp:double, drat:double,
wt:double, qsec:double, vs:double, am:double, gear:double, carb:double]
```

还有一个常见需求是从逗号分隔值（Comma-Separated Value，CSV）文件创建 SparkR 数据框。从 CSV 文件加载 SparkR 数据框最简单的方法是使用 SparkR 的 read.df() 方法，如程序清单 8.11 所示。

程序清单 8.11　从 CSV 文件创建 SparkR 数据框

```
> csvPath <- 'file:///usr/lib/spark/examples/src/main/resources/people.txt'
> df <- read.df(csvPath, 'csv', header = 'false', inferSchema = 'true')
> head(df)
      _c0 _c1
1 Michael  29
2    Andy  30
3  Justin  19
```

程序清单 8.11 中展示的方式会导致生成的数据框具有推断出来的表结构。你也可以通过创建表结构对象并传给 read.df() 方法的 schema 参数，为 CSV 文件中的数据显式定义表结构，如程序清单 8.12 所示。

程序清单 8.12　为 SparkR 数据框定义表结构

```
> csvPath <- 'file:///usr/lib/spark/examples/src/main/resources/people.txt'
> people_schema <- structType(structField("Name", "string"),
+ structField("age", "double"))
> df <- read.df(csvPath, 'csv', header = 'false', schema = people_schema)
> head(df)
     Name age
1 Michael  29
2    Andy  30
3  Justin  19
```

SparkR API 中还有专门为从其他常见的 Spark SQL 外部数据源创建 SparkR 数据框而构建的函数，比如 read.parquet() 和 read.json()。

你也可以从 Hive 表创建 SparkR 数据框。sparkR.session() 函数会连接配置的 Hive 元数据库。一旦连接建立，就可以在 sparkR 会话中使用 R 语言的 sql() 函数从 Hive 查询的结果生成 SparkR 数据框。sql() 函数也可以用来执行任意 Spark SQL 语句，比如直接查询视图或者表。程序清单 8.13 展示了从 Hive 表创建 SparkR 数据框的示例。

程序清单 8.13 从 Hive 表创建 SparkR 数据框

```
> sparkR.session()
> results <- sql("FROM stations SELECT station_id, lat, long")
  station_id      lat      long
1          2 37.32973 -121.9018
2          3 37.33070 -121.8890
3          4 37.33399 -121.8949
4          5 37.33141 -121.8932
5          6 37.33672 -121.8941
6          7 37.33380 -121.8869
```

在创建出 SparkR 数据框之后，你可以使用 <dataframe>$<column_name> 语法引用数据框里的列。程序清单 8.14 展示了一个示例。

程序清单 8.14 访问 SparkR 数据框里的列

```
> head(filter(results, results$station_id > 10.0), 2)
  station_id      lat      long
1         11 37.33588 -121.8857
2         12 37.33281 -121.8839
```

3. SparkR 与预测分析

大规模预测分析是大数据平台主要的功能性驱动因素之一。零售商希望更好地理解客户，并预测客户的购买行为和习性；信贷提供商希望评估产品和申请人所涉及的风险；电力公司希望预测并提前部署用电高峰等。

使用 SparkR 的主要场景和使用 R 语言的一样，都是对数据进行统计分析，根据观测值和变量构建预测模型。SparkR 所能支持的数据规模比 R 本身所支持的更大，因为 SparkR 利用了 Spark 强大的分布式计算框架。

4. 数据挖掘与预测建模简介

如果你是数据科学家，可以跳过接下来的内容。如果你不是数据科学家，接下来会向你简要介绍数据科学，以及如何扩展数据科学家所使用的过程和方法以利用 Spark。

数据挖掘（data mining）是从数据中发现潜在模式的过程，这些模式可以组合来预测结果。发现这些预测的输入的过程被称为**预测建模**（predictive modeling）。预测建模通常分为两类：监督学习和无监督学习。

监督学习（supervised learning）的观测值会收到类似“垃圾邮件”“非垃圾邮件”“缺省”的标签。然后这个标签会在观测相关数据的模式时用来确定模式对结果（标签）的影响。你“教导”系统需要的（或不需要的）结果是什么样的，监督学习因此得名。

与之相反的是**无监督学习**（unsupervised learning），它不涉及分类的观测值。一般来说，无监督学习涉及衡量观测值或聚类实例之间的相似度，也可以帮助识别异常值或检测异常。不论哪种情况，构建模型的过程通常遵循图 8.5 所示的工作流程。

在本书中，我们已经介绍了如何导入数据，也花了大量时间准备和管理数据。下列过程是 R 语言格外擅长的：

- 使用数据拟合统计模型（也就是训练模型）。
- 使用没有在训练阶段使用的已知数据集测试模型。
- 部署模型来预测新数据观测值的结果。

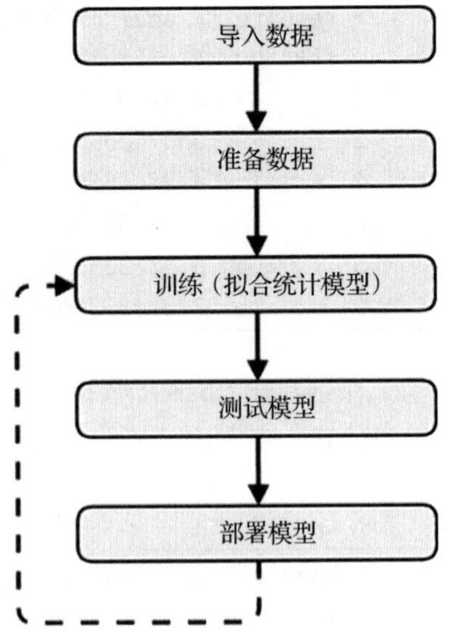

图 8.5 预测建模所涉及的步骤

5. 线性回归

线性回归是最简单的预测模型之一。这种模型背后的数学原理就不赘述了，我们只要知道线性回归模型会给变量分配系数（权重）并创建广义线性函数，函数的结果就是预测值。

在经过了训练、测试和部署这一系列过程之后，就可以把新数据（观测值）作为已知的变量代入回归函数以预测结果。一般线性模型的定义如下：

$$y_i = \beta_0 + \beta_1 x_1 + \cdots + \beta_p x_p + \varepsilon$$

在此模型中，y_i 为结果（即预测输出），β 表示系数或权重，而 ε 表示误差。

R 和 SparkR 都包含 glm() 函数，用于创建广义线性模型。glm() 用下列形式的输入方程从数据框中的观测值建立模型：

$$y \sim x_1 + x_2 \cdots$$

其中，y 为结果，而 x_1 和 x_2 是连续或表示类别的变量。程序清单 8.15 展示在 SparkR 中使用 glm() 函数从 iris 数据集创建广义线性模型，以预测花萼长度。等模型构建好之后，可以使用 summary() 函数对模型进行说明。

程序清单 8.15 使用 SparkR 构建广义线性模型

```
> # 准备数据框和构建模型
> iris_df <- createDataFrame(iris)
> training <- sample(iris_df, FALSE, 0.8)
> test <- sample(iris_df, FALSE, 0.2)
> model <- glm(Sepal_Length ~ Sepal_Width + Species, data = training, family =
"gaussian")
> summary(model)
Deviance Residuals:
(Note: These are approximate quantiles with relative error <= 0.01)
     Min        1Q    Median        3Q       Max
-1.31166  -0.25586  -0.05586   0.17351   1.40303
Coefficients:
                     Estimate  Std. Error  t value   Pr(>|t|)
(Intercept)           2.08211     0.43376   4.8001  4.7693e-06
Sepal_Width           0.85317     0.12417   6.8708  3.3820e-10
Species_versicolor    1.47019     0.12693  11.5830  0.0000e+00
Species_virginica     1.99662     0.11553  17.2827  0.0000e+00

(Dispersion parameter for gaussian family taken to be 0.1969856)
```

```
    Null deviance: 82.826  on 119  degrees of freedom
Residual deviance: 22.850  on 116  degrees of freedom
AIC: 151.5

Number of Fisher Scoring iterations: 1
```

用 SparkR 构建好模型后，你可以使用 predict() 方法根据模型对新数据进行预测（如程序清单 8.16 所示）。

程序清单 8.16 使用 GLM 对新数据进行预测

```
> # 预测新数据
> predictions <- predict(model, test)
> head(select(predictions, "Sepal_Length", "prediction"))
  Sepal_Length prediction
1          5.1   5.068201
2          4.9   4.641617
3          4.7   4.812251
4          4.8   4.641617
5          4.3   4.641617
6          4.8   4.982885
```

6. 在 RStudio 中使用 SparkR

现在你已经用 sparkR shell 接口与 SparkR 进行了交互。尽管它已经暴露了 R 语言在数据操作、数据准备、数据分析与建模方面的所有关键函数，它还缺少具有丰富可视化功能的桌面版或网页版界面。

RStudio 是一种针对 R 语言的开源集成开发环境（Integrated Development Environment, IDE）。RStudio 有桌面应用版本 RStudio Desktop，也有基于服务器的应用 RStudio Server。RStudio Server 允许客户端通过网页浏览器与 R 语言环境连接并交互。图 8.6 展示了 RStudio 的客户端界面。

RStudio 提供了命令行界面所支持的全套功能，包括内建函数与软件包，另外还提供创建并导出出版级品质的可视化分析结果的功能。

只需简单配置，就可以把 SparkR 作为 RStudio 执行的运行时引擎。

8.1.3 练习：在 RStudio 中使用 SparkR

本练习展示了如何在已经安装了 Spark 的系统中安装 RStudio，并配置 RStudio 使用 SparkR 作为处理引擎。这个例子里使用的 Spark 安装在 RedHat/Centos 系统中。RStudio 是编译好的应用，有为各种平台构建的版本。要获取适用于自己平台的特定版本，可以访问 www.rstudio.com/products/rstudio/download-server/。本练习的步骤如下：

1）在系统中，下载并安装对应实际系统的 RStudio：

```
$ wget https://download2.rstudio.org/...x86_64.rpm
$ sudo yum install --nogpgcheck rstudio-server-rhel-....rpm
```

2）访问 http://<yourserver>:8787/，确认 RStudio 已经在服务器的 8787 端口上可用。

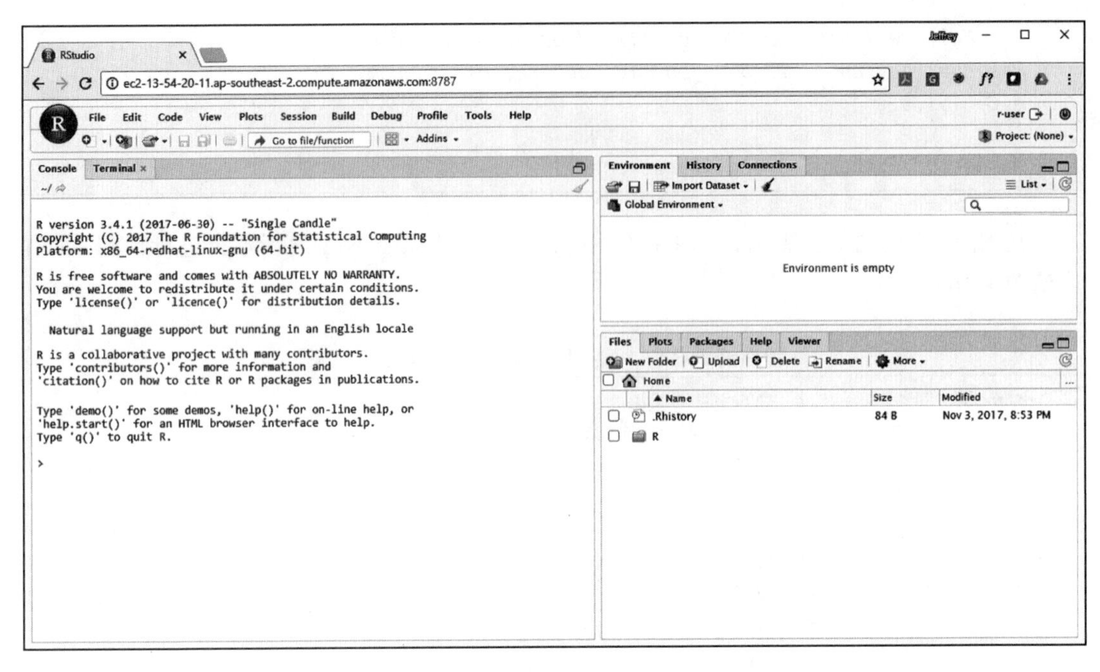

图 8.6　RStudio 网页界面

3）创建一个新的用户 r-user：

```
$ sudo useradd -d /home/r-user -m r-user
$ sudo passwd r-user
```

该用户需要家目录，因为 R 会自动把用户的工作区保存到这个目录里。注意如果要在 Hadoop 集群上运行 RStudio，你还需要在 HDFS 上也创建这个用户的家目录。

4）使用第 3 步中创建的 r-user 账户登录 RStudio。

5）从 RStudio 界面左侧的控制台窗口，在 R 语言提示符处，输入如下命令，以加载 SparkR 包和初始化 SparkR 会话：

```
> Sys.setenv(SPARK_HOME = "/opt/spark")
> library(SparkR, lib.loc = c(file.path("/opt/spark/R/lib")))
> sparkR.session()
```

6）通过在控制台提示符后输入如下命令，使用内建的 iris 数据集测试简单的可视化：

```
> hist(iris$Sepal.Length,xlim=c(4,8),col="blue",freq=FALSE)
> lines(density(iris$Sepal.Length))
```

在画图窗口中，可以看到图 8.7 所示的直方图。

7）尝试从 R 语言的一个内建数据集创建 SparkR 数据框。别忘了，可以使用如下命令查看可用数据集的信息：

```
> library(help = "datasets")
```

然后使用 SparkR API 中的函数操作、分析数据，或利用数据创建和测试模型。SparkR API 的文档可以在 https://spark.apache.org/docs/latest/api/R/index.html 找到。

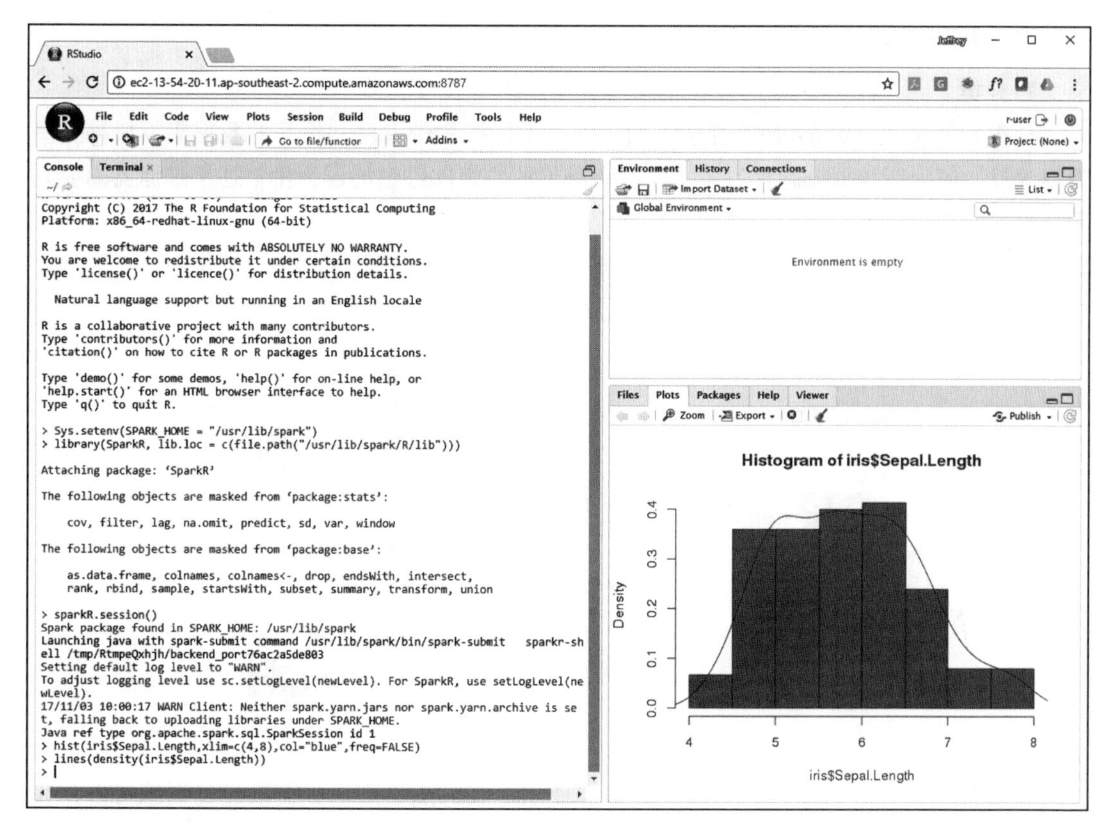

图 8.7　直方图

8.2　Spark 机器学习

机器学习（Machine learning）是创造能根据得到的数据进行学习的算法的科学。机器学习的常见应用已经走入日常生活，从推荐引擎到垃圾邮件分类，再到反欺诈等。机器学习是自动化数据挖掘的过程。Spark 有两个用于机器学习的库，分别是 MLlib 和 ML，可以把实际的机器学习以简单、可伸缩并且无缝的方式与 Spark 整合起来。

8.2.1　机器学习基础

机器学习是预测分析领域的一门具体学科，指利用收集到的数据影响程序未来行为的程序。换句话说，程序从数据“学习”，而不依赖具体指令。

机器学习通常与大规模数据相关。在学习过程中观测的数据越多，模型的准确度也越高，做出的预测也就越准。

在日常生活中，机器学习的实际例子随处可见，包括电商网站的推荐引擎、光学字符识别、人脸识别、垃圾邮件过滤、反欺诈等。

机器学习中常用到三种主要技术：

- 分类
- 协同过滤
- 聚类

接下来简略地介绍这几种技术。

1. 分类

分类（Classification）是监督学习的一种技术，接收带有已知标签的数据集，根据这些数据学习如何为新数据分配标签。以邮件服务器的垃圾邮件过滤器为例，这个过滤器需要判断新收到的消息应分类为“垃圾邮件”还是“非垃圾邮件”。分类算法通过观察用户行为来发现需要被分类为垃圾邮件的消息，并以此训练自身。从这些观测到的行为学习后，算法就可以把新邮件相应分类。这个例子的分类过程如图 8.8 所示。

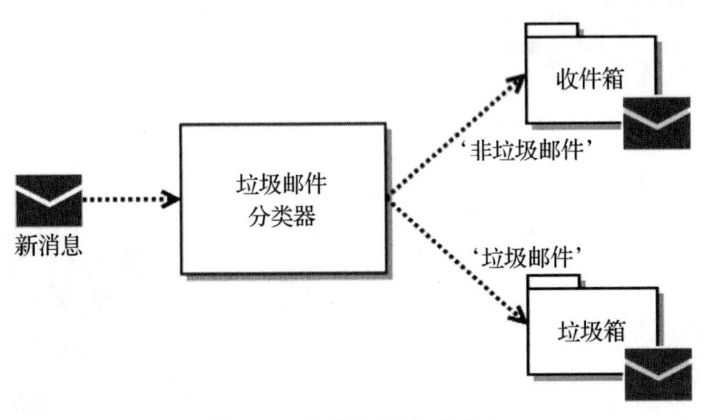

图 8.8　邮件新消息分类

分类技术在各种领域的各种应用里都有使用，在肿瘤学中，分类器经过训练可以用来区分良性和恶性的肿瘤，而在信用风险分析中，则可以用来识别存在信用产品违约风险的客户。

2. 协同过滤

协同过滤（collaborative filtering）是一种用于推荐的技术。它经常用于购物网站的“你可能喜欢……”栏，或者相似商品侧边栏，或者弹出框。协同过滤算法处理大量数据观测值，发现实体间的相似特征，然后对新观测的实体根据以前的观测值给出推荐或建议。

与分类算法不通，协同过滤是无监督学习的技术。与监督学习的区别在于，无监督学习算法可以提取数据中的模式，而无须人为提供标签。

协同过滤是领域无关的，可以用于各种各样的案例，从在线零售到流媒体音乐和视频服务，到旅游网站，再到在线游戏等。图 8.9 描述了用协同过滤生成推荐的过程。

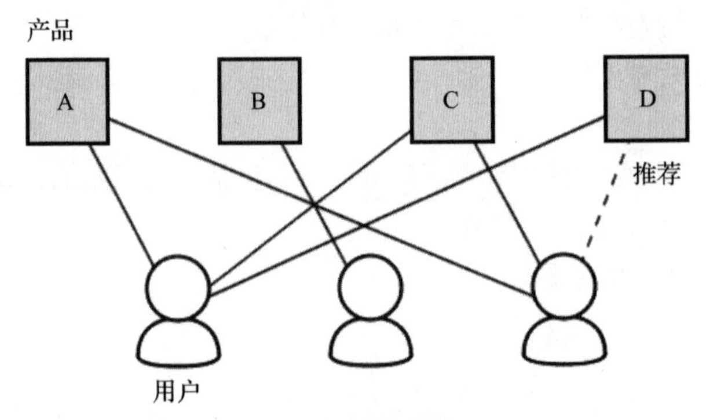

图 8.9　协同过滤

3. 聚类

聚类（clustering）是从观测值的集合中发现结构的过程，尤其是没有明显的正式结构时。聚类算法从输入数据中发现，也可以说是“学习”出数据的自然分组。

聚类是无监督学习中的另一种技术，通常用于探索性分析。你可以使用多种标准确定聚类，包括密度、相似度、位置、连接度，或大小。

聚类有下列一些应用：

- 市场或客户细分。
- 寻找相关的新文章、推文，或博文。
- 在图像识别应用中把像素点的聚类融合为可辨别的对象。
- 流行病研究，比如识别“癌症集群”[⊖]。

图 8.10 清晰地展示了 iris 数据集中花萼长度和宽度的关系所呈现出的三个聚类。每个聚类的中心是**质心**（centroid）。质心是表示该聚类中的观测值均值的向量，可以用来估计聚类间的均值。

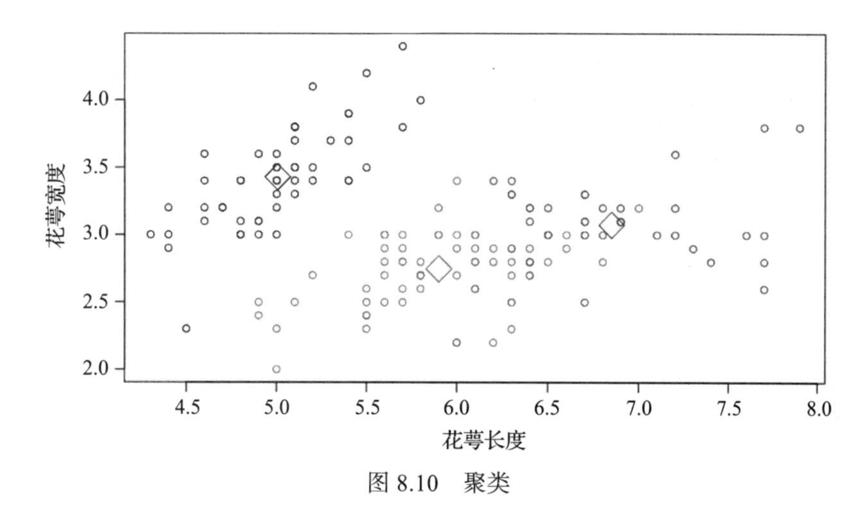

图 8.10　聚类

4. 特征与特征提取

在机器学习中，**特征**（feature）是观测值的可衡量的属性或特点。用于开发模型的变量来自一系列特征。举例来说，构建零售或金融服务倾向性或风险模型的简单特征包括年收入、过去 12 个月特定类别的开销，以及最近 3 个月的平均信用卡余额。

特征经常无法从数据本身获取，而是要借助数据、历史数据，或其他可用数据源以获得。另外，特征也可以来自基础数据的聚合或汇总。为机器学习问题中的算法创建特征集的过程称为**特征提取**（feature extraction）。选择或提取适当的特征集的重要程度绝不低于算法选择和调参。

特征经常用数值向量来表示。有时，需要用特征向量来表示基于文本的数据。有一些现成的技术可以实现这种行为，其中包括 TF-IDF（Term Frequency–Inverse Document Frequency，词频 - 逆文档频率）。TF-IDF 衡量一个元素相对于集合中其他元素的重要性。这种技术

⊖　即某个地区易高发某种癌症的情况。——译者注

在文本挖掘和搜索中很常用。比如，你可以评估相对于其他所有能在亚马逊上买到的书，“Spark”一词对本书的重要程度。

8.2.2 使用 Spark MLlib 进行机器学习

Spark MLlib 是 Spark 的子项目，提供可以对 RDD 使用的机器学习函数。MLlib 与 Spark Streaming 和 Spark SQL 一样，是 Spark 项目不可或缺的组件，从 0.8 版本开始就包含在 Spark 中。

1. 用 Spark MLlib 实现分类

在机器学习中用于分类的常见方式或算法包括决策树算法和朴素贝叶斯算法。这两种技术都从以前的观测值学习，根据概率判断所属分类。

决策树（decision tree）是用树状结构表示分类决策过程的一种直观的分类形式。树的节点通常将数据集的一个属性与一个常量或标签进行比较，以做出决策。每个决策节点会在结构上产生一个分叉，直到树的末端为止，这时分类预测结果也就出来了。

有个简单的例子可以用来说明决策树，那就是高尔夫（或天气）数据集。这个例子经常被数据挖掘课本引用为示例数据集，以生成决策树。表 8.4 展示的小数据集包括 14 条记录（观测值）和 5 个主要的属性：天气、温度、湿度、风力、球场是否开放。温度和湿度属性有定量数值也有定性描述。最后一个属性——球场是否开放——是要分类的属性，结果可以是“是”或者“否”。

表 8.4 高尔夫 / 天气数据集

天气表现	温度数据	温度情况	湿度数据	湿度情况	有风	球场是否开放
多云	83	炎热	86	高	无	是
多云	64	凉爽	65	正常	有	是
多云	72	适中	90	高	有	是
多云	81	炎热	75	正常	无	是
有雨	70	适中	96	高	无	是
有雨	68	凉爽	80	正常	无	是
有雨	65	凉爽	70	正常	有	否
有雨	75	适中	80	正常	无	是
有雨	71	适中	91	高	有	否
晴	85	炎热	85	高	无	否
晴	80	炎热	90	高	有	否
晴	72	适中	95	高	无	否
晴	69	凉爽	70	正常	无	是
晴	75	适中	70	正常	有	是

WEKA（Waikato Environment for Knowledge Analysis，怀卡托知识分析环境）机器学习软件包也包含这个天气数据集，这是由新西兰怀卡托大学开发的一款流行的免费软件包。尽管和 Spark 没有直接关系，对于想要更进一步探索机器学习算法的人来说，这个软件包值得推荐。

在针对一组输入数据使用机器学习的决策树分类算法后，所得的模型可以评估各项属性并继续，直到到达决策树的决策节点为止。图 8.11 展示了示例天气数据集使用定性（或类别）特征所生成的决策树。

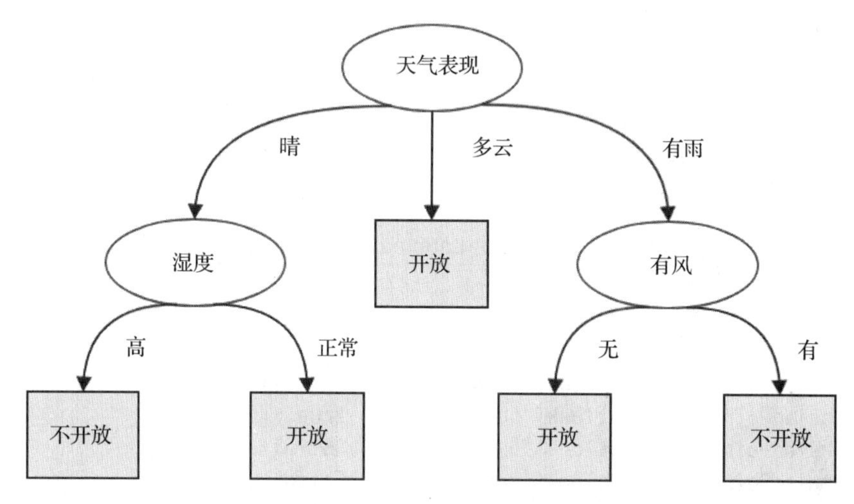

图 8.11　天气数据集的决策树

对于使用连续（数值类型）特征和类别特征的决策树，Spark MLlib 都支持。训练过程将训练数据集中的实例并行化，并遍历这些实例以提高所得的决策树。

把数据分为训练集和测试集

在有监督的机器学习模型开发中，一般建议把输入数据集分为两部分：训练数据集和测试数据集。训练数据集对模型进行训练，通常占所有输入数据的 60% 以上。测试数据集由输入数据集里剩下的数据组成，用于使用训练得到的模型进行预测来验证模型的准确率。Spark 里有 randomSplit() 函数，可以把数据集划分为多个数据集，用于训练和测试。randomSplit() 接收输入参数 weights，也就是用列表表示的相应输出数据集的权重值。程序清单 8.17 展示了 randomSplit() 函数的例子。

程序清单 8.17　划分数据为训练数据集和测试数据集

```
data = sc.parallelize([1,2,3,4,5,6,7,8,9,10])
training, test = data.randomSplit([0.6, 0.4])
training.collect()
# 返回： [1, 2, 5, 6, 9, 10]
test.collect()
# 返回：[3, 4, 7, 8]
```

要使用训练数据集构建决策树分类器的示例，首先要创建由 LabeledPoint（pyspark.mllib.regression.LabeledPoint）对象组成的 RDD。LabeledPoint 对象包含实例的标签或分类属性，以及与分类有关的各种属性。程序清单 8.18 展示了创建由 LabeledPoint 对象组成的 RDD 的示例。为了简洁，本节会在一些例子中使用这个 RDD 进行展示。

NumPy 与 Pandas

NumPy 是用于科学计算的 Python 库。PySpark 的 MLlib 在内部使用了 Numpy 的数组对象，因此，如果要用 Python 使用 MLlib，Numpy 是必须安装的。使用 pip 安装 NumPy 很简单（安装命令是 pip install numpy）。更多关于 Numpy 的信息请访问 http://www.numpy.org/。Pandas 是另一个有用的 Python 库。尽管 MLlib 里没有使用，但 Pandas 对于结构化数据和分析数据非常有用。更多关于 Pandas 的信息可以在其官网 http://pandas.pydata.org/ 上找到。

程序清单 8.18　创建由 LabeledPoint 对象组成的 RDD

```
from pyspark.mllib.regression import LabeledPoint
outlook = {"sunny": 0.0, "overcast": 1.0, "rainy": 2.0}
labeledpoints = [
    LabeledPoint(0.0,[outlook["sunny"],85,85,False]),
    LabeledPoint(0.0,[outlook["sunny"],80,90,True]),
    LabeledPoint(1.0,[outlook["overcast"],83,86,False]),
    LabeledPoint(1.0,[outlook["rainy"],70,96,False]),
    LabeledPoint(1.0,[outlook["rainy"],68,80,False]),
    LabeledPoint(0.0,[outlook["rainy"],65,70,True]),
    LabeledPoint(1.0,[outlook["overcast"],64,65,True]),
    LabeledPoint(0.0,[outlook["sunny"],72,95,False]),
    LabeledPoint(1.0,[outlook["sunny"],69,70,False]),
    LabeledPoint(1.0,[outlook["sunny"],75,80,False]),
    LabeledPoint(1.0,[outlook["sunny"],75,70,True]),
    LabeledPoint(1.0,[outlook["overcast"],72,90,True]),
    LabeledPoint(1.0,[outlook["overcast"],81,75,False]),
    LabeledPoint(0.0,[outlook["rainy"],71,91,True])
    ]
data = sc.parallelize(labeledpoints)
```

LabeledPoint 对象属性必须是 float 类型的值，或可以转为 float 类型的对象，比如 Boolean 或 int 类型的值。对于类别型的特征（比如天气表现），你需要创建字典或映射表，把 LabeledPoint 对象中使用的 float 类型的值和对应类别联系起来。

在 Spark 中机器学习的输入数据格式

Spark 的机器学习库支持许多在分类和回归建模中常用的输入格式。比如 libsvm 文件格式，这是一种来自用于支持向量分类的库的文件格式。Spark 的机器学习库也支持 Numpy 和 SciPy 等流行的科学计算和统计软件包中很多其他的数据结构。

有了程序清单 8.18 中创建的包含 LabeledPoint 对象的 RDD，你就可以通过 Spark 的 mllib 包的 DecisionTree.trainClassifier() 函数训练决策树模型了，如程序清单 8.19 所示。

程序清单 8.19　用 Spark MLlib 训练决策树模型

```
from pyspark.mllib.tree import DecisionTree
```

```
model = DecisionTree.trainClassifier(data=data,
        numClasses=2,
        categoricalFeaturesInfo={0: 3})
print(model.toDebugString())
# 返回:
# DecisionTreeModel classifier of depth 3 with 9 nodes
#   If (feature 0 in {0.0,2.0})
#    If (feature 2 <= 80.0)
#     If (feature 1 <= 65.0)
#      Predict: 0.0
#     Else (feature 1 > 65.0)
#      Predict: 1.0
#    Else (feature 2 > 80.0)
#     If (feature 1 <= 70.0)
#      Predict: 1.0
#     Else (feature 1 > 70.0)
#      Predict: 0.0
#   Else (feature 0 not in {0.0,2.0})
#    Predict: 1.0
```

DecisionTree.trainClassifier() 函数通过用数据进行训练，创建出模型，其中数据是并行化的 LabeledPoint 对象集合所构成的。参数 numClasses 指定预测结果要分多少类。在这个例子里是 2，因为这个例子只有球场是否开放的二元结果。categoricalFeaturesInfo 参数是字典或映射表，指定哪些特征是分类值，以及这些特征分别可以分为几类。在这个例子里，你需要告诉 trainClassifier() 方法代表天气表现的值是离散的分类，可取的值为“晴”“有雨”或者“多云”。任何没有在 categoricalFeaturesInfo 参数中指明的特征都会作为连续值看待。

有了模型，下一步是什么呢？现在你需要从不包括分类属性的新数据预测分类属性的方法。Spark MLlib 为此提供了 predict() 函数。程序清单 8.20 演示了 predict() 方法的用法。

程序清单 8.20　使用 Spark MLlib 决策树模型将新数据分类

```
model.predict([outlook["overcast"],85,85,True])
# 返回: 1.0
```

如程序清单 8.20 所示，当输入数据为 outlook="overcast"（天气表现为多云）、temperature = 85（气温 85 华氏度）、humidity=85（湿度 85%），以及 windy=True（有风）时，是否开放球场的决策为 1.0，也就是开放。这遵循了你所创建的决策树的逻辑。

朴素贝叶斯（Naive Bayes）是机器学习中另一个常用的分类技术。朴素贝叶斯基于贝叶斯定理，而贝叶斯定理说明如何使用已知的原因概率计算条件概率的结果。贝叶斯定理的数学表达如下所示：

$$P(A|B) = \frac{P(B|A)P(A)}{P(B)}$$

在这个公式里，A 和 B 是独立事件[⊖]，$P(A)$ 和 $P(B)$ 是事件 A 和 B 独立发生的概率，$P(A|B)$

⊖ 贝叶斯定理不论事件 A 和事件 B 是否独立都成立，事实上 A 和 B 相互独立时，条件概率即独立事件的概率。——译者注

是在事件 B 发生的情况下事件 A 的概率，而 $P(B|A)$ 是事件 A 发生时事件 B 的概率。

有了 pyspark.mllib.classification.NaiveBayes 包的 NaiveBayes.train() 方法，你就可以使用 Spark MLlib 实现朴素贝叶斯分类了。

NaiveBayes.train() 和决策树的例子一样接收由 LabeledPoint 对象组成的 RDD 作为输入，还多一个可选的平滑参数 lambda_。输出是 NaiveBayesModel（pyspark.mllib.classification.NaiveBayesModel）对象，可以使用它的 predict() 方法来分类新数据。

程序清单 8.21 拿天气数据集使用 Spark MLlib 实现的朴素贝叶斯算法创建模型，然后用这个模型预测新数据所属的分类属性。

程序清单 8.21 用 Spark MLlib 实现朴素贝叶斯分类器

```
from pyspark.mllib.classification import NaiveBayes, NaiveBayesModel
model = NaiveBayes.train(data=data, lambda_=1.0)
model.predict([1.0,85,85,True])
# 返回：1.0
```

2. 用 Spark MLlib 实现协同过滤

协同过滤是许多不同领域中最常见的机器学习应用之一。Spark 在协同过滤或推荐模块中使用 ALS（Alternating Least Squares，交叉最小二乘法）技术。ALS 是一种用于进行矩阵分解的算法。矩阵分解是把矩阵分解为矩阵乘积的过程。图 8.12 是一个简单的示意图。

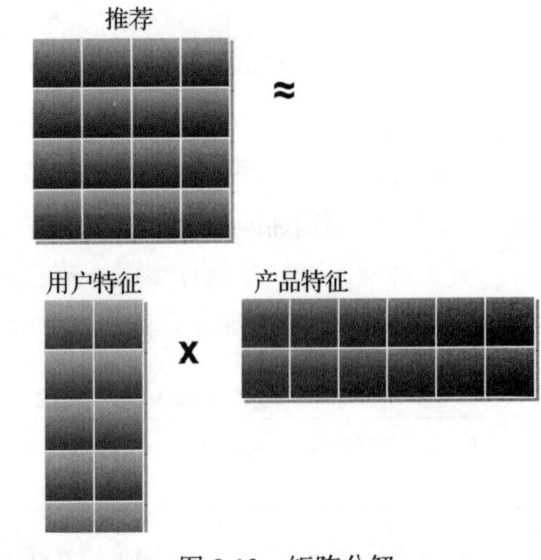

图 8.12 矩阵分解

对矩阵分解和 ALS 算法的深入介绍超出了本书的范围。但是，ALS 是 Spark 机器学习中优先使用的实现，因为它是可以完全并行化的算法。

下面的练习展示了如何使用 Spark MLlib 和 ALS 实现推荐器。

8.2.3 练习：使用 Spark MLlib 实现推荐器

本练习使用 Movielens 数据集的一个子集，数据集来源于明尼苏达大学的一个数据探索和推荐项目。Movielens 数据集捕获用户对电影的评分，以及用户和电影属性，可以用于协同过滤练习。Movielens 项目的官方网站为 https://movielens.org/。你可以从 https://s3.amazonaws.com/sparkusingpython/movielens/movielens.dat 下载本练习所使用的数据子集。这个数据集中包含 943 个用户对 1682 个项目的 100 000 个评分，其中每个用户都至少对 20 部电影进行了评分。评分数据（movielens.dat）是使用 tab 键分隔字段、换行符分隔记录的文本文件，结构如下所示：

```
user id | item id | rating | timestamp
```

对于下面的练习，你需要在 Hadoop 集群上运行 Spark，并且必须把 movielens.dat 文件保存在名为 /data/movielens 的 HDFS 目录下，具体步骤如下。

1）启动 pyspark shell。

2）导入所需的 MLlib 库：

```
from pyspark.mllib.recommendation \
import ALS, MatrixFactorizationModel, Rating
```

3）读取 Movielens 数据集，创建包含 Rating 对象的 RDD：

```
data = sc.textFile("hdfs:///data/movielens")
ratings = data.map(lambda x: x.split('	')) \
    .map(lambda x: Rating(int(x[0]), int(x[1]), float(x[2])))
```

Rating 是 Spark 使用的一个特殊元组，代表（user, product, rating）。还要注意去掉 timestamp 字段，因为我们用不到它。

4）使用 ALS 算法训练模型：

```
rank = 10
numIterations = 10
model = ALS.train(ratings, rank, numIterations)
```

注意 rank 和 numIterations 是算法的调优参数，rank 表示模型潜在的因子数量，而 numIteration 表示迭代的轮数。

5）现在，你可以使用没有评分（用模型预测该属性）的相同数据集对模型进行测试了。然后把预测结果与真实评分进行比较，以获得平均方差，衡量模型的准确性：

```
testdata = ratings.map(lambda p: (p[0], p[1]))
predictions = model.predictAll(testdata) \
     .map(lambda r: ((r[0], r[1]), r[2]))
ratesAndPreds = ratings.map(lambda r: ((r[0], r[1]), r[2])) \
     .join(predictions)
MSE = ratesAndPreds.map(lambda r: (r[1][0] - r[1][1])**2) \
     .mean()
print("Mean Squared Error = " + str(MSE))
# 返回：Mean Squared Error = 0.482478475145
```

本章已经介绍过，最好把输入数据集划分为两个独立的集合，一个用于训练，另一个用于测试。这可以避免模型的过拟合。

6）如果要保存模型用于新的推荐，可以使用 model.save() 函数，如下所示：

```
model.save(sc, "ratings_model")
```

这会把模型保存到当前用户在 HDFS 上的家目录的 ratings_model 文件夹下。

7）如果要在新会话中重新加载该模型，比如要部署模型用于处理来自 Spark DStream 的实时数据时，请使用 MatrixFactorizationModel.load() 函数，如下所示：

```
from pyspark.mllib.recommendation \
import MatrixFactorizationModel
reloaded_model = MatrixFactorizationModel.load \
                 (sc, "ratings_model")
```

本练习的完整源代码可以在 https://github.com/sparktraining/spark_using_python 的 recommendation-engine 文件夹下找到。

用 Spark MLlib 实现聚类

本章已经介绍过，聚类算法从数据集中发现关联实例的分组或聚类。聚类的一种常见方式是 k-means 技术。

根据定义，k-means 聚类是机器学习和图分析中的一种迭代算法。考虑平面上的一组数据，用来简单表示 x 轴和 y 轴上的独立变量。k-means 算法的目标是找出数据中呈现的各个聚类（质心），如图 8.13 所示。

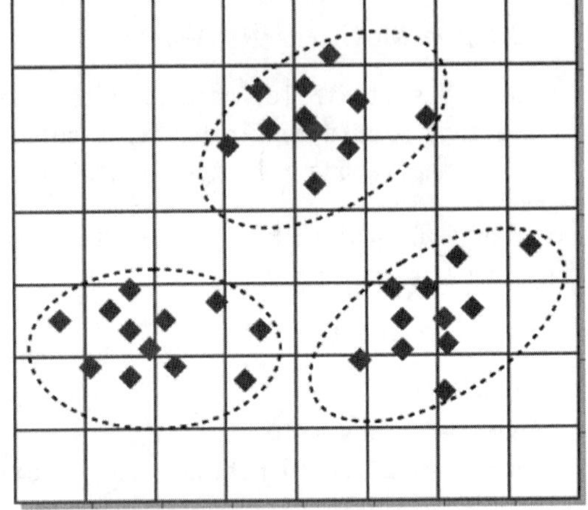

图 8.13　k-means 聚类

k-means 的流程如下：

- 选择 *k* 任意点作为起始中心点（质心）。
- 对于每个点，找到最近的中心点，并把这个点分到该中心点对应的聚类里。
- 通过对各个聚类中的所有点求平均，计算每个聚类的均值（作为新的中心点）。
- 迭代直到不再有点被分配到新聚类中。

可以看出，这是一种暴力、可并行化的迭代过程，非常适合使用 Spark。

要在 Spark 中实现 k-means，需要使用 pyspark.mllib.clustering.KMeans 包。

程序清单 8.22 演示了如何使用 Spark 完整版中包含的 kmeans_data 示例数据集，训练 k-means 聚类机器学习模型。

程序清单 8.22　使用 Spark MLlib 训练 k-means 聚类模型

```
from pyspark.mllib.clustering import KMeans, KMeansModel
from numpy import array
from math import sqrt
# 读取并解析数据
data = sc.textFile("file:///opt/spark/data/mllib/kmeans_data.txt")
parsedData = data.map(lambda line: array( \
            [float(x) for x in line.split(' ')]))
# 构建模型（聚类数据）
clusters = KMeans.train(parsedData, 2, maxIterations=10,
    initializationMode="random")
```

注意这个例子使用了前面介绍过的 NumPy 库。在获得了 k-means 聚类模型之后，你可以评估每个聚类的错误率，如程序清单 8.23 所示。

程序清单 8.23　评估 k-means 聚类模型

```
# 通过计算集合内方差总和来评估聚类
def error(point):
    center = clusters.centers[clusters.predict(point)]
    return sqrt(sum([x**2 for x in (point - center)]))
WSSSE = parsedData.map(lambda point: error(point)) \
   .reduce(lambda x, y: x + y)
```

```
print("Within Set Sum of Squared Error = " + str(WSSSE))
# 返回:
# Within Set Sum of Squared Error = 0.692820323028
```

和协同过滤以及分类模型一样，有了 k-means 模型后你一般要保存模型，以供在新会话中加载并评估新数据。程序清单 8.24 演示了用于实现此功能的 save 和 load 函数。

程序清单 8.24 保存和重新加载聚类模型

```
# 保存和加载模型
clusters.save(sc, "kmeans_model")
reloaded_model = KMeansModel.load(sc, "kmeans_model")
```

8.2.4 使用 Spark ML 进行机器学习

Spark ML 扩展了 MLlib 库以供 Spark SQL 的 DataFrame 使用。如果你使用 Spark SQL 的 DataFrame 进行数据处理，那么 Spark ML 可能是后续机器学习任务更自然的选择。

1. 用 Spark ML 实现分类

Spark ML 支持各种分类方式，包括逻辑回归、二项逻辑回归、多项逻辑回归、决策树、随机森林、梯度提升树、多层感知器、线性支持向量机、一类对余类法、朴素贝叶斯等。

Spark MLlib 中的分类算法需要使用由 LabeledPoint 对象组成的 RDD，而 Spark ML 中的算法则需要由 Row 对象组成的 DataFrame，其中包含标签和特征。label 列指定观测值所对应的分类，而 features 列包含一个 SparseVector 对象或 DenseVector 对象。当每个观测值都包含相同的一组特征时，使用 DenseVector 对象；而当实例和实例之间的特征有区别，也就是一些特征的值为空时，或者某些实例不包含一些特征时，使用 SparseVector 对象。SparseVector 的主要优势在于它只存储有值的特征，对于包含空值的数据集，需要的空间更少。

程序清单 8.25 演示了 Spark ML 实现的决策树分类器示例，使用的是本章前面用过的高尔夫 / 天气数据集。

程序清单 8.25 使用 Spark ML 实现决策树分类器

```
from pyspark.ml.linalg import DenseVector
from pyspark.ml.classification import DecisionTreeClassifier
from pyspark.ml.evaluation import MulticlassClassificationEvaluator
from pyspark.sql import Row

# 准备带标签的观测值组成的DataFrame
outlook = {"sunny": 0.0, "overcast": 1.0, "rainy": 2.0}
observations = [
Row(label=0, features=DenseVector([outlook["sunny"],85,85,False])),
Row(label=0, features=DenseVector([outlook["sunny"],80,90,True])),
Row(label=1, features=DenseVector([outlook["overcast"],83,86,False])),
Row(label=1, features=DenseVector([outlook["rainy"],70,96,False])),
Row(label=1, features=DenseVector([outlook["rainy"],68,80,False])),
Row(label=0, features=DenseVector([outlook["rainy"],65,70,True])),
```

```
Row(label=1, features=DenseVector([outlook["overcast"],64,65,True])),
Row(label=0, features=DenseVector([outlook["sunny"],72,95,False])),
Row(label=1, features=DenseVector([outlook["sunny"],69,70,False])),
Row(label=1, features=DenseVector([outlook["sunny"],75,80,False])),
Row(label=1, features=DenseVector([outlook["sunny"],75,70,True])),
Row(label=1, features=DenseVector([outlook["overcast"],72,90,True])),
Row(label=1, features=DenseVector([outlook["overcast"],81,75,False])),
Row(label=0, features=DenseVector([outlook["rainy"],71,91,True]))
]
rdd = sc.parallelize(observations)
data = spark.createDataFrame(rdd)

# 把数据划分为训练数据集和测试数据集
(trainingData, testData) = data.randomSplit([0.7, 0.3])

# 训练决策树模型
dt = DecisionTreeClassifier()
model = dt.fit(trainingData)
# 返回:
# DecisionTreeClassificationModel (uid=DecisionTreeClassifier_495f9e5bcc6aaffa81c5)
of depth 4 with 13 nodes

# 使用测试数据集进行预测
predictions = model.transform(testData)
predictions.show()
# 返回:
# +------------------+-----+-------------+-----------+----------+
# |          features|label|rawPrediction|probability|prediction|
# +------------------+-----+-------------+-----------+----------+
# |[0.0,75.0,80.0,0.0]|    1|    [0.0,4.0]|  [0.0,1.0]|       1.0|
# +------------------+-----+-------------+-----------+----------+

# 评估模型准确率
evaluator = MulticlassClassificationEvaluator(
    labelCol="label", predictionCol="prediction", metricName="accuracy")
accuracy = evaluator.evaluate(predictions)
print("Test Error = %g " % (1.0 - accuracy))
# 返回: Test Error = 0
```

2. 用 Spark ML 实现协同过滤

和使用 Spark MLlib 一样，Spark ML 中的协同过滤实现也使用了 ALS 算法。程序清单 8.26 演示了使用 Spark ML 实现协同过滤。

程序清单 8.26　用 Spark ML 实现协同过滤

```
from pyspark.ml.evaluation import RegressionEvaluator
from pyspark.ml.recommendation import ALS
from pyspark.sql import Row
```

```
# 读取并准备数据，把数据划分为训练数据集和测试数据集
ratings_rdd = sc.textFile("/opt/spark/data/movielens") \
    .map(lambda x: x.split('     ')) \
    .map(lambda x: Row(userId=int(x[0]), movieId=int(x[1]),
            rating=float(x[2]), timestamp=int(x[3])))
ratings = spark.createDataFrame(ratings_rdd)
(training, test) = ratings.randomSplit([0.7, 0.3])

# 训练模型
als = ALS(maxIter=5, regParam=0.01, userCol="userId", itemCol="movieId",
ratingCol="rating",
          coldStartStrategy="drop")
model = als.fit(training)

# 评估模型
predictions = model.transform(test)
evaluator = RegressionEvaluator(metricName="rmse", labelCol="rating",
    predictionCol="prediction")
rmse = evaluator.evaluate(predictions)
print("Root-mean-square error = " + str(rmse))
# 返回: Root-mean-square error = 1.093931162606997

# 为每个用户推荐电影
model.recommendForAllUsers(3).show(3)
# 返回:
# +------+-------------------+
# |userId|     recommendations|
# +------+-------------------+
# |   471|[[1206,9.413772],...|
# |   463|[[1206,6.576718],...|
# |   833|[[853,5.8933687],...|
# +------+-------------------+

# 为每部电影推荐用户
model.recommendForAllItems(3).show(3)
# 返回:
# +-------+-------------------+
# |movieId|     recommendations|
# +-------+-------------------+
# |   1580|[[475,1.8473656],...|
# |    471|[[628,5.776228], ...|
# |   1591|[[777,8.130051], ...|
# +-------+-------------------+
```

3. 用 Spark ML 实现聚类

Spark ML 支持的聚类技术包括 k-means、二分 k-means、隐含狄利克雷分布模型（Latent Dirichlet Allocation, LDA）和高斯混合模型（Gaussian Mixture model, GMM）。程序清单 8.27 演示了使用 Spark ML 实现 k-means 聚类。

程序清单 8.27　使用 Spark ML 实现 k-means 聚类

```
from pyspark.ml.clustering import KMeans

# 读取数据
dataset =
spark.read.format("libsvm").load("/opt/spark/data/mllib/sample_kmeans_data.txt")

# 训练k-means模型
kmeans = KMeans().setK(2).setSeed(1)
model = kmeans.fit(dataset)

# 使用集合内方差总和进行评估
wssse = model.computeCost(dataset)
print("Within Set Sum of Squared Errors = " + str(wssse))
# 返回:
# Within Set Sum of Squared Errors = 0.11999999999994547

# 展示结果
centers = model.clusterCenters()
print("Cluster Centers: ")
for center in centers:
    print(center)
# 返回:
# [ 0.1  0.1  0.1]
# [ 9.1  9.1  9.1]
```

libsvm 格式

LIBSVM（用于支持向量的库）提供了一种格式规范，用于包含训练数据的文件。libsvm 允许存储稀疏数据。Spark 中的 DataFrameReader 和 DataFrameWriter 包含对 libsvm 格式的原生支持，如例 8.27 所示。libsvm 格式为 Spark ML 的机器学习算法提供了一种存储和处理训练数据的好方式。

4. ML 流水线

Spark ML 引入了对机器学习**流水线**（pipeline）的支持。scikit-learn 项目（Python 的机器学习库）启发了流水线的概念。流水线让用户可以把数据准备、特征提取等步骤和模型串在一起，把整个工作流程封装起来。流水线的组件包括**数据转化器**（transformer）、**估值器**（estimator），以及**参数**（parameter）。

Transformer 对象通过实现 transform() 方法，把一个 DataFrame 转为另一个 DataFrame。Estimator 对象是通过实现 fit() 方法，从 DataFrame 数据拟合以生成模型的算法。Pipeline 对象把多个 Transformer 对象和 Estimator 对象串到一起，封装成 Spark ML 的一个工作流。参数 API 为这些 Transformer 对象和 Estimator 对象提供了统一的设置参数的机制。程序清单 8.28 演示了用于文本分类的 Spark ML 流水线。

程序清单 8.28　Spark ML 流水线

```
from pyspark.ml import Pipeline
```

```
from pyspark.ml.classification import LogisticRegression
from pyspark.ml.feature import HashingTF, Tokenizer

# 从(id, text, label)元组组成的列表准备训练文档
training = spark.createDataFrame([
    (0, "a b c d e spark", 1.0),
    (1, "b d", 0.0),
    (2, "spark f g h", 1.0),
    (3, "hadoop mapreduce", 0.0)
], ["id", "text", "label"])

# 配置ML流水线，它由3个阶段组成：tokenizer, hashingTF, 以及lr
tokenizer = Tokenizer(inputCol="text", outputCol="words")
hashingTF = HashingTF(inputCol=tokenizer.getOutputCol(), outputCol="features")
lr = LogisticRegression(maxIter=10, regParam=0.001)
pipeline = Pipeline(stages=[tokenizer, hashingTF, lr])

# 使用训练文档拟合流水线
model = pipeline.fit(training)

# 对测试文档做预测...
```

8.3 利用笔记本使用 Spark

笔记本已经成为 Spark 开发社区中广受欢迎的工具。笔记本可以组合不同语言与可视化、富文本、标记和记录的功能，简化了交互环境中对数据的探索和可视化。重要的是，笔记本让用户可以用数据来讲故事，可以把数据准备、模型训练和测试、可视化封装到一个简洁的文档中，让别人可以轻松地遵照或重现你的思考过程。

8.3.1 利用 Jupyter（IPython）笔记本使用 Spark

Jupyter 笔记本前身为 IPython 笔记本。它提供了基于网页的笔记本功能，可以运行 Ruby、R 以及其他语言。Jupyter 笔记本的文件是 JSON 格式的开放文档。笔记本文件包括源代码、文本、标记、媒体内容、元数据等。笔记本的内容分单元格存储在文档中。图 8.14 与程序清单 8.29 分别展示了 Jupyter 笔记本的一个示例和关联 JSON 文档的片段。

程序清单 8.29 Jupyter 笔记本 JSON 文档

```
{"cells": [
  {
   "cell_type": "markdown",
   "metadata": {},
   "source": [
    "# Calculate Pearson Coefficient"
   ]
  },
  {
   "cell_type": "code",
```

```
    "execution_count": null,
    "metadata": {},
    "outputs": [],
    "source": [
     "import numpy as np\n",
     "from pyspark.mllib.stat import Statistics\n",
     "spark_df = spark.read.parquet('hdfs://namenode:8020/data/closingprices/')\n",
     "seriesX = spark_df.select('Close').where(\"Stock='KO'\").rdd.map(lambda x:
float(x.Close))\n",
     "seriesY = spark_df.select('Close').where(\"Stock='PEP'\").rdd.map(lambda x:
float(x.Close))\n",
     "correlation = str(Statistics.corr(seriesX, seriesY, method=\"pearson\"))\n",
     "printmd('# Pearson Correlation between KO and PEP is: <span
style=\"color:red\">' + correlation + '</span> ')"
    ]
   },
   {
    "cell_type": "code",
    "execution_count": null,
    "metadata": {
     "collapsed": true
    },
    "outputs": [],
    "source": []
   }
  ],
  "metadata": {
   "kernelspec": {
    "display_name": "Python 2",
    "language": "python",
    "name": "python2"
   },
   "language_info": {
    "codemirror_mode": {
     "name": "ipython",
     "version": 2
    },
    "file_extension": ".py",
    "mimetype": "text/x-python",
    "name": "python",
    "nbconvert_exporter": "python",
    "pygments_lexer": "ipython2",
    "version": "2.7.13"
   }
  }}
```

Jupyter/IPython 笔记本使用内核与后端系统通信。**内核**（Kernel）是运行特定编程语言编写的交互式代码并把输出结果返回给用户的进程。内核也要响应 tab 键自动补全和审查请求。内核使用交互式计算协议（Interactive Computing Protocol）与笔记本通信。该协议是基于 JSON 数据通过 ZMQ 和 WebSocket 传输的开放网络协议。

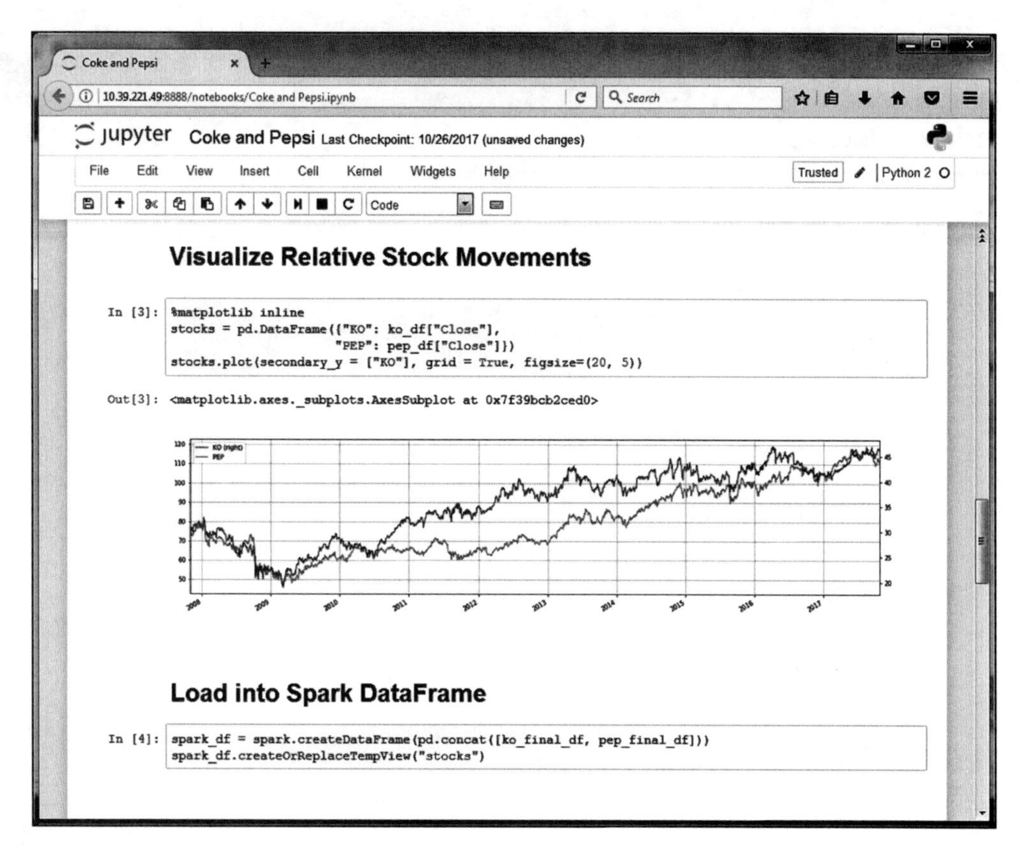

图 8.14　Jupyter 笔记本

目前，内核支持 Scala、Ruby、JavaScript、Erlang、Bash、Perl、PHP、PowerShell、Clojure、Go、Spark，以及许多其他语言。当然，有一个内核用于和 IPython（这是 Jupyter 项目的基础）通信。IPython 内核被称为“Kernel Zero”，它是所有其他内核实现的参考。

8.3.2　利用 Apache Zeppelin 笔记本使用 Spark

Apache Zeppelin 是基于网页提供支持多种语言的交互式笔记本应用，原生支持 Spark。Zeppelin 为 Spark 提供了查询环境，以及数据可视化功能。

图 8.15 展示了运行 PySpark 程序的 Zeppelin 笔记本。

Zeppelin 解释器

Zeppelin 解释器类似于刚才所介绍的 Jupyter 内核。解释器使得 Zeppelin 可以使用各种编程接口和运行环境。例如，要使用 Zeppelin 中的 PySpark 语言和运行时，你需要指定 %spark.pyspark 为解释器。其他可用的解释器包括 %md（Markdown）、%angular（AngularJS）、%python、%sh（Shell 命令）、%spark.sql、%spark（用 Scala API 使用 Spark）等。

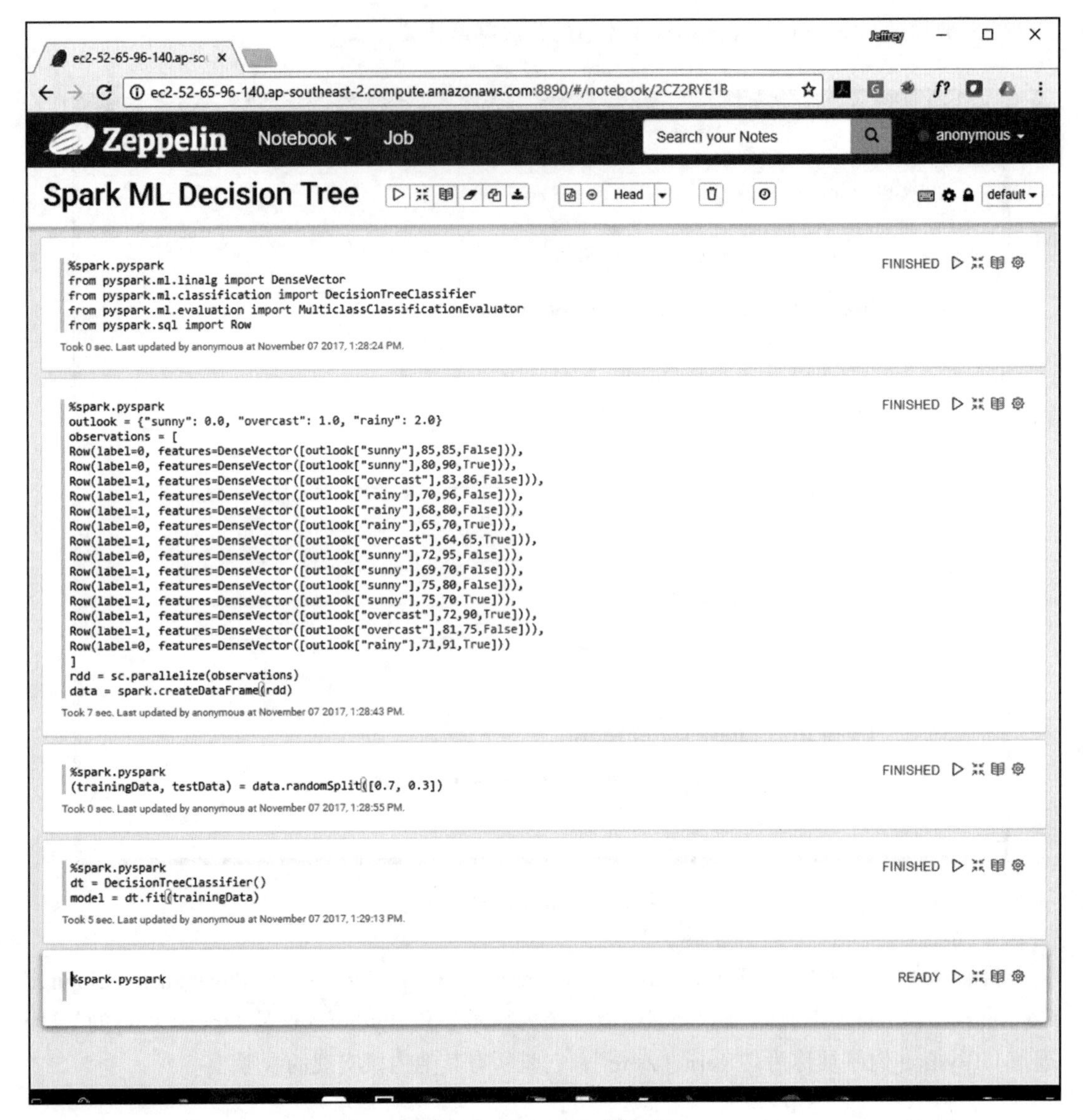

图 8.15　Zeppelin 笔记本

8.4　本章小结

预测分析与机器学习是 Spark 的核心用例。SparkR 包为 R 语言环境提供了使用 R 语言访问 Spark 和操作分布式数据框的功能。Spark 通过 SparkR API 为用户提供了对 R 语言的无缝整合。

SparkR 提供了多种创建 DataFrame 的方式，可以从本地或分布式文件系统中的文件这种外部数据源创建，也可以从 Hive 表创建。SparkR 使得用户可以将 R 语言中的数据框用于 Spark 中的分布式操作，包括统计分析，以及简单的线性回归模型的构建、测试和部署。SparkR 既可以从集成的 REPL shell 环境 sparkR 进行访问，也可以从 RStudio 提供的图形化编程界面中访问。

R 语言日渐流行，以前主要是大学里的研究人员使用，如今商业机构和政府部门的业务分析师和数据分析师都开始使用 R 语言了。随着 R 语言成为许多机构的统计分析与建模的标准工具，SparkR 与 Spark 分布式处理运行时在大规模分析方面越来越引人注意。

机器学习是计算机科学中快速发展的领域，它让系统和模型可以从观察结果和数据中“学习”。机器学习中用到的三大主要技术是分类、协同过滤以及聚类。本章用 Spark 内建的机器学习库（MLlib 与 ML）讲解了这几种方法，包括它们的具体应用和常见用例，以及实现细节。

MLlib 包是基于 Spark 核心 RDD API 构建的，而 ML 包则是基于 DataFrame API 构建的。MLlib 包和 ML 包都包含很多常见的机器学习算法和工具，可以用于数据准备、特征提取、模型训练，以及测试。MLlib 包与 ML 包是为在 Spark 之上提供功能丰富、强大、可伸缩而且简洁、用户友好的机器学习抽象而设计的。

笔记本是科研人员和数据科学家常用的开发接口，本章介绍了利用笔记本使用 Spark 的方式。IPython 笔记本 Jupyter 与 Apache Zeppelin 都为用户提供了多语言支持、可视化、富文本，以及 markdown 等功能。

你已经完成了学习用 Python 使用 Spark 的第一步。希望本书能够为你成为 Spark 和 Python 从业人员奠定坚实的基础。感谢阅读，祝君前程似锦！

推荐阅读

Analytics and Applications with Business Cases
Guide to Big Data & Machine Learning
大数据与机器学习
实践方法与行业案例

Big Data
Principles and Best Practices of Scalable Realtime Data Systems
大数据系统构建
可扩展实时数据系统构建原理与最佳实践

BIGDATA
企业大数据系统构建实战
技术、架构、实施与应用

Using Big Data to Build Your Business
大数据挖掘
系统方法与实例分析

Data Mining Core Technical Reference
数据挖掘核心技术揭秘

MATLAB Data Analysis and Data Mining
MATLAB数据分析与挖掘实战

Hadoop Practice of Big Data Analysis and Mining
Hadoop大数据分析与挖掘实战

Python Practice of Data Analysis and Mining
Python数据分析与挖掘实战

数据实践之美
31位大数据专家的方法、技术与思想

推荐阅读

Python数据可视化

R语言数据分析

R语言数据挖掘

机器学习与R语言实战

R语言
实用数据分析和可视化技术

Practical Data Analysis
实用数据分析
（美）Hector Cuesta 著

Decision Analytics: Microsoft Excel
决策分析
以Excel为分析工具

The Art of Game Analytics
游戏数据分析的艺术

Data Mining Core Technical Reference
数据挖掘核心技术揭秘